职业教育食品类专业教材

食品生物化学

（第二版）

SHIPIN SHENGWU HUAXUE

杜克生 主编

中国轻工业出版社

图书在版编目（CIP）数据

食品生物化学 / 杜克生主编．2版．—北京：中国轻工业出版社，2025.5

全国职业教育“十三五”规划教材

ISBN 978-7-5019-7645-4

Ⅰ．①食… Ⅱ．①杜… Ⅲ．①食品化学—中等专业学校—教材 Ⅳ．①TS201.2

中国版本图书馆CIP数据核字（2016）第012150号

责任编辑：张　靓　　责任终审：唐是雯　　整体设计：锋尚设计
责任校对：晋　洁　　责任监印：张京华

出版发行：中国轻工业出版社（北京鲁谷东街5号，邮编：100040）
印　　刷：三河市国英印务有限公司
经　　销：各地新华书店
版　　次：2025年 5月第2版第9次印刷
开　　本：787×1092　1/16　印张：18.5
字　　数：420千字
书　　号：ISBN 978-7-5019-7645-4　　定价：44.00元
邮购电话：010-85119873
发行电话：010-85119832　　010-85119912
网　　址：http://www.chlip.com.cn
Email：club@chlip.com.cn

250813J3C209ZBW

前 言

《食品生物化学》自2011年出版以来，被各相关院校广泛采用。在教材使用过程中，出版社和教材编写人员通过各种渠道调研各院校对教材的评价。各院校对教材给予了一致认可，同时，也提出了一些积极的修改意见。为了提高教材水平，更好地为专业服务，出版社组织相关人员对原教材进行了修订。

本次修订，在2011年版的基础上，从教材体系到具体内容都进行了比较大的调整：第一，合并了原书第一、二章，把食品中的无机成分水、矿物质作为一章。第二，考虑到“基础化学”课程必须开设，删除了“有机化学基础知识”一章。第三，调整了原书第十章的内容——删除了其中“动植物与食用菌类食品原料的一般化学组成”部分，避免了各章内容和原书第十章中这部分内容的重复。第四，对有些章的节次进行了调整，例如，把各章“在食品中应用”部分的内容基本放在最后一节。第五，将各章中穿插安排的项目如知识基础、复习与回顾等与“基础化学”课程重复的部分做了调整。第六，对其他内容进行了充实、调整、更新。例如，对原版教材中很多具体内容进行了重新编写，其中对一些理论性过强、学习难度较大的内容做了删除或者改编；重新编写了“食用菌化学组成及其变化”；增加了实验实训内容。第七，教材编排形式更加灵活多样。例如，为了形象、直观，在原来的基础上增加了一些图、表类内容。

通过以上修订，本教材作为职业院校食品类专业基础课教材，以食品及其原料的化学组成为主线，在有关“化学”和“生物学”的基础上，安排了以下十章内容：第一章到第七章，食品及其原料中主要化学成分的有关知识。这部分内容主要包括无机成分中的水和矿物质，有机成分中，主要按照化学组成和结构由简单到复杂的顺序，结合各类有机物之间的关系以及它们在人体内的作用，依次学习脂类、糖类、蛋白质、维生素类。其中，糖类之后安排学习与其有密切关系的核酸，蛋白质之后安排学习与其有密切关系的酶。在学习各类成分时，主要学习它们的组成与结构、分类与存在、性质与应用以及这些成分在人体内的新陈代谢等内容。第八章，食品原料在屠宰、成熟和采收后的组织变化。第九章，食品中的非天然成分食品添加剂的有关知识，包括食品添加剂的特性、分类、一般要求，几类重要的食品添加剂的性质以及应用。第十章，由各种成分组成的食品的色、香、味的有关基础知识。这样一来，无论是知识体系还是具体内容，比上一版显得更加顺畅、紧凑、清晰，而且图、表、文并茂，使得教材更加通俗易懂，教师更加好教，学生更加易学，明显提高教与学的效果。

此次修订，仍然保留了第一版的诸多特色，尤其是经得起教学检验的成功之处。诸如：知识体系的编排，遵循学科特点和各部分知识之间的内在联系，尊重同学们的知识基础和认知规律。具体内容的编排，遵守科学性、先进性和实用性的原则，选取经过检验确认正确、能代表本学科发展方向、食品类专业必需又符合教学要求的相关内容。在介绍这些内容时，力争做到深入浅出，而不去追求概念化、专业化的行文风格。结论性的知识既简单讲出为什么，更让学生知道其在食品专业中的应用。有的难点内容如新陈代谢部分，由于不是食品加工和分析类专业的重点内容，注重结论性的基本代谢过程的讲解，避免了复杂的生化原理的探讨，而且把各类食品成分的新陈代谢放在相应章节中讲解，达到了难点分散的目的。此外，对全书典型物质都给出了相应的英语名称；在相应位置穿插安排了一些基础知识、复习与回顾、知识拓展、思考与讨论；在每章最后都安排了形式多样、内容广泛的“思考与练习”“实操训练”。

本版教材由山东临沂技师学院杜克生主编，山东临沂技师学院党卫锋、朱瑞旺，武汉东西湖职业技术学校张慧芬担任副主编。作为本书参编，临沂技师学院李静萱老师完成了全书典型物质英语名称的翻译工作。

由于作者水平有限，书中难免错误与不足，恳请读者批评指正。

编者

目　录

顾名思义，食品生物化学研究的对象是食品。因此，大家首先要明确食品这一概念的含义。

一、食品的概念及其化学组成

《中华人民共和国食品安全法》对食品进行了如下定义：食品，指各种供人食用或者饮用的成品和原料以及按照传统既是食品又是药品的物品，但是不包括以治疗为目的的物品。

根据《中华人民共和国食品安全法》的标准，部分人的某些嗜好品如酒、茶叶、咖啡等属于食品，某些未经加工或只进行了粗加工的自然生物如生鲜大葱、大蒜也属于食品。可见，这里所说的食品，其范围是比较宽泛的。习惯上，把经过生产加工以后供人食用或饮用的产品称作食品，把用来加工食品的原料称为食品原料，把可以生鲜食用的食品原料、食品原料加工后的成品统称为食物。

【思考与讨论】
根据本书的解释，鲜鸡蛋和蛋糕，哪种属于食品原料，哪种属于食品，哪种属于食物?

能够称为食品的物质，必须具备两个基本要素：一是具有营养价值，即被食用并经代谢以后，或构成机体组织，或供给机体能量，或调节机体生理机能；二是对人体安全无害。

加工食品的原料，除了极少数种类如水以外，几乎都来自于动物、植物以及食用菌等生物材料。此外，在食品加工过程中往往要加入某些食品添加剂，这些食品添加剂有些是用天然原料加工而成的，有些是用化学方法人工合成的。由于各种原因，还导致食品在加工、储运等过程中势必会增加嫌忌成分（污染物质）。可见，组成食品的成分主要有天然成分和非天然成分两大类。其中，天然成分包括无机成分如水、矿物质，有机成分如蛋白质、糖类、脂类、维生素类、其他（如用天然原料加工而成的食品添加剂、激素、芳香物质等）；非天然成分主要有化学合成的食品添加剂以及加工、储运等过程中带来的嫌忌成分即污染物质。

根据上面的学习，可以总结出食品的主要组成如下：

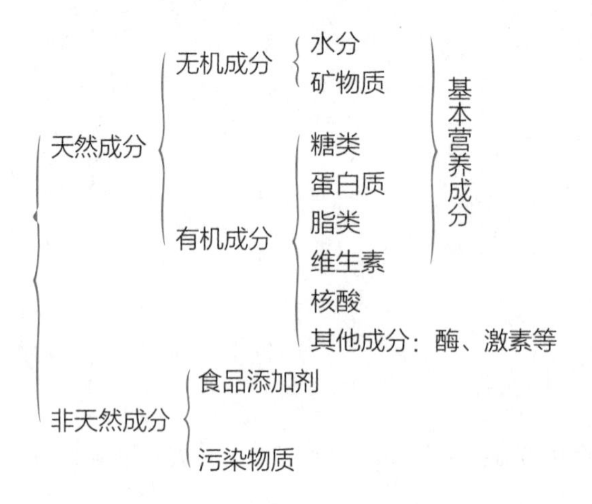

二、食品生物化学的主要研究内容

食品从其原料的粗加工（屠宰或采摘、清洗等），到成品的生产、包装、储运和销售，以及食用和消化过程，无不涉及一系列变化尤其是化学、生物化学以及生物学变化。阐明食品原料及其成品在上述一系列过程中发生的变化及其对食品的感官质量、营养价值、卫生安全以及吸收利用的影响，就能为人们促进有利变化，减少不利反应和防止污染等提供理论依据。因此，研究食品原料及其成品在加工生产、包装、储运和销售，以及食用和消化等一系列过程中发生的变化是食品生物化学的重要内容。而要完成这一任务，首先必须明确食品及其原料的化学组成和性质，因此，研究食品及其原料的化学组成和性质是食品生物化学的基础内容。总体来讲，研究食品原料及其成品的化学组成和性质，食品原料及其成品在加工、生产、包装、储运和销售，以及食用和消化过程中发生的化学、生物化学等的变化，以及这些变化对食品的感官质量、营养价值、卫生安全以及吸收利用的影响，是食品生物化学的主要任务。

随着生活水平的不断提高和生活节奏的加快，人们需要有更多更好的营养食品和保健食品，需要有更多更好的方便食品和快餐食品。而食品资源的开发、加工方法的研究、储运方式的选择等，都必须建立在对人类食品体系的化学组成、性质以及在生物体内外各种条件下的化学变化规律深入了解的基础上，而这正是食品生物化学的任务。可见，食品应用化学是食品科学体系中很重要的一门基础学科，作为食品专业的学生，学习食品生物化学这样一门专业基础课，其作用是显而易见的。

三、食品生物化学的学习方法

1. 明确课程知识体系与内容编排特点

为了明确本课程的知识体系与内容编排特点，请同学们认真学习本书“前言”，认真阅读本书“目录”，并将二者相互对照，加深认识和理解。

2. 注重基础知识的掌握并善于归纳总结

在理顺了本学科的知识体系以后，要根据本学科的学科特点和专业要求，注重基础知识的掌握，在理解的基础上加强记忆。

食品生物化学的知识点看起来比普通化学还要多而零散，而且许多食品成分的组成、结构、性质以及应用等内容还是需要记忆的，但它们之间是有内在联系的，如果同学们善于对各个知识点根据其内在联系进行归纳总结，将会提高整个课程的学习效果。例如，维生素尽管有几十种，但是可以归纳为水溶性维生素和脂溶性维生素两大类。同学们如果把所学的知识按照一定规律归纳以后，便可以化零为整、化繁为简，使其更加条理化，变得容易学习尤其是便于记忆，用起来也很“顺手”。

3. 注重理论联系实际

本课程属于专业基础课，也就是说，它是为学习专业课服务的。因此，只有注重所学知识在专业中的应用，才能使你发现知识的价值，提高学习的积极性，而且这样做既能用基础理论指导专业学习，反过来还能加深对所学基础理论知识的理解，不仅能提高本课程的学习效率，而且也能提高专业课程的学习效率。这是学习食品应用化学的最终目的。

此外，有条件的话，做好每章后面列出的实训，不单单是一种技能训练，更重要的是能够帮助我们验证在教材中所学习的知识的正确性，加深对所学知识的理解，同样能够很快地提高学习效率。

相信同学们在老师的指导下一定能够学好这门课程。

【思考与讨论】

总结过去学习相关化学课程的得与失，结合本教材“绪言”的学习，你认为如何才能学好《食品生物化学》？

第一章 水、矿物质

学习目标

1. 明确水在食品及其动植物与食用菌类原料中的存在状态与分类，了解自由水和结合水对食品品质的影响。
2. 明确水分活度的简单计算、水分活度与含水量的关系、水分活度对食品及其动植物与食用菌类原料品质的影响，了解其测定方法。
3. 明确生物新陈代谢尤其是人体新陈代谢的基本过程。
4. 明确人体内水的来源与去路，了解人体内水的代谢及其平衡与调节、食品成分与人体内水平衡的关系等简单知识。
5. 明确矿物质的分类、存在、主要性质，了解影响食品及其原料中矿物质存在的因素。
6. 明确矿物质的性质，理解其对食品品质的影响。
7. 了解矿物质在人体内代谢的基本过程。
8. 基本掌握本章学习的几种重要矿物质的存在、性质、代谢特点。

本章导言

作为食品及动物、植物与食用菌原料中的成分，水几乎无处不在。此外，在构成生物体的50多种元素中，除碳、氢、氧、氮四种元素是以有机化合物及水分（moisture content）的形式存在外，其余元素在自然界都主要以无机盐的形式存在，我们将这些元素称为无机盐元素，简称无机盐。由于很多无机盐在自然界主要以矿物的形式存在，所以人们习惯于把无机盐称为矿物质(mineral matter)，组成无机盐的元素称为矿物质元素，通常也简称为矿物质。我们从水、矿物质（实际上是指矿物质元素）开始食品应用化学的学习。

本章主要学习：生物组织和食品中水的存在与分类，不同存在状态的水对食品品质的影响；表示水在生物组织和食品中活性的水分活度及其对食品品质的影响；新陈代谢基本过程与水在人体内的代谢。矿物质的分类、存在，影响食品及其原料中矿物质成分因素；矿物质的有关性质及其对食品品质的影响；矿物质的基本代谢过程；重要矿物质的存在、性能、在人体内的代谢等。

第一节　水

一、食品及其原料中的水

1. 食品及其原料中水的存在状态

水在许多食品及其原料中的含量是很高的。例如，畜禽肉类中水分的含量可以达到45%～85%；新鲜的水果、蔬菜中水分含量大都在70%～90%，即使是干果，水分含量一般也在20%以上；新鲜的食用菌含水量甚至达到85%～95%（图1-1）。

【思考与讨论】
通常，水的英语表达形式为water，本章水的英语表达形式为moisture content，同学们能说出原因吗？

图1-1　含有大量水分的新鲜食用菌

新鲜的动物、植物组织和许多食品中的水分，在切开时一般都不会大量流失，这是因为它们中的水分有些是自由的，有些则通过一定的作用力被其他成分所结合。具体地讲，生物组织与食品中的水以游离态、凝胶态、水合态、表面吸附态等状态存在。

（1）游离态　相对自由地存在于细胞质、细胞膜、细胞间隙、任何组织的循环液以及食品的组织结构中的水分状态，称为水的游离态。

（2）凝胶态　吸收于细微的纤维与薄膜中，不能自由流动的水称为凝胶态。例如，动物皮肤、植物仙人掌中的水大多处于凝胶态。

（3）水合态　水分子和含氧或含氮的原子团以一定的作用力相结合而不能自由移动，这种水的存在状态称为水合态。例如，食品中与淀粉、蛋白质和其他的有机物结合的水均处于此状态。

（4）表面吸附态　固体表面暴露于含水蒸气的空气中，此时吸附于固体表面的水处于表面吸附态。固体微粒越细，其微粒的表面积越大，吸附水量也越多。

复习与回顾

什么是细胞质、细胞膜？

2. 食品及其原料中水的分类

（1）自由水（free water）　食品及其原料中通常含有动物、植物体内天然形成的毛细管。因为毛细管是由亲水物质组成的，而且毛细管的内径很小，使其具有一定的束缚水的能力。通常把保留在毛细管中的水称为毛细管水，它属于自由水。实质上，游离态的水都属于自由水。这部分水与一般水没什么区别，在食品中会因蒸发而散失，因吸潮而增加，容易发生增减变化。此外，自由水容易结冰，也能溶解溶质。游离态的水、凝胶态的水及表面吸附态的水都属于自由水。由于自由水能为微生物所利用，所以自由水也称为可利用水。

（2）结合水（bound moisture）　结合水其实就是指水合态的水。在食品及其原料中，由于无机盐在总量中所占比例极少，因此所结合的水量微不足道，大部分的结合水是和蛋白质、糖类等相结合的。

与自由水相比较，结合水有两个特点：第一，结合水的沸点高于自由水，而冰点却低于自由水，一般在-40℃以上不能结冰。第二，不能作为溶质的溶剂。结合水不易结冰这一特性有很重要的生物学意义。由于这种性质，使得植物的种子和微生物的孢子（几乎没有自由水）得以在很低的温度下保持其生命力，而多汁的组织（新鲜水果、蔬菜、肉等）由于含有大量的自由水，在冰冻后细胞结构被冰晶所破坏，解冻后组织不同程度地崩溃。

实际上，自由水与结合水之间的界限很难定量地严格区分。例如，水合态下的结合水，有的束缚度高些，水分子就被结合得牢固些，有的束缚度低些，则松弛些，而自由水里除了能自由流动的水以外，其余部分都不同程度被束缚着。

复习与回顾

什么是孢子？

（3）自由水和结合水对食品品质的影响　由于自由水和结合水在性质上的差别，导致它们对食品品质产生不同的影响，而且这些影响是多方面的。例如，自由水含量与食品及其动植物和食用菌类原料的耐储藏性有很大关系。在食品及其动植物和食用菌类原料的加工、储藏过程中，水分的变化主要是自由水含量的变化。在储藏保鲜过程中，如果自由水蒸腾损失过多，就会使食品及其动植物和食用菌类原料的外观萎蔫、干瘪，风味变劣。但是，如果自由水含量过高，也会影响它们储藏保鲜的稳定性，因为此时它们容易滋生霉菌，甚至导致腐烂变质，高温季节这种现象更为严重。再如，食品中的结合水对食品某些风味起着重要的作用。当强行将结合水与食品分离时，食品的某些风味会发生改变。例如，面包、糕点久置后变硬不仅仅是失水干燥，也因水分变化造成淀粉结构发生改变；干燥的食品吸潮后发生许多性质的变化，从而改变风味；再如，香肠的口味就与吸水、持水的情况关系密切。

知识基础

食品的风味

广义地说，食品的风味是指食品（食物）在摄入口腔前、后刺激人的所有感觉器官而产生的综合感觉，它包括了视觉、嗅觉、味觉等器官所产生的综合感觉印象。也就是说，一种食品的风味是该食品让摄食者产生的视觉、嗅觉、味觉等感觉的综合效应。简单来讲，食品的风味主要是食品的色、香、味。有关食品色、香、味的基础知识将在第十章学习。

食品的风味多数是由食品中的某些物质体现出来的，这些能体现食品风味的物质称为风味物质。综合起来看，食品中风味物质的形成途径大致有生物合成作用、酶的作用、发酵作用、加热作用、食物调味几种。

二、水分活度

上面我们把食品及其动植物和食用菌类原料中的水按其存在状态分为自由水与结合水，这种区分过于简单化了，因为正如上面说的那样，“自由水和结合水之间的界限很难定量地严格区分”，而且食品因水发生变化的程度并不完全取决于自由水或者结合水的含量，而是决定于食品中所含有的水的活性——水分活度。

为了更深入地了解水与食品及其动植物和食用菌类原料品质的关系，下面学习有关水分活度的基本知识。

1. 水分活度的含义、计算与测定

食品中水分的活度（简称水分活度），等于同一温度下食品中的水产生的水蒸气压即食品的水蒸气分压与纯水的最大水蒸气压也称纯水的饱和水蒸气压之比。

$$A_w=p/p_0$$

式中　A_w——水分活度；

p——食品的水蒸气分压；

p_0——同温度下纯水的最大水蒸气压。

在一定温度下，纯水的最大水蒸气压是一个常数，可查表获得。因此，要计算在一定温度下食品的水分活度，只要测定出食品中的水蒸气分压即可。

如果只用纯水测定水分活度，则p与p_0值相等，因此A_w值为1。事实上，食品的水蒸气分压总是小于同温度下纯水的最大水蒸气压，因此，食品中的水分活度（A_w值）都小于1。

食品的水分活度也可以用平衡相对湿度（ERH）来表示：食品的水分活度在数值上等于食品的平衡相对湿度值除以100。

$$A_w=ERH/100$$

式中　ERH——平衡相对湿度，即物料既不吸湿也不散湿时的大气（空气）相对湿度。

在科研和生产实践中，水分活度一般都是通过仪器测定的。检验水分活度的仪器主要有电湿度计、附敏感器的湿动仪、水分活度测定仪等（图1–2）。具体的测定方法见本章相关实训“用水分活度测定仪测定食品原料中的水分活度”。

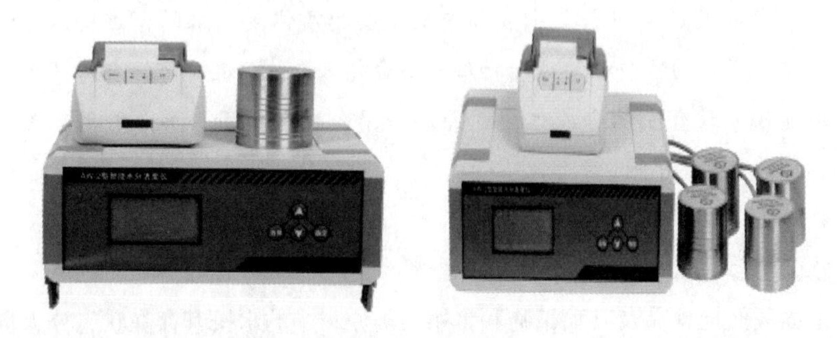

图1-2　AW-2、AW-3型智能水分活度测定仪

知识基础

水蒸气分压

一定温度和体积的混合气体所形成的总压力中，水蒸气部分所产生的压力，就是水蒸气分压，它在数值上等于相同温度和体积条件下这部分水蒸气单独存在时产生的压力。

纯水的最大水蒸气压（纯水的饱和水蒸气压）

饱和是指气体中的水蒸气浓度或密度保持恒定时的状态，纯水在此时产生的蒸气压就是纯水的饱和水蒸气压，也称纯水的最大水蒸气压。

绝对湿度、相对湿度、饱和湿度

空气的湿度就是指空气中潮湿气体的含量。具体地说，单位质量干燥空气中所含水蒸气的质量，或者一定条件下（压力、温度）单位体积（$1m^3$）的空气中含有水蒸气的质量（g），称为空气的湿度，又称为空气的绝对湿度（absolute humidity，AH）。

空气的相对湿度是指实际空气的湿度与在同一温度下达到饱和状况时空气的湿度的比值（relative humidity，RH）。

混合气体中水蒸气的分压等于同温度下纯水的水蒸气压时，称此混合气体的湿度为饱和湿度（saturated humidity，SH）。

2. 水分活度与含水量的关系

以水分活度为横坐标，以每克干物质中的水分含量（g/g干物质）为纵坐标，描绘在某温度下的水分活度与含水量的关系，得到图1–3所示的曲线。

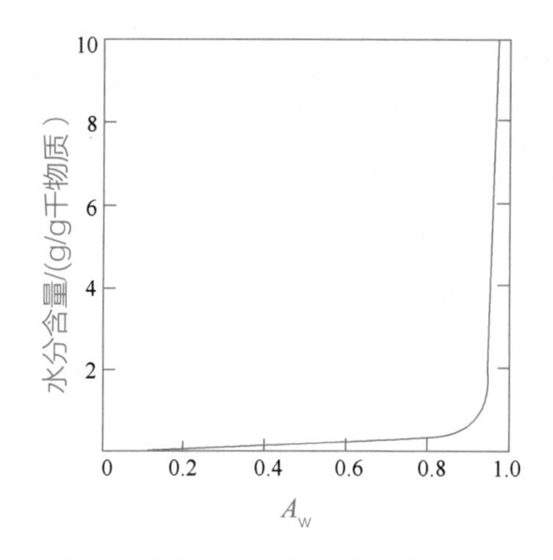

图1–3　水分活度与含水量的关系

从图1–3中看出，在高含水量区A_w接近1.0；在低含水量区，含水量很少的变动即可导致水分活度很大的变动。

必须强调指出，含水量相同的不同食品，由于各自的成分及组织结构不同，造成了水分与食品成分结合的程度不同，因而食品的A_w也不完全相同。

3. 水分活度对食品品质的影响

各种食品在一定条件下各有其一定的水分活度，各种微生物及各种生物化学反应也都有各自适应的A_w范围（这一范围通常称作A_w的阈值）。掌握了它们需要的A_w范围，对于控制食品加工条件和食品的稳定性有重要的指导意义。

【思考与讨论】

您知道阈值的含义吗？

（1）水分活度对干燥和半干燥食品品质的影响　水分活度对干燥和半干燥食品的品质有较大的影响。当A_w从0.2增加到0.65时，大多数半干或干燥食品的硬度及黏性增加。A_w为0.4~0.5时，肉干的硬度及耐嚼性最大；A_w增加，肉干的硬度及耐嚼性都降低。另外，饼干、爆玉米等市售的各种脆性食品，必须在较低A_w时才能保持其酥脆。为了避免绵白糖、乳粉以及速溶咖啡结块或变硬发黏，都需要使产品具有相当低的A_w。控制A_w在0.35~0.5可保持干燥食品的理想品质，而对含水较多的食品，如果冻布丁、蛋糕、面包等，它们的A_w大于周围空气的相对湿度，保存时需要防止水分蒸发。

（2）水分活度对微生物生长繁殖的影响　食品中各种微生物的生长繁殖，主要是由其水分活度而不是由其总含水量所决定的。不同的微生物生长都有其适宜的水分活度范围，其中细菌对低水分活度最敏感，酵母菌次之，霉菌的敏感性最差。当A_w低于某种微生物生长所需的最低A_w时，这种微生物就不能生长。

食品的水分活度与微生物生长的关系见表1-1。

表1-1　食品的水分活度与微生物生长的关系

A_w范围	在此A_w范围内所能抑制的微生物	在此A_w范围内的食品
0.95~1.00	假单胞菌、大肠杆菌、变形杆菌、芽孢杆菌、志贺菌属、克雷伯菌属、产气荚膜梭状芽孢杆菌、一些酵母等	罐头、新鲜果蔬、肉、鱼及牛乳、熟香肠、面包、含约40%（质量分数）蔗糖或7%氯化钠的食品
0.91~0.95	沙门菌属、沙雷杆菌、乳酸杆菌属、肉毒梭状芽孢杆菌、菌乳酸杆菌属、足球菌、一些霉菌、酵母（红酵母、毕赤酵母）等	一些干酪、腌制肉、水果汁浓缩物，含有55%蔗糖或12%氯化钠的食品
0.87~0.91	许多酵母、小球菌	发酵香肠、干奶酪、人造奶油、含65%蔗糖（饱和）或15%氯化钠的食品
0.80~0.87	大多数霉菌（产生毒素的青霉菌）、金黄色葡萄球菌、大多数酵母菌属	大多数浓缩果汁、甜炼乳、巧克力糖浆、水果糖浆、面粉、米、家庭自制火腿、含15%~17%水分的副食品
0.75~0.80	大多数嗜盐细菌、产真菌毒素的曲霉	果酱、杏仁酥糖、糖渍水果
0.65~0.75	嗜干霉菌、二孢酵母	砂性软糖、棉花糖、果冻、糖蜜、一些干果

续表

A_w范围	在此A_w范围内所能抑制的微生物	在此A_w范围内的食品
0.60～0.65	耐渗透压酵母	胶凝糖、蜂蜜、含15%～20%水分的干果
0.50	微生物不增殖	含12%水分的酱、含10%水分的调味料
0.40	微生物不增殖	约含5%水分的全蛋粉
0.30	微生物不增殖	含3%～5%水分的曲奇饼、面包硬皮
0.20	微生物不增殖	含2%～3%水分的全脂乳粉、5%水分的脱水蔬菜、脆饼干等

需要指出的是：同一种微生物在不同溶质的水溶液中生长所需的A_w是不同的，如金黄色葡萄球菌生长的最低A_w在乳粉中是0.861，而在酒精中则是0.973。

（3）水分活度对食品中酶促反应（通过酶催化的反应）的影响　当A_w<0.80时，导致食品及其动植物和食用菌类原料腐败的大部分酶会失去活性，如酚氧化酶和过氧化物酶、维生素C氧化酶、淀粉酶等。然而，即使在0.1～0.3这样的低A_w下，脂肪氧化酶仍能保持一定活力。例如，30℃时储藏的大麦粉和卵磷脂的混合物，在低A_w下基本不发生酶促反应，在储藏48d以后，当A_w上升到0.7时，该食品的脂酶解反应速率迅速提高。此外，酶促反应速率还与酶能否与食品相互接触有关：当酶与食品相互接触时，反应速率较快；当酶与食品相互隔离时，反应速率较慢。如A_w为0.15，脂氧化酶就能分解油，而固态脂肪在此A_w时仅有极小的变化。氧化酶及水解酶均有此现象。

（4）水分活度对食品中非酶促反应的影响　对高水分活度的食品采用热处理的方法可避免微生物腐败的危险，然而化学腐败仍然不可避免。这是因为在食品中还存在着氧化、非酶褐变（见“糖类”一章）等非酶促化学变化。

富含脂肪的食品很容易受空气中的氧、微生物的作用而发生氧化酸败。食品中的A_w对脂肪氧化酸败的影响明显地不同于对其他化学反应的影响，较为复杂。在A_w为0.3～0.4时氧化速率最慢；当A_w>0.4时，氧在水中的溶解度增加，并使含脂食品膨胀，暴露了更多的易氧化部位，从而加速了脂肪氧化速率。若再增加A_w，又稀释了反应体系，反应速率又开始降低。因此，为了防止氧化，维持适当的A_w是非常重要的。

A_w在0.6～0.7范围内时，食品及其动植物和食用菌类原料最容易发生非酶褐变。食品中水分在一定范围内时，非酶褐变随着A_w的增加而加速，随着A_w的降低褐变受到抑制。当A_w降到0.2以下时，褐变难以进行。如果A_w大于褐变的高峰值，则因溶质受到稀释而导致褐变速率减慢。一般情况下，浓缩食品的A_w正好位于非酶褐变最适宜的范围内，褐变容易发生。

色素的稳定性也与A_w有关。在山楂、葡萄、草莓等水果中含有水溶性的花青素，花青素溶于水时很不稳定，仅一至两周时间其特有的色泽就会消失，但花青素在这些水果的干制品中则很稳定，经长期储存也仅有轻微的分解。一般随着A_w的增大花青素的分解速率加快。叶绿素是脂溶性的色素，也表现为A_w越大，越不稳定。

需要指出的是，食品中化学反应的速率与A_w的关系是随着食品的组成、物理状态及其结构而改变的，也受大气组成（特别是氧的浓度）、温度等因素的影响。事实上，在相等的A_w时，微生物的生长也随温度的不同而不同。如一种食品在-15℃、$A_w=0.86$时微生物不能生长而化学反应能缓慢进行，在20℃，$A_w=0.86$时一些化学反应能快速进行，而一些微生物以中等速率生长。

含水量相同的食品也会因种类的不同而导致A_w不同，进而导致它们的稳定性各异。因此，水分活度A_w值的大小比含水量的高低对评价食品的稳定性更有实际意义。掌握了这些知识，就能为食品加工和食品储运提供更加科学的理论依据。

知识拓展

食品包装如何满足食品对水分活度的要求

人们已经通过各种各样的食品包装来创造适宜的小环境，尽可能达到不同食品对A_w的要求。如市售豆乳粉、速溶咖啡等要求A_w低，可采用水不能透过的密闭容器包装；市售的仙贝、雪饼等儿童食品，除单独有小包装外，在外包装袋中还另外加入了一袋干燥剂，以防止空气湿度对它们的影响；对果冻布丁、果糕等要求A_w高的食品，需要能防止水分挥发的包装材料，以减少水分散失。如果一个包装袋中同时存放几种不同成分的食品，各种物料要求A_w不一致，为了防止水分迁移导致某些成分劣变，不能简单地将各种成分混合包装在一起，而应该各自分装后再合在一起。如方便面和脱水蔬菜要求的A_w不同，如果混装在一起，脱水蔬菜将会吸收水分而变质，因此，先将脱水蔬菜包装后再和方便面包装在一起。

食品中的非水物质对水的影响

食品中的非水物质对水的结构和性质也有影响，有时这种影响还是很大的。例如，当非水物质为食盐这类无机化合物时，加入的盐越多，盐与水的相互作用越强烈，水分子之间的结合被削弱的程度就越大，导致水越难以结冰。当非水物质为酒精、醋、糖这些有机化合物时，它们虽然不如食盐这类无机化合物与水的相互作用那么强烈，但它们与水的相互作用也较水分子之间的相互作用要大，所以它们在食品中一般容易溶于水，并对水有一定的束缚能力。

三、新陈代谢的基本过程与水在人体内的代谢

复习与回顾

新陈代谢的含义。

1. 新陈代谢的基本过程

（1）同化作用和异化作用　在生物体的新陈代谢过程中，既发生同化作用，也发生异化作用。

从生物化学的观点出发，机体从外界摄取营养物质，经过一系列变化，转变成机体的一部分，并且储存能量的过程，称为同化作用。根据生物体在同化作用中是否能够利用无机物制造有机物，将同化作用分为自养型和异养型。能够以光能或无机物氧化所释放的化学能为能源，以环境中的二氧化碳为碳的来源，合成自身的组成物质并且储存能量的同化作用称为自养型，绿色植物和少数细菌代谢中的同化作用就是自养型同化作用。以环境中现成的有机物作为能量和碳的来源，将这些有机物转变成自身的组成物质并且储存能量的同化作用，称为异养型同化作用，人和动物代谢中的同化作用就是异养型同化作用。

同化作用发生的同时，体内的一部分物质不断分解，同时释放出能量，并且把分解所产生的废物排出体外，这一过程称为异化作用。根据生物体在异化作用过程中对氧的需求情况，将异化作用分为需氧型和厌氧型。

同化作用和异化作用同时不间断地进行着，共同组成了生物体组织和能量新旧更替的过程，即新陈代谢过程。因此，广义地讲，新陈代谢就是生物体与外界环境之间物质和能量的交换以及生物体内物质和能量的转变过程。

（2）人体新陈代谢基本过程　就人体来讲，新陈代谢是指人从摄食活动开始，一直到最终的排泄过程中，发生在机体内的一切物理、化学、生物化学的变化。人体全部的新陈代谢可以分为两大过程：一是直接与食物的消化、营养素（消化产物形成的营养素和体内营养素）的吸收以及粪便的排泄三个阶段有关的代谢过程，称之为细胞外代谢；二是介于营养素的吸收与最终粪便排泄之间的代谢过程，即机体吸收营养素成分以后至粪便排泄之前所经历的代谢过程，称之为细胞内代谢，也称为中间代谢。整个中间代谢过程划分为两个阶

【思考与讨论】
请大家归纳出人体新陈代谢的基本过程。

段，即分解代谢和合成代谢。在分解代谢阶段，已经吸收的各种较大的分子（如葡萄糖、氨基酸等）降解为小的简单分子，同时，伴随着能量的产生，产生的能量用于人体进行各项生理活动和维持体温。实质上，分解代谢主要是完成获取合成机体组织所需的小分子材料的同时获得能量的任务。合成代谢主要是利用分解代谢产生的能量和获取的小分子材料合成机体组成成分的阶段。

人体整个代谢活动都要受到许多因素的控制与调节（图1-4），以适应人体的总体需要。

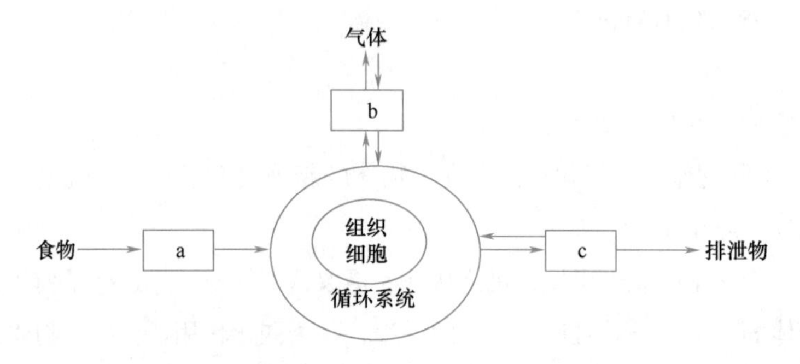

图1-4 人体新陈代谢过程示意
a—消化系统 b—呼吸系统 c—泌尿系统

2. 水在人体内的代谢

关于水在人体内的代谢，应当说明的是，这里所指的参与代谢的水既包括食品成分中的水，也包括人们在生活中饮用的水。

（1）水的吸收 水的吸收主要发生于小肠部位，大肠每日仅约吸收300～400mL的水分。一般吸收主要是依靠渗透压差进行的。当肠道内存在有难于吸收的溶质时，可能会影响水的吸收速度。在氨基酸被吸收时，水也能以与它相结合的形式被吸收，但这时氨基酸的吸收是主动性的，水的吸收则完全是被动性的。

（2）水的中间代谢 水在机体内的代谢，实质上是水的运行和交换过程。第一，水在细胞内外的交换。由于水分子很小，所以它可以自由地通过细胞膜而不受限制。水在细胞内外的交换方向由细胞内外的渗透压决定。当细胞内外液的渗透压一致时，水的交换将处于一种平衡状态。水的这种交换作用可以改变细胞内外液的体系中组分的浓度值，特别是对无机盐类，从而影响到有关代谢反应的进行。第二，水在细胞间液与血浆之间的交换。在机体内，虽然细胞间液与血浆之间相隔着一层毛细管壁，但是水与小分子化合物的通过都不受影响。一般地，水在毛细血管动脉端渗出血管，在毛细血管静脉端返回血管。水的渗出和回收主要由血压和血浆胶体渗透压决定。当静脉压升高或血浆胶体渗透压降低（患有肝功能下降、心力衰竭等疾病）时，将发生细胞间液回流障碍，从而导致细胞间液增多，机体出现水肿。

（3）人体内水的代谢平衡　体内水分由三种来源供给：第一，液态食物（饮用水、饮料、汤汁等）。每天饮水的多少与气候、劳动、各种生理状况以及个人的生活习惯有很大关系，一般约1200mL。第二，固态食物。各种固态食物含水量不同，一般每天从固态食物中摄取的水最多约为1000mL。第三，有机物在体内氧化产生的水，也称为代谢水或内生水。通常食物中每100g营养物质在体内氧化时的产水量，糖类为60mL、脂类为107mL、蛋白质为41mL。糖类、脂类和蛋白质等营养物质在体内氧化时产生代谢水的量每天约为300mL。

体内水分的排出有四种途径：第一，皮肤蒸发。皮肤蒸发水分的方式，一种是非显性出汗，即水分的蒸发，成人每天由皮肤蒸发的水约为500mL；一种是显性出汗，为汗腺所分泌，出汗的多少与环境温度以及劳动强度有关。显性出汗时除了失水以外还有Na^+和K^+的丢失。第二，肺呼出水蒸气。人在呼吸时，以水蒸气的形式丢失一部分水，成人每天由呼吸蒸发的水约为350mL。第三，大肠形成粪便排出。健康人每天以粪便形式排出的水分约为150mL。第四，肾产生尿排出。成人每天尿量约为1000～2000mL。具体地说，尿量受饮水量以及以上三个排水途径排水量的影响（图1–5）。

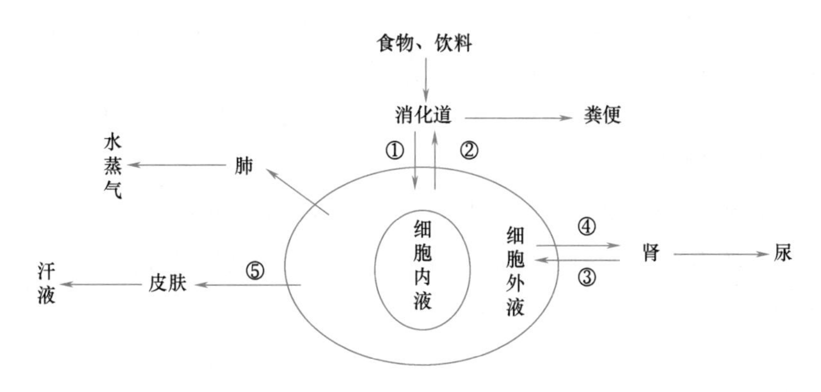

图1–5　人体水代谢过程示意

人体内的液体是一种溶解有多种无机盐和有机物的水溶液，被称为“体液”。在正常情况下，人体内的体液处于相对稳定状态，即平衡状态。也就是说，在正常情况下，通过各种来源摄入的水与各条通道排出的水的量基本相等。

成年人体内每日水平衡见表1–2。

表1-2 成年人体内每日水平衡

来 源	量/mL	排 泌	量/mL
液态食物	1200	尿	1500
固态食物	1000	呼气	500
物质代谢	300	汗	350
		粪便	150
合计	2500	合计	2500

当人饮水不足、体内失水过多或吃的食物过咸时，都会引起细胞外液渗透压升高，使下丘脑中的渗透压感受器受到刺激。这时，下丘脑中的渗透压感受器一方面产生兴奋并传至大脑皮层，通过产生“渴”的感觉来直接调节水的摄入量，一方面使由下丘脑神经细胞分泌并由垂体后叶释放的抗利尿激素增加，从而促进了肾小管和集合管对水分的重吸收，减少了尿的排出，保留了体内的水分，使细胞外液的渗透压趋向于恢复正常。相反，当人饮水过多或者盐分丢失过多而使细胞外液的渗透压下降时，就会减少对下丘脑中渗透压感受器的刺激，也就减少了抗利尿激素的分泌和释放，肾脏排出的水分就会增加，从而使细胞外液的渗透压恢复正常。

（4）食品成分与体内水平衡的关系　机体内的水平衡与食品成分有密切关系。通常认为，每同化1g糖类时，可在体内蓄积3g水。因此，摄取富含膳食糖类的幼儿，体重虽显著增加，但因蓄积大量水分，因而体质松软。脂肪不但不会促进水的蓄积，还会迅速引起水的负平衡。膳食中蛋白质与盐分过多，也会增加排尿，因为盐类和蛋白质的代谢产物尿素都会增加体液的渗透压，身体为了排出这些物质，必然多排尿。

有的离子能促进水在组织内的蓄积，有的则可促进排尿。例如，钠可促进水在体内的蓄积，因此水肿病人不宜多进食盐；钾和钙能促进水分由体内排出，多吃水果、马铃薯、甘薯等富含钾、钙的食物可以利尿。

知识拓展

人体内水的淤积或脱水对人体健康的影响

当人体处于生理异常特别是病理状态时，可使水分在体内淤积或脱水。食物中蛋白质不足，或患肾炎时在尿中排出大量蛋白质，造成血浆中蛋白质减少，渗透压降低，减弱了水向血液内移动的趋势，于是水在组织中淤积而使机体发生水肿。此外，汗流不止、剧烈呕吐，腹泻会造成体内强度脱水，全身脱水达体重的20%时就有生命危险。强度脱水过程中，体内大量盐类也随之排出，此时若单纯补给淡水，体液将更加稀释，而机体为了保持一定的渗透压，又必然增加水的排泌，水排出愈多，失盐愈多，形成恶性循环而使脱水更加严重。

长期超量饮水也能刺激体内代谢强化，加速蛋白质分解，甚至造成氮的负平衡。若进入体内的水多到超过了肾的排出能力，则会导致水肿或腹水，并产生头痛、恶心与全身无力等水中毒症状。

第二节　矿物质概述

本节主要学习矿物质的分类、矿物质在各类食品原料中的存在、矿物质的主要性质及其对食品的影响、矿物质代谢的基本过程。

一、矿物质的分类

1. 根据矿物质在人体内的含量和人体对膳食中矿物质的需要量进行分类

根据上述标准，将矿物质分为常量元素和微量元素。其中，人体内含量在0.01%（质量分数）以上，人体日需要量在100mg以上的元素，称为常量元素（有的书中也称为大量元素），如钙、磷、镁、钾、钠、氯等。人体内含量和日需要量皆低于上述值的元素则称为微量元素（有的书中也称为痕量元素），如铁、碘、锌、铜等。

2. 根据矿物质与人体营养需要的关系分类

根据上述标准，食物中含有的矿物质元素可分为必需元素、非必需元素和作用尚未确定的元素、有毒元素几类。

所谓必需元素，是指这类元素正常存在于机体的健康组织中，对机体自身的健康起着重要作用，缺乏它可使机体的组织或功能出现异常（有的补充后可恢复正常）。按照必需元素在人体内的存在量和每日需要量，将其分为必需常量元素和必需微量元素。必需常量元素主要包括钙、磷、钠、钾、氯、镁几种。1990年FAO/IAEA/WHO（联合国粮农组织/国际原子能机构/世界卫生组织）三个国际组织的专家委员会对必需微量元素进行了界定，必需微量元素按其生物学作用又分为三类：人体一定必需的微量元素，共8种，包括碘、锌、铁、硒、铜、钼、铬、钴；人体可能必需的微量元素，共5种，包括锰、硅、硼、钒和镍；具有潜在的毒性，但在极低剂量时可能具有人体必需功能的微量元素，如氟、镉、铅和锡。

非必需元素和作用尚未确定的元素是指对人体代谢无影响，或目前尚未发现影响的元素，如溴（Br）、铷（Rb）、钡（Ba）等。

有毒元素是指在正常情况下，吸收以后妨碍及破坏人体正常代谢功能的矿物质元素，在食品中以铅（Pb）最为常见。应当说明的是，机体对各种矿物质都有一个耐受剂量。某些元素，尤其是微量元素，即便是必需的，当摄入过量时也会对机体产生危害，而某些有毒元素，在其远小于中毒剂量范围之内对人体是安全的。

3. 根据矿物质代谢后的酸碱性分类

根据食物中的矿物质在体内代谢后产物的酸碱性，将矿物质分为酸性矿物质（如氯、硫、磷、碘等）和碱性矿物质（如钾、钙、钠、镁等）。

二、矿物质在各类食品原料中的存在

1. 动物性食品原料中的矿物质

肉类中矿物质的含量一般为0.8%～1.2%，主要有钙、磷、铁、钠、钾、镁、硫等。几种肉类中的矿物质含量如表1-3所示。

表1-3 几种肉类中的矿物质含量

种类	含量/（mg/100g）					
	钙	磷	铁	钠	钾	镁
猪肉	9	175	2.3	70	285	18
羊肉	10	147	1.2	75	295	15
牛肉	11	171	2.8	65	355	18
小牛肉	11	193	2.9	90	320	15

各种畜禽肉中的矿物质含量并没有很大的差异，同一种类不同部位的矿物质含量的差异也很小。具体说来，瘦肉要比脂肪组织含有更多的矿物质；肉中铁含量与屠宰放血程度有关；钠与氯的含量常因盐渍或干制处理而增多。

蛋类物质含有的矿物质主要为钙、磷、铁，尤其是铁，蛋黄中含量更高，而且能够全部被吸收。

乳中的矿物质主要有磷、钙、镁、氯、钠、硫、钾等，此外还有一些微量元素。牛乳中的矿物质含量随泌乳期以及个体健康状态等因素而异（表1-4）。

表1-4 牛乳中矿物质元素的平均含量

元素	含量(mg/100g)	元素	含量(mg/100g)
钠	50	锌	3.803
钾	145	铜	0.30
钙	120	锰	0.02
镁	13	氯	100
铁	1	磷	95

水产鱼类和虾、蟹、蛤蜊、海参等是蛋白质、矿物质的良好来源，含有的矿物质种类和含量都比肉类多，其中主要为钙、磷、铁、钾等（表1-5和表1-6）。

表1-5　我国主要经济鱼类中几种矿物质的含量（每100g可食部分）

品种	产地	钙/(μg/kg)	磷/(μg/kg)	铁/(μg/kg)
草鱼	上海	4600	504	5.0
青鱼	上海	969	640	6.0
鲢鱼	上海	216	8160	15
鲤鱼	上海	653	4070	6.0
鲫鱼	上海	840	2000	317
小黄鱼	东海	1920	489	5.0
大黄鱼	东海	537	2530	9.0
带鱼	东海	968	1400	21
鲳鱼	东海	682	970	4.0
鳕鱼	黄海	710	1750	54
鲐鱼	渤海	94	1738	56
鲅鱼		35	130	0.8

表1-6　虾、蟹、贝类中几种矿物质的含量（每100g可食部分）

名称	钙/mg	磷/mg	铁/mg	灰分/g
对虾	35	150	0.1	1.5
蟹子	231	159	1.80	1.7
蛤蜊	37	82	14.2	3.0
蚶	—	—	—	2.0
蛏	133	114	22.7	1.3
乌贼	48	198	1.1	1.1
鱿鱼	—	—	—	1.7
海螃蟹	29	45	13.0	1.8

知识基础

灰分

如果将食品高温灼烧，它们会发生一系列变化，有机成分和水分挥发逸去，剩下的部分通常称之为灰分。灰分的主要成分是矿物质的化合物特别是其氧化物。有人也把无机盐（矿物质）称为灰分，在要求不严格的情况下无机盐（矿物质）和灰分的概念可以通用，但是，应当注意二者是有区别的。

2. 植物性食品原料中的矿物质

小麦面粉中常见矿物质的组成见表1-7。

表1-7 小麦面粉中的矿物质

元素	范围/%	元素	范围/%
钾	0.2～0.60	镁	0.08～0.30
磷	0.15～0.55	硫	0.12～0.30
钙	0.03～0.15		

玉米籽粒中的矿物质约80%存在于胚部，主要是钙、磷、铁、硒、镁、钾、锌等，但是，除了钙以外含量均很少。

马铃薯含有的矿物质以钾为多，其次有钙、镁、硫、磷、硅、钠及铁等。

大豆中的矿物质含量约为4.0%～4.5%，其中钙的含量较高，每100g大豆含钙约为376mg，其他如磷、钾、镁、铁等的含量也较高，另外还含有钠、锰、锌、铝、铜等矿物质。但是，由于大豆中也含有植酸能和钙、镁等离子形成配合物，严重影响机体对钙、镁的吸收。

花生中的矿物质含量约占3%，富含难以从其他食物中获取的铜、镁、钾、钙、锌、铁、硒、碘等元素。

蔬菜、水果中含有丰富的钾、钙、镁、铁以及磷等矿物质。

海藻最重要的营养价值是富含矿物质。海藻干物质中约含有10%～30%矿物质。此外，海带中含有重要的营养矿物成分碘，其他海藻中含量也较多。海藻中碘的存在形式为无机和有机两种，但由于有机碘用水抽提后大部分丧失，故以无机态占一大半。

3. 食用菌类食品原料中的矿物质

食用菌中含有人体必需的多种矿物质元素，其中钾、磷的含量最高，其次是钙和铁（表1-8）。它们以硫酸盐、磷酸盐、碳酸盐的形式存在，或者以与有机物结合的盐类的形式存在，比较稳定，在储藏和加工过程中变化较少。

表1-8 成熟果蔬与食用菌的钙、磷、铁含量（每100g可食部分）

果蔬名称	钙	磷	铁	果蔬名称	钙	磷	铁
苹果	11	9	0.3	番茄	8	37	0.4
桃	8	20	1.0	甘蓝	62	28	0.7
梨	5	6	0.2	大白菜	33	42	0.4
葡萄	4	15	0.6	马铃薯	11	59	0.9
甜橙	26	15	0.2	菠菜	70	34	2.5
枣	14	23	0.5	芹菜(茎)	160	61	8.5
山楂	85	25	2.1	芦笋	32	14	14
草莓	32	41	1.1	菜花	15	82	1.2
香蕉	10	35	0.8	蘑菇	8	86	1.3

4. 影响食品及其原料中矿物质成分的因素

（1）影响动物性食品原料矿物质成分的因素　由于动物体内存在着平衡机制，它能调节组织中必需营养素的浓度，所以动物性食品原料中矿物质浓度变化较小。一般情况下，动物饲料的变化仅对肉、乳和蛋中矿物质浓度产生很小的影响。

（2）影响植物性食品原料矿物质成分的因素　植物生长过程中，从土壤中吸取水和必需的矿物质营养素，因此植物可食部分的最终成分受土壤的肥力、植物的遗传和其生长环境的影响和控制。同一品种植物的矿物质含量都可能因生长在不同的地区而发生很大的变化。

（3）加工对食品中矿物质成分的影响　食品中的矿物质总的来说比较稳定，它们对热、光、氧化剂、酸、碱的影响不像维生素和氨基酸那样敏感，一般加工也不会因这些因素而大量损失，但有些加工方法会影响食品中矿物质的含量和可利用性。

导致食品中矿物质损失的最重要因素是谷物的研磨。在加工精白米和精白面时容易将浓集矿物质的胚芽和麸皮除去，导致矿物质的严重损失。加工精度越高，损失的矿物质也越多。

沥滤或物理分离会损失部分矿物质。如在乳酪加工中，钙也随着乳清的分离而流失，且生产条件对钙的留存量影响较大。

由于某些矿物质能溶于水，因此水煮食物时会有一些矿物质流失，蒸的加工方法则可减轻这方面的损失。

具体到某一种食品原料，大豆在加工过程中不会损失大量的微量元素，而且某些微量元素如铁、锌、硒等还可能得到浓缩。因为大豆蛋白质经过深度加工后提高了蛋白质的含量，这些矿物质成分可能结合在蛋白质分子上。其他如锰、铜、钼和碘等矿物质则变化不大。

在食品加工中，有时候也采取加入矿物质的做法，这种在食品中补充某些缺少的或特需的营养成分的做法称为食品的强化。在食品中添加矿物质必须遵循有关的法规，注意矿物质元素摄入的安全剂量。同时，被添加的矿物质在食品中的稳定性，以及与食品中其他组分相互作用可能产生的不良后果等问题必须得到妥善解决。

知识拓展

各种价态的矿物质在自然界中的存在形式

矿物质中的一价离子都以可溶性盐的形式存在，如K^+、Na^+、Cl^-等；多价离子则以离子、不溶性盐和胶体溶液的形式存在，而且这几种形式之间可以相互转化，可以用下面的方式表示这种存在形式：

多价离子$\rightleftharpoons$不溶性盐$\rightleftharpoons$胶体溶液

在肉、乳中的矿物质常以上述形式存在。另外，各种化合价的矿物质在生命体中基本上都与有机物质如蛋白质等形成螯合物，这种结合方式有利于矿物质保持稳定以及在器官、组织间的输送。

矿物质形成的螯合物

金属离子尤其是元素周期表中IB～VIIB族和VIII族中的金属离子，容易和某些原子、原子团等形成一种具有稳定的环状结构的化合物，化学上称之为螯合物，所以这些金属离子不少是以螯合物的形式存在于食品中的。如血红素中的Fe^{2+}、细胞色素中的Cu^{2+}、叶绿素中的Mg^{2+}、维生素B_{12}中的Co^{2+}等，都是以螯合物形式存在的。

三、矿物质的主要性质及其对食品的影响

复习与回顾

酸、碱、氧化还原反应。

1. 矿物质的酸碱性

食品中的非金属元素如P、S、Cl等，在人体内氧化后生成含阴离子的酸根如PO_4^{3-}、SO_4^{2-}等，含有这类元素的矿物质我们说它们呈酸性。

食品中的金属元素如Na、K、Ca、Mg等，在人体内氧化后生成带阳离子的碱性氧化物如Na_2O、K_2O、CaO、MgO等，含有这类元素的矿物质我们说它们呈碱性。

含酸性矿物质元素的食物，易使体液偏酸性，将这类食物称为酸性食物。含碱性矿物质元素的食物，易使体液偏碱性，将这类食物称为碱性食物。食物中所含的金属元素和非金属元素基本均衡，进入人体后代谢产物的酸碱性基本平衡，这类食物称为中性食物，如牛乳、芦笋等。

通常富含糖类、蛋白质及脂肪的食物多为酸性。如谷类、肉类、鱼贝类、蛋类、黄油及干酪等。糖类、蛋白质和脂类在体内氧化成CO_2和H_2O，CO_2可以和H_2O化合成H_2CO_3。由于H_2CO_3在肺部可以重新分解为CO_2而呼出，故称H_2CO_3为挥发性酸或不固定酸。一般状态下，成人体内每天可以生成300～400L CO_2。糖类、蛋白质、脂类和核酸在分解代谢中还产生一些有机酸（如乳酸）和无机酸（如磷酸），这些酸不能由肺呼出，过量时必须由肾脏排出体外，所以将这些酸称为非挥发性酸或固定酸。

从食物中也可以直接得到一些酸性食物，如醋酸、柠檬酸等。但这些外源性酸性物质数量很少，所以不是体内酸性物质的主要来源。

碱性食物主要有蔬菜、水果、薯类、大豆、牛乳等。值得指出的是水果等食物虽然带有酸味，但其酸味物质（有机酸）在体内代谢后生成CO_2和H_2O排出体外，留下带阳离子的碱性元素，所以水果应属碱性食物。

由上面的学习可以看出，根据酸碱性不同将食物分为酸性食物和碱性食物，这种划分与食物本身在化学上呈现的酸碱性不同，它指的是食物被消化吸收、进入血液，送往各组织器官以后在生理上呈酸性或碱性。所以，食物中含有的酸性元素和碱性元素对食物的酸碱性起决定作用。

食物的酸碱度是指将100g食物灼烧后得到的灰分溶于水，用0.1mol/L酸或碱中和时所消耗酸液或碱液的体积（mL），以“+”表示碱度，以“–”表示酸度。

常见酸性食物和碱性食物及其酸碱度见表1–9。

表1–9　常见酸性食物和碱性食物及其酸碱度

碱性食品	碱度/mL	酸性食品	酸度/mL
大豆	+9～+10	精米	-5～-3
甘薯	+6～+10	糙米	-14～-9
马铃薯	+5～+9	大麦	-10
萝卜	+6～+10	面粉	-5～-3
胡萝卜	+9～+15	燕麦粥	-15
洋葱	+1～+2	玉米	-5
番茄	+3～+5	精米饭	-1
苹果	+1～+3	白面包	-3～-2
柑橘类	+5～+10	干酪	-4
红砂糖	+15	鸡蛋	-20～-10
海带	+40	肉类	-20～-10
牛乳	+2	鱼类（无骨）	-20～-10

知识拓展

食物酸碱性与人体酸碱平衡

人体体液的pH在7.3～7.4，正常情况下人体自身可保持体液酸碱平衡，但如果膳食搭配不当，可引起机体酸碱平衡失调。若摄入呈酸食物过多（一般情况下，呈酸食物容易过量），导致体液偏酸性，则会增加钙、镁等碱性元素的消耗，使血液颜色加深，血压增高，还会引起各种酸中毒症。所以在日常膳食中应注意呈酸食物与呈碱食物的合理搭配，尤其要控制呈酸食物的量，以保持机体的酸碱平衡，利于健康。

2. 矿物质的氧化还原性

微量元素以不同的化合价状态（简称价态）存在，在一定条件下各种价态之间可以相互转化，同时伴随着氧（或者电荷）的转移，因此说它们具有氧化还原性。

3. 矿物质的性质对食品稳定性的影响

某些矿物质能显著地改变食品的稳定性等品质。如在肉制品中添加磷酸盐可提高肉的持水性，在乳制品中添加磷酸盐可保持盐平衡，提高产品的稳定性；氯化钙、硫酸钙可作豆腐的凝固剂，在果蔬加工中使用可保持新鲜果蔬的脆性并有护色作用。钙离子也有助于果胶物质凝胶的形成等。

四、矿物质的基本代谢过程

复习与回顾

人体新陈代谢的基本过程

大家应当注意，这里介绍的是矿物质的基本代谢过程，至于某种矿物质在人体内的代谢，在下一节再具体介绍。

1. 矿物质的吸收

与其他成分相结合的矿物质，必须经过分解释放，然后形成与自由离子一样的溶液成分才能被机体吸收。对于那些不能溶解的成分，则有可能被特别环境下的酸碱物质作用而发生变化，最终变成可溶性的无机离子，然后被吸收。一般在机体内不溶解、不电离的矿物质是很难被吸收的。

体内矿物质的吸收主要发生在小肠部位。

知识拓展

被动性转运和主动性转运

通过被动性扩散形式进行转运的矿物质离子包括钠、钾、氯、碘等。一般地说，它们的吸收过程要依靠肠内容物与肠壁细胞内液、外液以及血液之间的浓度差、渗透压差等。一般认为某一离子总是在正反两个方向上同时转运，吸收的正结果，只不过是由于在这两个转运方向上另一种转运能力较差。

主动性转运形式的例子也有很多。例如，上述以被动性扩散形式进行转运的矿物质中，钠离子的转运有时候还具有一种主动性转运机理。这时候肠黏膜细胞往往通过钠泵蛋白将钠离子从肠液中转运入血液。另外，钠离子的吸收还可能与糖类物质的吸收存在一定的关系。又如，在二价离子中，吸收速度最快的要数钙。它是通过一种主动性转运机理进行吸收的，需要有维生素D和ATP的帮助。再如，铁离子的吸收一般也是通过主动性转运机理进行的。目前认为二价铁离子比三价铁离子吸收速度要快得多。

2. 矿物质的中间代谢

矿物质的中间代谢，很重要的一点就是维持各种离子浓度的稳应性，从而保证机体各种相关功能的正常发挥。为此，机体具有选择性地从食物中吸收所需要的离子，通过顺应自然规律的被动形式和逆自然规律的主动形式，以及通过肾脏功能将过剩的离子排出体外的能力。

一般矿物质都参与生化酶的反应，并且具有维持机体正常功能的作用。其中，钾、钠、镁、氯等成分主要用于保证细胞内液和细胞外液中的渗透压以及浓度差，而钙、磷等则是机体硬组织的主要构成成分。

需要注意的是，在考虑矿物质的中间代谢时，体液的离子组成并不是处处一致的。各种组织和器官中的体液都是具有自己特定的离子浓度的水溶液体系，这个体系由水平衡和离子平衡一起构成。

第三节　重要的矿物质

矿物质元素的种类比较多，在本专业开设的食品营养与安全等课程中还要专门学习其有关知识，本节从食品应用化学的角度学习几种矿物质。

一、常量元素

人体需要的常量元素主要包括钙、磷、镁、钾、钠、氯、硫七种。

1. 钙（calcium）

钙是元素周期表中第二主族的元素，由于这一主族的大多数元素的氢氧化物显碱性，其氧化物既不溶解也不熔化，类似于“土”的性质，所以这一主族的元素称为碱土金属元素，简称碱土金属。由于钙的性质活泼，能与卤素、氧、氮、氢、硫等多种非金属元素反应生成相应的化合物，所以，钙以化合物状态广泛分布于自然界中，约占地壳的3%，常见的如大理石（$CaCO_3$）、石膏（$CaSO_4 \cdot H_2O$）等。钙与一价阴离子形成的盐易溶，与二价阴离子形成的盐难溶。

钙是人体内含量最多的矿物质元素。正常成年人体中含钙量的99%以上存在于骨骼及牙齿中，以化合态存在。其他组织和体液中，还含有少量离子态的钙。在血浆与血清中的钙约有一半是游离态的Ca^{2+}，有一部分钙离子与肌肉中的蛋白质结合。

钙在体内代谢的过程，就是维持体内钙平衡的过程。钙的平衡由吸收、中间代谢、排泄三者之间的关系决定。

食物中的钙是被释放成可溶性离子状态以后被吸收的。人体钙吸收主要在小肠近端，钙在肠道内吸收很不完全，食物中的钙约70%～80%随粪便排出。进入血浆后的钙继续代谢，一部分成为牙齿、骨骼、软组织的组成成分，一部分由肾（尿）排出或者由皮肤汗液排出。此外，女性哺乳期分泌的乳汁中也含有钙。

钙的代谢如图1-6所示。

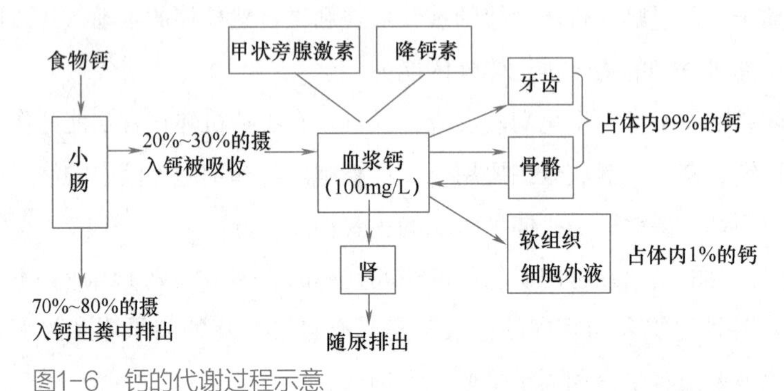

图1-6　钙的代谢过程示意

知识拓展

影响钙吸收的因素

第一，机体因素。婴儿时期吸收率高达60%，儿童约为40%，成人为20%～25%，随着年龄的增加吸收率减弱。平均每增龄十年，钙的吸收率减少5%～10%。性别也影响钙吸收，男性一般吸收率略高。另一方面，当人体缺钙或钙需要量大时（如婴幼儿、孕妇、乳母），钙的吸收率也会相应增高。当机体需要增大时，主动吸收加强。第二，膳食因素。膳食中钙摄入量高，吸收量也会增高，但不成比例；膳食中的维生素D，蔬菜水果中的维生素C，牛乳中的乳糖以及膳食中钙/磷比例适宜（1：1）等因素均可促进钙的吸收，含乳糖、低聚糖时，乳糖在肠道菌作用成酸与钙可结合成可溶性钙，有利钙吸收；适量的蛋白质（含精氨酸、赖氨酸）摄入有利钙吸收；高脂膳食可延长钙在肠道中的接触时间，吸收会有所增加；低磷膳食可提高钙的吸收。谷类食物含植酸较高，有些蔬菜，如菠菜、苋菜、竹笋等，含草酸较高，会影响钙的吸收。影响钙吸收的还有膳食纤维、脂肪酸、酒精，它们可与钙形成难溶物。第三，钙和其他矿物质有相互干扰作用。高钙摄入能影响铁、锌、镁、磷的生物利用率。此外，体育锻炼也可促进钙的吸收和储备。一些药物如青霉素能增加钙吸收。一些碱性药物如肝素可干扰钙吸收。钙的代谢还受两种多肽激素即甲状旁腺激素（PTH）和降钙素（CT）的调节。

2. 磷（phosphorus）

磷在自然界中没有单质存在，主要天然化合物是磷灰石（主要成分是磷酸钙）和磷钙土（主要成分为$Ca_3P_2O_8 \cdot H_2O$），除了元素周期表中第一主族的元素（俗称碱金属）的磷酸盐以外，其他金属的磷酸盐都难溶。

磷在人体中的含量稍次于钙，列第六位，是细胞中不可缺少的成分，还以磷酸根的形式参与许多新陈代谢过程。

磷的代谢与钙相似，而且两者有一定的关系。

磷主要在小肠中段被吸收。膳食中磷的来源以及膳食中有机磷的性质和膳食中磷的含量都影响吸收。例如，由于人体肠黏膜缺乏植酸酶，因此谷物中的植酸磷酸盐不能在人体内分解，所以不被人体吸收，而酸性磷酸盐（MH_2PO_4，M代表金属元素）、有机磷酸酯和磷脂则易消化从而被吸收。低磷膳食时磷的吸收率可达90%。

肾吸收磷的作用受甲状旁腺激素（PTH）和降钙素（CT）的调节。

活性维生素D对磷的代谢也起到重要作用。

磷的排泄主要是通过肾脏（尿），其次是粪便。摄入而未被吸收的磷也通过粪便排出。

3. 钠（sodium）、钾（potassium）、氯（chlorine）

钠和钾都是元素周期表第一主族的元素，由于这一主族大多数元素的氢氧化物具有典型的碱性，因此将它们称为碱金属元素，简称碱金属。氯是元素周期表中第七主族的元素，也是这一主族最有代表性的元素。由于氯是盐卤的主要组成元素之一，所以人们形象地把这一主族的元素称为卤族元素，简称卤素。

钠与钾在体内几乎完全以离子态存在，一切组织体液中均含有，主要与氯离子共存，成为氯化钠、氯化钾。但是钠、钾在生理作用上是一个独立的因素，在一定范围内，与所配合的阴离子（如Cl^-、PO_4^{3-}、HCO_3^-、乳酸根、蛋白质与氨基酸的阴离子）没有关系。在细胞内以K^+最多，在细胞外液（血浆、淋巴、消化液）中则含有大量Na^+。

钠在小肠被吸收，被吸收的钠部分通过血液输送到胃液、肠液、胆汁以及汗液中。人体对钠摄入量的适应性很大。体内可通过控制肾小球的滤过率、肾小管的重吸收、远曲小管的离子交换作用以及激素分泌来调节钠的排泄量，以维持体内钠的平衡。

食物中的钾约90%被人的消化道吸收，钾进入体内迅速分布到细胞外液，其中一部分也可进入到细胞内液，但速度很慢，约15h才能达到平衡。未被吸收的钾从粪便和汗水中排出。肾排钾的功能极强，摄入人体的钾90%由肾脏排出，其规律为“多吃多排，少吃少排，不吃也排”，可见肾脏保钾的能力不如保钠强。当食物中完全缺钾时，只要肾脏正常，尿中仍可以排出一部分钾。

当血钾含量升高或者血钠含量降低时，可以直接刺激肾上腺，使相应的激素分泌量增加，从而促进肾小管和集合管对Na^+的重吸收和K^+分泌，维持血钾和血钠含量的平衡。相反，当血钾含量降低和血钠含量升高时，则使相应的激素分泌量减少，其结果也是维持血钾和血钠含量的平衡。

植物中含钾多钠少，故素食者及食草动物需要较多的食盐。

钠与氯的排泄主要经肾随尿排出，大量出汗也排泄一小部分。肾脏对钠的排泄具有高效的调节功能，即多吃多排，少吃少排，不吃几乎不排。钠与氯从尿中排泄基本上是相伴而行的。

4. 镁（magnesium）

镁是地壳中常见的八种元素之一，海水中存在大量的镁。

镁能与卤素、氧、氮、氢、硫多种非金属元素生成离子化合物。镁还能形成配合物，其重要的配合物叶绿素普遍存在于绿叶蔬菜中。

人体内70%的镁存在于骨骼及牙齿中，以磷酸镁状态存在，其余分布在软组织与体液中，是细胞中主要阳离子之一。

食物中的镁在整个肠道均可被吸收，但在肠道末端与回肠处吸收最多。其吸收率与钙类似。膳食中促进镁吸收的成分主要有氨基酸、乳糖等，抑制镁吸收的成分主要是过多的磷、草酸、植酸和膳食纤维。镁与钙在肠道内竞争吸收，相互干扰。

肾脏通过过滤和重吸收维持体内镁代谢平衡。

体内代谢后的镁，主要随粪便排出，有些从汗和脱落的皮肤细胞中丢失，少量从尿中排出。

知识基础

配合物

有些化合物，它们的原子间是通过共用电子对结合的，但是，共用电子对是由一方提供而由参加结合的双方的原子共用，这种原子之间的结合方式称为配位键，它是共价键的特殊形式。通过配位键结合的化合物称作配位化合物，简称配合物。在配合物中，提供共用电子对的一方称为配位体，另一方称为中心离子（一般为金属离子），如矿物质元素铁、锌、镁、铜等的离子都能形成配合物。

二、微量元素

上面已经讲过，人体一定必需的微量元素共8种，包括碘、锌、铁、硒、铜、钼、铬、钴；人体可能必需的微量元素共5种，包括锰、硅、硼、钒和镍；具有潜在的毒性，但在极低剂量时可能具有人体必需功能的微量元素，如氟、镉、铝和锡。下面有选择地介绍几种。

1. 铁（iron）

（1）铁的存在　化合态的铁以两种离子状态存在，即亚铁（Fe^{2+}）形式和铁离子（Fe^{3+}）形式，二者之间可以相互转化。

$$Fe^{2+} \underset{+e}{\overset{-e}{\rightleftharpoons}} Fe^{3+}$$

上式中，e代表电子，“–”表示失去电子，“+”表示得到电子。

人体内铁可以分为功能性和储存性两种。大多数功能性铁是以血红素蛋白质的形式存在的，最著名的是血红蛋白，肌肉的血红素化合物是肌红蛋白，许多酶也含有铁。储存铁有两种基本形式，即铁蛋白和血铁黄素，主要存在于肝脏、网状内皮细胞和骨髓。

（2）铁的代谢　铁的吸收过程受许多因素的影响，其中重要的是铁在食物中的存在状态。主要以配合物的形式存在于植物性食物中的铁，必须先与有机部分分开，并且还原成Fe^{2+}后才能被吸收。谷物中含铁虽多，但可利用性差，所以以谷物为主的地区常多发生“营养性贫血症”，其主要原因可能就是谷物中含有较多的植酸盐或者磷酸盐，与铁形成不溶性盐而降低了吸收率。蔬菜中生物可利用态的铁较丰富，故多食蔬菜可以弥补谷物中铁来源的不足。抗坏血酸、半胱氨酸有助于离子铁的吸收，这是因为它们不仅能还原Fe^{3+}为Fe^{2+}，而且可以和Fe^{2+}形成可溶性配合物。肉类食物可以提高植物性食物中铁的吸收率，可能就是这个原因。动物性食物中铁的存在状态主要是血色素型铁，此种类型的铁不受植酸以及磷酸的影响，直接被肠黏膜上皮细胞吸收，其吸收率比离子铁高。这也是来源于动物性食物中的铁比来源于植物性食物中的铁容易被吸收的原因之一。其次，黏膜因素也会影响铁的吸收。小肠黏膜细胞中有与铁结合的受体，可以根据机体需要铁的情况调节铁的吸收。

从小肠进入血液中的Fe^{2+}，在催化下氧化成Fe^{3+}，然后分两个方向继续进行代谢：一是与运铁蛋白结合而在血液中运输。运铁蛋白将大部分铁运输到骨髓，用于血红蛋白合成，小部分运输到各组织细胞用于合成含铁蛋白质。二是在肝脏、骨髓、网状内皮组织中与脱铁蛋白结合，以铁蛋白的形式存在于组织中。铁在体内含量过多时，铁蛋白含量增加，互相聚集形成小颗粒，称为含铁血黄素。

正常成年男子每日排泄铁约为0.5 ~ 1.0mg，大部分铁在从消化道脱落的上皮细胞中随粪便一起排出，一部分铁从泌尿生殖道脱落细胞和皮肤脱屑中排出。

铁的代谢过程如图1-7所示。

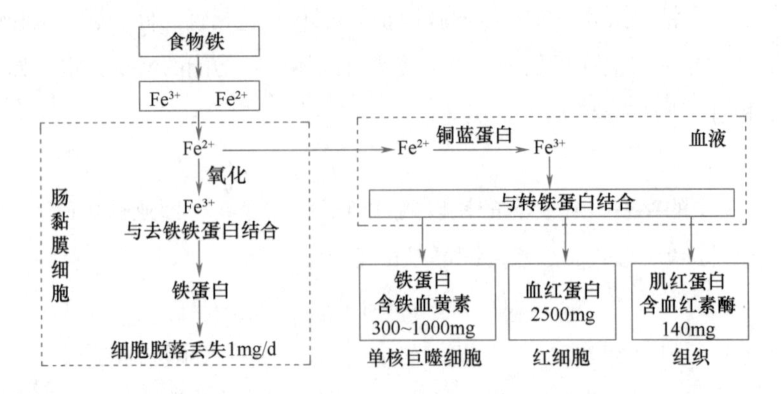

图1-7 铁的代谢过程示意

2. 碘（iodine）

碘的性质活泼，以-1、+3、+5、+7价与多种元素化合，因此，自然界中的碘以化合物的形式存在。由于碘的化合物大多溶于水而随水的流动转移，最终汇入大海，因此海水中含碘最为丰富和稳定。由于蒸发作用，海水中的部分碘进入大气且以雨雪形式降至陆地，构成碘在自然界的大循环。

人主要通过进食吸收碘，其次是饮水。呼吸也能吸收很少量的碘。成人体内含碘20~50mg，其中约20%集中于甲状腺。甲状腺的聚碘能力很强，碘浓度可比血浆高25倍。当甲状腺功能亢进时，甚至可高数百倍。

在甲状腺中，碘以甲状腺素和三碘甲腺原氨酸的形式存在。血浆中的碘则与蛋白质结合在一起。

消化道、皮肤、呼吸道、黏膜均可以吸收碘。无机碘在胃和小肠几乎100%被吸收；有机碘在消化道被吸收，脱碘后以无机碘形式被吸收。很少量的小分子有机碘可以被直接吸收入血液，然而绝大多数在肝脏脱碘。但是，同脂肪酸相结合的有机碘可不经过肝脏而由乳糜管直接吸收进入体液；与氨基酸结合的有机碘也可以被直接吸收。胃肠道内的钙、氟、镁阻碍碘的吸收，人体内蛋白质与能量不足时会妨碍胃肠内的碘吸收。

肾脏是代谢后的碘排出的主要渠道，肺及皮肤也排出少量碘，女性哺乳期分泌的乳汁也含有碘。

3. 锌（zinc）

锌在体内广泛分布（血液中含量最少），人和动物体内很多重要的酶都含有锌。

锌的吸收主要在十二指肠和近侧小肠处。锌的吸收与铁相似，可受多种因素的影响，尤其植酸严重妨碍锌的吸收。但面粉经发酵可破坏植酸，有利于锌的吸收。当食物中有大量钙存在时，因可形成不溶性的锌钙-植酸盐复合物，对锌的吸收干扰极大。维生素D可促进钙的吸收。

小肠内被吸收的锌在门静脉血浆中与白蛋白结合，被带到肝脏中。进入肝静脉血中的锌约有30%被肝脏摄取。循环血中的锌以不同速度进入到各种肝外组织中。

留存于胰、肝、肾、脾中的锌储集速度最快，周转率也最高；红细胞和肌肉摄入和交换锌的速度则较低；中枢神经系统和骨骼摄入和周转锌的速度也较低，这部分锌在长时间内被牢固地结合着，所以骨骼锌在通常情况下不易被机体代谢利用。进入毛发的锌也不能被机体组织利用，并且随着毛发的脱落而丢失。

粪便是锌排泄的主要途径，其次尿、汗、毛发也排泄少量锌。经粪便排出的锌除了摄入代谢后的锌以外，还包括没有被吸收的锌和少量代谢出的内源锌。内源锌的排泄量随肠道吸收和代谢需要之间的平衡关系而变化，这种变化也是保持体内锌平衡的主要机制之一。

4. 硒（selenium）

硒是地壳中含量微少，分布又很分散的稀有元素。由于在周期表中的位置，决定了它和氧、硫性质有所类似。它可以多种化合价构成各种无机和有机硒化合物。

成人体内含硒约14～21mg，分布于肾脏、肝脏、指甲、头发，肌肉和血液中含硒甚少。

硒在体内的吸收、转运、分布、储存和排泄受许多外界因素的影响。其中主要是膳食中硒的化学形式和量，另外性别、年龄、健康状况以及食物中是否存在硫、重金属、维生素等化合物也有影响。

5. 铜（copper）

铜在溶液和活的生物体中，以+2和+3价态存在，且以前者为主。

正常成人体内含铜总量约50～120mg，存在于各种组织中，以骨骼和肌肉中含量较高，20%存在于肝，5%～10%存在于血液中。血浆铜的90%与蛋白质结合成铜蓝蛋白，是一种氧化酶。

铜主要在小肠吸收，胃几乎不吸收铜。新吸收的铜在血浆中很快消失，大部分被肝吸收，小部分被肾吸收。

一旦铜进入到肝脏，几小时内就渗入到铜蓝蛋白，并递送给表面有铜蓝蛋白受体的细胞。

一般不认为铜是储存金属，它通常很容易从体内排泄，然而多数或所有组织的细胞都能以金属硫蛋白的配合物的形式将过多的铜储存起来。

体内对铜的平衡调节，胆汁起着重要作用。铜的主要排泄途径是通过胆汁到胃肠道，再与随唾液、胃液、肠液进入胃肠道的铜以及少量来自小肠细菌的铜一起由粪便排出（少部分可被重吸收）。

6. 氟（fluorine）

氟总是以负一价离子的形式存在，不论是在酸性还是在碱性介质中，氟几乎与所有正价元素结合形成化合物，所以迁移能力很强。因此，氟以少量且不同浓度存在于所有土壤、水以及动植物中，所有食物均含有氟。

目前已知的与氟化物相关联的组织为骨与牙釉质。

膳食和饮水中的氟摄入后，主要在胃部吸收，其吸收速度很快，吸收率也很高。

氟一旦被吸收，随即进入血液，分布到全身，并有部分排出体外。

从血浆来的氟与钙化的组织具有高度亲和力，形成配合物。但是这种结合是可逆的，可以通过骨骼组织间隙中的离子交换和骨骼再建把结合的氟释放出来。年轻人的骨骼再建过程比较活跃，所以年轻人比老年人骨骼中氟的沉积量少。

肾脏是无机氟排泄的主要途径。肾对氟的清除率与尿液pH大小有直接关系，某些情况下也与尿的流速有关。

应当注意：氟是人体所必需，但稍微过量又可引起中毒。

7. 铬（chromium）

铬有三价和六价两种形态，六价铬有毒，机体不能利用。在生物体中，三价铬不会氧化变为六价铬，所以在讨论营养功能时，只考虑三价铬。

成人体内三价铬总量约5～10mg，分布很广，但在各种组织中的浓度都很低，仅在核蛋白中浓度较高。另外，铬是葡萄糖耐量因子的组成成分。

三价铬的吸收率较低。不同的膳食成分对三价铬的吸收也有影响。例如，锌对铬的吸收有抵消作用，抗坏血酸则能促进铬的吸收。

人体内各部分都能储存铬，但随年龄增加储存能力减小。

铬主要自粪便中排出，应急状态下（如大量吸收铬、剧烈运动等）会使铬的排泄量增加。

【思考与讨论】

六价铬化合物均能溶于水，而且可被还原为三价铬；沉淀于水底的三价铬在碱性条件下可氧化为六价铬。请同学们根据本课程的学习并通过查找资料说明这种转化对于生物界的重要意义。

思考与练习

一、填空题（在下列各题的括号中填上正确答案）

1.食品及其动植物和食用菌类原料中水分的存在状态主要有（　　）、（　　）、（　　）、（　　）。

2. 与自由水相比较，结合水有两个特点，第一，（　　），第二，（　　）。

3. 食品中含水量较少时，其含水量较小的变化能导致水分活度（　　）的变动。
4. 控制A_w在（　　）～（　　）范围内，可保持干燥食品的理想品质。
5. 在A_w<（　　）时，导致食品及其动植物和食用菌类原料腐败的大部分酶失去活性；A_w在（　　）～（　　）范围内，食品及其动植物和食用菌类原料最容易发生非酶褐变。
6. 人体内水分来源的途径是（　　）、（　　）、（　　）；排出途径是（　　）、（　　）、（　　）、（　　）。
7. 在正常情况下，人体内的体液处于相对稳定状态，即（　　）状态。
8. 必需常量元素主要包括（　　）、（　　）、（　　）、（　　）、（　　）、（　　）等几种。
9. 必需微量元素分为（　　）、（　　）、（　　）三类。
10. 根据食物中的矿物质在体内代谢后产物的酸碱性，将矿物质分为（　　）和（　　）。
11. 相同单位质量的猪、牛、羊肉中，含铁最多的是（　　）。
12. 蛋黄中含有的矿物质中，最多的是（　　）。
13. 含钙最多的水果是（　　），蔬菜是（　　）。
14. 含磷最多的蔬菜是（　　）。
15. 海藻最重要的营养价值是含有（　　）。
16. 体内矿物质的吸收主要发生在（　　）部位。

二、判断题（判断下列说法的正误，错误说法请改正）

1. 不同的食品，只要含水量相同，A_w就相同。
2. 不同的微生物生长都有其适宜的水分活度范围，其中细菌对低水分活度最敏感，酵母菌次之，霉菌的敏感性最差。
3. 机体对各种矿物质都有耐受剂量，即使是必需的矿物质，当摄入过量时，也会对机体产生危害。
4. 由于大豆中含有植酸，所以对钙、镁的吸收有利。
5. 同一品种植物中的矿物质含量会因植物的生长地区不同而发生很大的变化。
6. 食品的加工精度越高，矿物质损失越多。
7. 有酸味的水果属于酸性食物。
8. 食品在漂烫沥滤时，矿物质容易从水中损失。
9. 体内钙的平衡由吸收和代谢之间的关系确定。
10. 碱性食物就是本身有苦味或者在消化过程中产生碱性物质的食物。

三、选择题（把下列各题正确答案的序号填在题后括号中）

1. 自由水和结合水对食品耐储藏性的影响，下列说法正确的是（　　）。

A. 结合水影响大　　　　　　B. 自由水影响大

C. 自由水和结合水都有影响，但是自由水影响更大

2. 下列关于水分活度的说法正确的是（　　）。

A. 水分活度指的是水分活性

B. 食品的水分活度等于食品的水蒸气分压与同温度下纯水的最大水蒸气压之比

C. 纯水的水分活度等于1，而食品中水的水分活度小于1

D. 食品的水分活度在数值上等于食品的平衡相对湿度除以100

3. 过多食用含下列成分的食品，会导致体内水分蓄积的是（　　）。

A. 蛋白质　　　　B. 糖类　　　　C. 脂肪　　　　D. 盐

4. 人体中含碘最多的是（　　）。

A. 血液　　　　B. 甲状腺　　　　C. 肾脏

5. 本章所指的矿物质，是指（　　）。

A.地壳当中的矿物　　　　B. 无机盐　　　　C.食品及其原料中的矿物质元素

四、简答题

1. 为什么用A_w比用含水量衡量食品的稳定性更具有实际意义？

2. 举例说明人体内的水平衡与食品成分有密切关系。

3. 为什么脱水病人的输液和大量出汗的高温工作者以及剧烈运动者的饮料中均应补充盐类？

4. 通过总结本章第三节的学习内容，请同学们归纳：在学习各种矿物质时，一般都学习它们哪些方面的知识？请举例说明。

实操训练

实训一　用水分活度测定仪测定食品原料中的水分活度

一、实训目的

学习使用水分活度测定仪测定食品或其原料中的水分活度。

二、实训原理

水分活度测定仪中有一传感装置，可以灵敏地感测食品中蒸气压力的变化，并自动折算成水分活度值从表盘上显示出来。

三、实训用品

1. 材料

蔬菜、鱼、肉。

2. 试剂

氯化钡饱和溶液。

3. 仪器

水分活度测定仪、20℃恒温箱。

四、实训步骤

1. 仪器校正

将两张滤纸浸于氯化钡饱和溶液中，待滤纸均匀浸湿后，用小镊子轻轻地夹起放在仪器的样品盒内，然后将具有传感装置的表头放在样品盒上，轻轻地拧紧，置于20℃恒温箱中，保温3h。用小钥匙将表头上的校正螺丝拧动，使A_w值为0.900。

2. 样品测定

取试样并经15～20℃保温后，肉、鱼等固体样品适当切碎，果蔬类样品迅速捣碎，置于仪器样品盒内，保持平坦不高出盒内垫圈底部，然后将具有传感装置的表头置于样品盒上轻轻拧紧，移置于20℃恒温箱中，放置2h以后，不断从仪器表头上观察仪器指针的变化。待指针恒定不变时，所指示的数值即为此温度下试样的A_w值。

如测定时温度高于或低于20℃，则利用A_w值温度校正表（表1-10）中的数据进行校正。例如，样品测定时为15℃，得A_w值为0.930，查A_w值温度校正表得校正值为-0.010，则样品20℃的A_w值为0.930-0.010＝0.920。其他温度依此类推，但实测温度不能低于15℃或高于25℃。

表1-10　A_w值温度校正表

温度/℃	校正值	温度/℃	校正值	温度/℃	校正值
15	-0.010	19	-0.002	23	+0.006
16	-0.008	20	±0.000	24	+0.008
17	-0.006	21	+0.002	25	+0.010
18	-0.004	22	+0.004		

五、注意事项

（1）要用氯化钡饱和溶液经常对仪器进行校正。

（2）测定时切勿使表头沾上样品盒内样品。

（3）含有汤汁和固形物的样品，应按照汤汁和固形物的比例取样。

实训二　豆腐的酸碱性测定与豆腐中钙质的检验

一、实训目的

了解豆腐的化学成分，学习豆腐pH测定和钙质检验的方法。

二、实训原理

豆腐特别是石膏点豆浆做成的豆腐中含有钙质，钙离子与草酸钠生成不溶性的草酸钙沉淀。

$$Ca^{2+}+Na_2(COO)_2 \longrightarrow Ca(COO)_2\downarrow+2Na^+$$

三、实训用品

草酸钠、烧杯、漏斗、滤纸、带铁圈的铁架台、精密pH试纸。

四、实训步骤

1. 豆腐的酸碱性

取200g豆腐放入烧杯中，加入20mL蒸馏水，用玻璃棒搅拌，并捣碎至不再有块状存在。过滤，得到无色澄清的滤液和白色的滤渣。

用精密pH试纸测试豆腐滤液的酸碱性。

2. 豆腐中钙质的检验

取上述豆腐滤液2mL放入试管中，再滴入几滴浓草酸钠溶液，试管中立即出现明显的白色沉淀。这说明豆腐中有比较丰富的钙质而且能溶于水，这告诉我们，豆腐中含有的这些钙质是能被人体吸收的。

五、思考与讨论

为什么石膏豆腐含钙量高？

实训三　海带成分中碘的检验

一、实训目的

学习海带成分中碘的检验方法。

二、实训原理

淀粉遇碘呈现出特殊的蓝色，碘的这一特性可以用来检验碘的存在。

三、实训用品

1. 材料

干海带。

2. 试剂

过氧化氢溶液（H_2O_2质量分数3%）、硫酸（3mol/L）、NaOH溶液、酒精、淀粉溶液、CCl_4。

3. 仪器

试管、坩埚、坩埚钳、铁架台、三角架、泥三角、玻璃棒、酒精灯、量筒、胶头滴管、漏斗、滤纸、刷子、火柴、烧杯、剪刀。

四、实训步骤

（1）取3g左右的干海带，用刷子把干海带表面的附着物刷净（不要用水洗）。将海带剪碎，用酒精湿润后，放到坩埚中。

（2）用酒精灯灼烧盛有海带的坩埚，烧至海带完全成灰，停止加热，冷却。

（3）将海带灰转移到小烧杯中，再向烧杯中加入10mL蒸馏水，搅拌，煮沸2~3min，使可溶物溶解，过滤。

（4）向滤液中滴入几滴硫酸，再加入约1mL H_2O_2溶液，观察现象。

（5）取少量上述滤液，滴加几滴淀粉溶液，观察现象。

（6）向剩余的滤液中加入1mL CCl_4，振荡，静置，观察现象。

（7）向加有CCl_4的溶液中加入NaOH溶液，充分振荡后，将混合液倒入指定的容器中。

五、思考与讨论

（1）上述实验步骤（1）中，剪碎的海带为什么用酒精湿润？

（2）上述实验中的哪些现象可以说明海带的成分中含有碘？为什么？

第二章 脂类

学习目标

1. 进一步明确酯与脂的形成过程以及二者的联系与区别。
2. 明确脂肪酸的分类以及各类脂肪酸的主要特性。
3. 明确脂类的分类，了解各类脂类在食品原料中的存在。
4. 掌握油脂的物理、化学等性质，了解油脂性质的应用；了解食用油脂在食品加工中的作用。
5. 明确磷脂的组成、分类、性能，了解其应用。
6. 明确固醇类物质的分类、存在及性质特点，了解其作用。
7. 了解脂类物质的基本代谢过程。

本章导言

正如“前言”中讲的那样，在食品及其动植物与食用菌类原料中的有机成分中，我们主要按照化学组成和结构由简单到复杂的顺序，结合各类有机物之间的关系以及它们在人体内的作用，依次学习脂类（lipid）、糖类、蛋白质、维生素类。其中，糖类之后安排学习核酸，蛋白质之后安排学习酶。

本章在明确酯和脂的概念的基础上，主要学习脂类的分类与存在、食用油脂、类脂以及脂类的代谢几部分内容。

第一节 脂类的分类与存在

知识基础

酯

酯是由羧酸中的羟基和醇中羟基上的氢发生脱水反应生成的有机物。例如：

$$HCOOH+HOCH_3 \longrightarrow HCOOCH_3+H_2O$$

甲酸甲酯

$$CH_3COOH+HOCH_2CH_3 \longrightarrow CH_3COOCH_2CH_3+H_2O$$

乙酸乙酯

$$COOH+HOCH_3 \longrightarrow COOCH_3+H_2O$$

苯甲酸　　　　苯甲酸甲酯

从上面的例子可以看出，甲酸甲酯是最简单的酯；酯的通式为RCOOR′，其中R、R′代表烃基，在这里，R和R′可以相同也可以不同。

一、脂类的分类

1. 根据脂类化学结构的不同对脂类进行分类

根据化学结构不同，将脂类分为脂和类脂。

（1）脂

①脂的形成：脂（fat）是由羧酸中的脂肪酸（fatty acid，FA）和醇中的丙三醇［propanetriol，俗称甘油（glycerol）］发生脱水反应所生成的酯的一个类别。

脂肪酸和丙三醇形成脂的过程可以用下式表示：

$$\begin{array}{l} CH_2OH \\ | \\ CHOH \\ | \\ CH_2OH \end{array} + \begin{array}{l} HOOCR_1 \\ \\ HOOCR_2 \\ \\ HOOCR_3 \end{array} \longrightarrow \begin{array}{l} CH_2OOCR_1 \\ | \\ CHOOCR_2 \\ | \\ CH_2OOCR_3 \end{array} +3H_2O$$

式中R_1、R_2、R_3表示烃基，可以相同也可以不相同。

生成的脂也称为脂肪酸甘油酯、三脂酰甘油、甘油三酰酯、甘油酯。

若构成甘油酯的三个烃基（R_1、R_2、R_3）相同，即同种脂肪酸和丙三醇结合，则生成的甘油酯称为单纯甘油酯，否则称为混合甘油酯。天然脂肪中单纯甘油酯很少，一般都是混合甘油酯，因为脂肪酸的种类是比较多的。

②脂肪酸（fatty acid，FA）：脂肪酸是羧基与脂肪烃基（链烃基）结合形成的羧酸。目前从动植物和微生物中分离出的脂肪酸有近200多种，依据不同的标准，将它们分为不同的种类。

a. 饱和脂肪酸（saturated fatty caid）和不饱和脂肪酸（unsaturated fatty caid）：这是根据脂肪酸的组成和结构对其进行的分类。

饱和脂肪酸是分子中碳原子间以单键相连的含有一个羧基的羧酸，即一元羧酸。天然油脂中饱和脂肪酸的通式为$C_nH_{2n}O_2$，自丁酸开始至38个C的酸为止。从4个C至24个C的脂肪酸常常存在于油脂中，而24个C以上的则存在于蜡中。动、植物油脂中最常见的饱和脂肪酸有丁酸、己酸、辛酸、癸酸和所含C数超过10的高级饱和脂肪酸如十六酸与十八酸，其次为十二酸、十四酸、二十酸等，见表2-1。

表2-1 天然油脂中重要的饱和脂肪酸

结构简式	名称与代号	存在	熔点/℃
C_3H_7COOH	丁酸、酪酸（B）	奶油	-7.9
$C_5H_{11}COOH$	己酸（低羊脂酸）（H）	奶油、椰子	-3.4
$C_7H_{15}COOH$	辛酸（亚羊脂酸）（Oc）	椰子、奶油	16.7
$C_9H_{19}COOH$	癸酸（羊脂酸）（D）	椰子、榆树子	31.6
$C_{11}H_{23}COOH$	十二酸（月桂酸）（La）	月桂、一般油脂	44.2
$C_{13}H_{27}COOH$	十四酸（豆蔻酸）（M）	花生、椰子油	53.9
$C_{15}H_{31}COOH$	十六酸（软脂酸）（P）	所有油脂中	63.1
$C_{17}H_{35}COOH$	十八酸（硬脂酸）（St）	所有油脂中	69.6
$C_{19}H_{39}COOH$	二十酸（花生酸）（Ad）	花生油	75.3

不饱和脂肪酸是碳链中含有碳碳双键的脂肪酸。个别油脂中还含有炔酸。根据分子中含双键的数目又将不饱和脂肪酸分为一烯酸、二烯酸、三烯酸和多烯酸。脂肪酸分子中双键的数目越多，其不饱和程度越高。

不饱和脂肪酸在常温下为液态，在一般的植物油脂中都有存在，而且植物油脂中不饱和脂肪酸的含量比饱和脂肪酸更多。在动物脂肪中，鱼油含有多种三烯以上的多烯酸，而陆地动物的脂肪中则只含有少量的二烯和多烯的不饱和脂肪酸。

在动植物油脂中常见的不饱和脂肪酸有：十四碳-9-烯酸（豆蔻油酸）、十六碳-9-烯酸（棕榈油酸）、十八碳-9-烯酸（油酸）、二十二碳-13-烯酸（芥酸）、十八碳-9，12-二烯酸（亚油酸）、十八碳-9，12，15-三烯酸（亚麻酸）等，见表2-2。

表2-2 天然油脂中重要的不饱和脂肪酸

名称与代号	结构简式	主要存在
豆蔻油酸	$CH_3(CH_2)_3CH=CH(CH_2)_7COOH$	动、植物油
花生油酸(An)	$CH_3(CH_2)_7CH=CH(CH_2)_5COOH$	花生油、玉米油
油酸(O)	$CH_3(CH_2)_7CH=CH(CH_2)_7COOH$	所有动、植物油
棕榈油酸(Po)	$CH_3(CH_2)_5CH=CH(CH_2)_7COOH$	多数动、植物油
芥酸(E)	$CH_3(CH_2)_7CH=CH(CH_2)_{11}COOH$	菜籽油、鳕鱼肝油
亚油酸(L)	$CH_3(CH_2)_4CH=CHCH_2CH=CH(CH_2)_7COOH$	各种油脂
亚麻酸(Ln)	$CH_3CH_2CH=CHCH_2CH=CHCH_2CH=CH(CH_2)_7COOH$	亚麻籽油、苏子油、大麻籽油

b. 非必需脂肪酸（non-essential fatty acid）和必需脂肪酸（essential fatty acid）：这是根据脂肪酸的营养功能对其进行的分类。

大多数脂肪酸是人体能够自身合成的，可以不从食物中直接吸收，这类脂肪酸称为非必需脂肪酸。非必需脂肪酸主要是饱和脂肪酸。应当说明的是，虽然饱和脂肪酸为非必需脂肪酸，摄入过量会增加体内血脂的含量，但由于它对人体特别是对人的大脑的发育起着不可替代的作用，所以如果长期摄入不足，势必会影响大脑的发育。

有几种不饱和脂肪酸是维持人体正常生长所必需，而体内又不能合成的脂肪酸，这些脂肪酸称为必需脂肪酸。从营养学的观点来看，属于必需脂肪酸的有亚油酸、亚麻酸和花生四烯酸，其中，亚油酸是最主要的必需脂肪酸，必须由食物来供给。必需脂肪酸的最好来源是植物油，但在菜子油和茶油中必需脂肪酸含量较其他植物油少。动物油脂中必需脂肪酸含量一般比植物油低，但相对来说，猪油比羊、牛脂多，禽类脂肪（鸭油、鸡油）又比猪油多。肉类中鸡、鸭肉较猪、羊、牛肉含量丰富。动物心、肝、肾和肠等内脏中的含量高于肌肉，瘦肉中含量比肥肉多。此外，鸡蛋黄中含量也较多。

几种食物中亚油酸含量如表2-3所示。

表2-3 几种常用油脂和食物中必需脂肪酸含量（占脂肪酸总量%）

油脂	亚油酸	亚麻酸	食物	亚油酸	亚麻酸
豆油	52.2	10.6	猪肉	13.6	0.2
花生油	37.6	—	猪肝	15.0	0.6
玉米油	47.8	0.5	牛肉	5.8	0.7
菜籽油	14.2	7.3	羊肉	9.2	1.5
米糠油	34.0	1.2	鸡肉	24.2	2.2
芝麻油	43.7	2.9	鸡蛋黄	11.6	0.6

续表

油脂	亚油酸	亚麻酸	食物	亚油酸	亚麻酸
猪脂	8.3	0.2	牛乳	4.4	1.4
牛脂	3.9	1.3	鲤鱼	16.4	2.0
羊脂	2.0	0.8	带鱼	2.0	1.2
鸡油	24.7	1.3	鲫鱼	6.9	4.7

（2）类脂（lipoid）　有一类物质，就化学结构而言，它们和脂本不属于一类物质，但由于它们的性能诸如溶解性、生理功能、代谢过程和脂相似且存在着密切联系，所以，食品科学中将它们统称为类似于脂类的物质，即类脂。

2. 根据组成脂类的成分不同对脂类进行分类

（1）单纯脂（simple　lipid）　单纯脂是仅由脂肪酸和醇所形成的脂，又称简单脂，主要包括油脂和蜡。

①油脂（oils and fats）：脂有固态和液态两种存在状态，所以，通常将脂称为油脂。依据不同的分类方法，油脂又可以分为不同的类别。

根据油脂来源分为植物油脂和动物油脂两大类。其中，根据植物油脂中常温下存在的状态，分为植物油（如芝麻油、花生油等）和植物脂（如可可脂、椰子脂等）；根据动物油脂在常温下存在的状态，分为动物油（如鱼油）和动物脂（猪脂、牛脂、羊脂、乳脂等）。

根据油脂的结构，因为甘油是三元醇，它可以形成甘油一酯、甘油二酯和甘油三酯。甘油三酯也叫真脂或中性脂，是由三个脂肪酸分子分别与甘油的三个羟基缩合脱水所成的酯。甘油三酯大多是两种或三种不同的脂肪酸参加组成的，称为混合甘油酯。由同一种脂肪酸所成的甘油三酯称为单纯甘油酯。天然油脂都是不同的甘油三酯的混合物，很难分离纯化成纯品（图2-1）。

图2-1　各种成品食用油

按油脂中亚油酸含量，可把油脂分为低亚油酸含量油脂（15%以下，如棕榈油、羊脂、牛脂）、中亚油酸含量油脂（15%～35%，如杏仁油、花生油）、高亚油酸含量油脂（35%～65%，如芝麻油、葵花籽油等）。

②蜡（waxe）：蜡是由高级脂肪酸与高级一元醇所生成的高级脂类物质。天然的动植物蜡，是许多高级脂和少量的游离高级脂肪酸、高级饱和醇和高级饱和脂肪烃的混合物。

（2）复合脂（complex lipid）　复合脂是由脂和非脂性成分组成的脂类化合物，主要包括磷脂、糖脂、蛋白脂（也称脂蛋白）等。

（3）衍生脂（derived lipid）　笼统地讲，简单脂和复合脂以外的脂类属于衍生脂。诸如胡萝卜素类物质和固醇类物质。有关固醇类的概念解释见本章“类脂”一节，这里主要学习胡萝卜素类。

胡萝卜素类是胡萝卜素和类似于胡萝卜素的物质——类胡萝卜素的总称。胡萝卜素类可溶于石油醚，微溶于甲醇、乙醇，不溶于水，属于典型的脂溶性色素。在无氧的条件下，即使有酸、光和热的作用，颜色变化也不大，但是如遇到氧化条件，易被氧化或进一步分解为更小的分子。在受到强热时可分解为多种挥发性小分子化合物，从而改变颜色和风味。

胡萝卜素类色素在工业上作为食物和脂肪的着色剂，如β-胡萝卜素、番茄红素、玉米黄质、叶黄素、辣椒红、藏花素、胭脂树橙、红酵母红素等。

单纯脂属于脂，复合脂和衍生脂属于类脂。

二、脂类在各类食品原料中的存在

脂类广泛存在于一切生物体中（图2-2）。

图2-2　常见的生产油脂的原料

1. 动物性食品原料中的脂类

一般家畜体内脂肪含量为10%～22%，肥育阶段可高达30%以上。脂肪的性质随动物的种类而异，主要受脂肪酸含量的影响。动物脂肪在常温下多呈凝固状态，这是因为其中含有大量的高级饱和脂肪酸（如硬脂酸）。如果其中含熔点低的油酸或低级脂肪酸较多时，则成柔软或流动状态。衍生脂中的固醇和固醇酶也广泛存在于动物体中，每100g瘦猪肉、牛肉和羊肉中约含有总胆固醇70～75mg。

蛋类中的脂类含量约占11%～15%，蛋黄脂类组成为：甘油酯62.3%、磷脂32.8%、固醇4.9%。磷脂由卵磷脂（58%）和脑磷脂（42%）组成。蛋黄里大部分和蛋白质结合构成的脂肪酸中，不饱和脂肪酸较多，因此，蛋类脂质熔点低，容易消化，但是也非常易被氧化。蛋黄的乳化性主要是脂蛋白及其组成成分的卵磷脂引起的。

牛乳中除了含有称为真脂的脂肪外，还含有少量的磷脂以及游离的脂肪酸等脂类物质，这些成分合起来称为乳脂质。其中，乳脂肪占乳中脂类物质的97%～98%，是牛乳的主要成分之一，在乳中的含量一般为3%～5%。乳脂肪不溶于水，呈微细球状分散于乳液中，形成乳浊液，对牛乳的风味起着重要的作用。

鱼贝类脂肪物质的主要成分一般均为甘油三酸酯。鱼贝类脂肪的特征是比畜禽类肉脂肪和食用植物油含有更多量的高度不饱和脂肪酸，因此鱼肉易被氧化。

鱼贝类脂肪的含量随季节、鱼龄有很大的变化。即使在同一个体中也呈现出不均匀的分布。如鲭鱼、秋刀鱼、沙丁鱼等的脂肪积累在肌肉中，而鳕鱼、鲛鱼类则积累在肝脏中。

动物中的衍生脂胡萝卜素类主要是脂肪、卵黄、羽毛和鱼鳞以及虾蟹的甲壳中的色素。动物的胡萝卜素类一般与蛋白质结合在一起，如虾青蛋白就含有虾青素。

2. 植物性食品原料中的脂类

花生中脂类含量为43%～55%，其中75%以上为不饱和脂肪酸，单不饱和脂肪酸含量在50%以上，不含胆固醇。此外，还有卵磷脂、植物固醇等。

大豆中的脂类主要包括油脂、磷脂、不皂化物。油脂是存在于大豆种子中由脂肪酸和甘油所形成的脂类，其中的脂肪酸以不饱和脂肪酸为主，约占总脂肪酸的80%，包括油酸、亚油酸、亚麻酸等，其中亚油酸和亚麻酸属于必需脂肪酸。大豆油中含有约1.1%～3.2%的磷脂。大豆中不皂化物总含量约为0.5%～1.6%。

玉米籽粒中的不饱和脂肪酸是精米精面的4～5倍，其中主要是油酸和亚油酸。玉米籽粒中的亚油酸含量达到2%，是谷类含量最高者。此外，玉米籽粒中含有卵磷脂。

面粉中的脂类含量很少，但是却属于面粉中的功能性成分，它对面团特性、面包、面条、馒头的品质都有影响。

大米中的脂类以米油形式主要存在于胚芽中，米油以不饱和脂肪酸含量多为其特点，易被氧化。含有油酸45%、亚油酸30%、棕榈酸20%，其余为花生酸、豆蔻酸等。

马铃薯中含有约0.04%～0.94%的脂类物质。

衍生脂中胡萝卜素类在植物中存在于各种黄色质体或有色质体内，如秋季的黄叶、黄色花卉、黄色和红色的果实和黄色块根等都含有胡萝卜素类色素。属于胡萝卜素类色素的番茄红素是番茄的重要色素成分，在西瓜、南瓜、柑橘、杏和桃子等水果中也广泛存在；叶黄素也是一类重要的胡萝卜素类色素，在食物中存在广泛，如叶黄素存在于柑橘、蛋黄、南瓜和绿色植物中；玉米黄素（玉米黄质）存在于玉米、肝脏、蛋黄、柑橘中；辣椒红素存在于辣椒中；柑橘黄素存在于柑橘中等。叶绿体内除含有叶绿素外也含有胡萝卜素类，胡萝卜素类能将吸收的光能传递给叶绿素a，是光合作用不可少的光合色素。由上所述可见，不论是动物中的胡萝卜素类还是植物中的胡萝卜素类，都以色素形式存在于自然界中，它们有着五颜六色的色彩，黄色、橘色、红色最多。这个世界之所以缤纷多彩，其中就有胡萝卜素类的功劳。

3. 食用菌中的脂类

食用菌中的脂类物质包括脂肪和类脂。各类食用菌中脂类含量最多可占其干重的8%。

食用菌中的脂类与植物油类似，含有较多的不饱和脂肪酸，如油酸、亚油酸等，具有较高的利用价值。

食用菌中的类脂中，不皂化物含量特别高，以香菇、平菇含量最高。

此外，某些微生物油脂含量很高，并已证明无毒，可作为油脂生产的潜在资源。微生物细胞内，油脂是以脂肪滴的形式存在的。

4. 生物体中的蜡

很多植物的叶、茎、果实的表皮都覆盖着一层很薄的蜡质，一般称作“蜡被”或“果粉”，起着保护植物内层组织，防止细菌侵入和调节植物水分平衡的作用。很多动物的表皮和甲壳也常有蜡层保护。鱼油和某些植物油（如棉籽油、豆油、玉米胚油）中含有少量的蜡，约在0.02%以下，当冬天或低温时，蜡凝成云雾状态悬浮于油脂中，使油混浊影响外观，精炼时可被除去。蜡在人体内不被消化，无营养价值，但对动植物来说，具有一定的生理作用。

第二节　食用油脂的性质及其应用

由于分类标准不同，食用油脂可以分为许多类别。例如，按原料分类，包括动物脂肪，植物油中的花生油、豆油、菜籽油、葵花籽油、棉籽油、油茶籽油、米糠油、玉米胚油等；按加工方法分类，包括压榨油、浸出油、精制油、调和油等。人们常说的色拉油（凉拌油），是将毛油（粗油）经精炼而成的精制油的一种，因特别适合做西餐色拉凉拌菜而得名。

作为本章重点内容，本节主要学习食用油脂的性质及其在食品专业中的应用。

一、食用油脂的物理性质及其对油脂品质的影响

1. 色泽和气味

纯净的油脂是无色透明的，天然油脂之所以带有颜色往往与油脂溶有色素物质有关。如叶绿素、叶黄素、胡萝卜素等。一般来讲，动物油脂中含色素物质少，所以动物脂色泽较浅，如猪油为乳白色、鸡蛋油为浅黄色等；植物种子中色素物质含量较高，所以植物油的颜色比动物脂要深些，如芝麻油为深黄色、菜籽油为红褐色等。油脂中的杂质也对颜色有一定的影响，杂质越多颜色越深，油脂的透明度就越差，质量也越差。

纯净的油脂是没有特殊气味的，但实用中的各种天然油脂都有其固有的气味。除了极少数是由低级脂肪酸构成的油脂引起外，一般是由所含的特殊非脂成分引起的。例如，椰子油的香气是由于含有壬基甲酮，芝麻油由于加工时在高温下产生的乙酰吡嗪而呈现特殊芳香气味，菜子油的气味成分主要是甲基硫醇。

油脂在长期储存后，由于空气中的氧或者油脂中所含有的微生物的缘故，也会使油脂中的脂肪酸发生在本节下面要讲到的某些反应，由于生成的产物大多具有较强的挥发性，导致油脂产生不正常的气味。

2. 相对密度

油脂的相对密度一般与其相对分子质量成反比，与不饱和度成正比。除个别品种外，油脂的相对密度都小于1。

3. 油性和黏稠度

油性是评价油脂形成薄膜的能力的指标。如在制作面包等焙烤食品时，加入少量的油脂可以在面筋表面形成薄膜，阻止面筋过分粘连，使食品的质构和口感更为理想。

油脂的黏稠度是评价油脂分子流动性的指标。影响油脂黏稠度的内因是甘油三酯中脂肪酸链的长短及饱和程度：脂肪酸链越长，饱和程度越高，油脂的黏稠度就越大，所以动物脂肪的黏稠度远大于植物油的黏稠度。油脂的黏稠度还受温度的影响，一般来说，温度越低油脂的黏稠度越低，高温下油脂的流动性增强。

油脂可以为菜肴提供滑腻的口感，这是由油脂具有的适当的黏稠度和油性决定的。在加工清口的食品时，应选用黏稠度较低的色拉油或精炼油。当烹制厚重口感的食品时，可以考虑使用黏稠度较大的油脂。

4. 溶解性和乳化

油脂不溶于水，能溶于有机溶剂如丙酮、苯乙醚等。在有乳化剂的情况

下，脂肪可与水发生乳化作用形成乳化液，也即乳浊液。

乳浊液按油、水数量之比可分为两种类型：

乳浊液 { 油包水型：水分散在油中（如黄油）
　　　　 水包油型：油分散在水中（如牛乳）

油脂本身也是一种极好的有机溶剂，能溶解某些天然色素、维生素以及香味物质，如胡萝卜素类和维生素A等都溶于油脂中。

有关乳化剂的知识见“食品添加剂”一章。

5. 熔点和凝固点、沸点

对于油脂来说，熔点的高低主要决定于形成油脂的脂肪酸：形成油脂的脂肪酸碳原子数多，饱和度高，油脂的熔点就高，如硬脂酸的熔点是69.9℃，而油酸仅为16.3℃，所以含硬脂酸多的油脂比含油酸多的油脂熔点高。相同碳原子数的脂肪酸中含双键越多，熔点越低，如亚油酸。

含饱和脂肪酸多的油脂，在常温下呈固态，如猪油含饱和脂肪酸43%左右，在常温下为固态；含不饱和脂肪酸多的油脂熔点低，在常温下呈液态，一般日常食用的植物油（除椰子油外）含不饱和脂肪酸在80%以上，所以常温下呈液态。

由于天然油脂是多种脂肪酸甘油酯的混合物，因此，不会像单纯有机化合物那样具有敏锐的熔点和凝固点，仅有一定的熔点和凝固点范围。

油脂的熔点影响着人体内脂肪的消化吸收率。油脂的熔点低于37℃（正常体温）时，在消化器官中易乳化而被吸收，消化率高，一般可达97%～99%。油脂熔点范围与消化率列于表2-4中。

熔点较高的油脂特别是熔点高于体温的油脂较难消化吸收，如果不趁热食用，就会降低其营养价值。在面点制作时，常使用食用油脂起酥，回火涂敷，这时应注意这些油脂的熔点范围，使用时应将温度控制在熔点范围以上，这样才能使产品光洁、均匀。在制作牛、羊肉食品或使用羊脂、牛脂时应考虑到这一因素。

表2-4 几种食用油脂的熔点与消化率

油脂	熔点/℃	消化率/%
大豆油	-8～18	97.5
花生油	0～3	98.3
奶油	28～36	98
猪油	36～50	94
牛脂	42～50	89
羊脂	44～55	81
人造黄油	28～42	87

油脂也没有确切的沸点，一般在180～200℃。油脂的沸点也与生成油脂的脂肪酸有关，不同油脂的沸点随生成油脂的脂肪酸的链长而增加。

6. 发烟点、闪点与燃点

发烟点是指在避免通风并备用特殊照明的实验装置中觉察到冒烟时的最低加热温度，油脂大量冒烟的温度通常略高于油脂的发烟点。

闪点是指油脂的挥发物与明火瞬时发生火花，但又熄灭时的最低温度。

油脂的燃点是指油脂的挥发物可以维持连续燃烧5s以上的温度。

几种油脂的发烟点、闪点及燃点见表2–5。

表2–5　几种油脂的发烟点、闪点及燃点

油脂名称	发烟点/℃	闪点/℃	燃点/℃
牛脂	—	265	—
玉米胚芽油（粗制）	178	294	346
玉米胚芽油（精制）	227	326	389
豆油（压榨油粗制）	181	296	351
豆油（萃取油粗制）	210	317	351
豆油（精制）	256	326	356
菜籽油（粗制）	—	265	—
菜籽油（精制）	—	305	—
椰子油	—	216	—
橄榄油	199	321	361

从表2–5可以看出：不同油脂的发烟点、闪点、燃点是不同的。在食品加工中，油脂的加热温度是有限制的，一般在使用中最多加热到其发烟点，温度再高，轻则无法操作，重则导致油脂燃烧甚至爆炸。而且发烟后的油脂可产生一些危害人体健康的有害物质，因此，油的发烟点是非常重要的。食用油脂的发烟是油脂中存在的小分子物质的挥发引起的，这些小分子物质可以是原先油脂中混有的，如未精制的毛油中存有的小分子物质（往往是毛油在储存过程中的分解物），或是由于油脂的热不稳定性，导致出现热分解产生的。所以，油炸用油应该尽量选择一定程度的精炼油，避免使用没有经过精炼的毛油，同时还应该尽量选择热稳定性高的油脂。

二、食用油脂的化学性质及其对油脂品质的影响

1. 水解和皂化

（1）油脂的水解　油脂在酸、碱、脂酶或加热的条件下都会发生水解，生成甘油、游离脂肪酸或脂肪酸盐。

$$
\begin{array}{l}
\quad\quad\quad\quad\ \ O \\
\quad\quad\quad\quad\ \ \| \\
CH_2-O-C-R_1 \\
|\quad\quad\quad\quad\ O \\
|\quad\quad\quad\quad\ \| \\
CH-O-C-R_2 \\
|\quad\quad\quad\quad\ O \\
|\quad\quad\quad\quad\ \| \\
CH_2-O-C-R_3
\end{array}
+3H_2O \xrightarrow[\text{热}]{\text{酸(碱或酶)}}
\begin{array}{l}
CH_2OH \\
| \\
CHOH \\
| \\
CH_2OH
\end{array}
+R_1COOH+R_2COOH+R_3COOH
$$

这个反应在酸水解条件下是可逆的，已经水解的甘油与游离脂肪酸可再次结合生成一脂肪酸甘油酯、二脂肪酸甘油酯。

在油脂的储藏与使用中，油脂都会不同程度地发生水解反应。

在有生命的动物组织的脂肪中，实际上不存在游离的脂肪酸，然而动物屠宰后，通过酶的作用能生成游离的脂肪酸，因此动物屠宰后脂肪的立即提炼就显得特别重要，提炼过程中通常使用的温度是水解酶失活的温度。

与动物脂肪相反，在收获的成熟的油料种子中的油，已经有相当数量的水解，产生了大量的游离脂肪酸。因此，植物油在提取后如果要去除脂肪酸需要用碱中和。

未精炼的油脂，在存放过程中由于油脂中混有水和分泌脂酶的微生物，如曲霉和木霉，会产生游离脂肪酸，使油脂受到破坏。如果油脂中含有较多的低级脂肪酸，水解后就会出现特殊的脂肪臭。例如，乳脂就容易发生水解，其中的丁酸具有强烈的酸败臭味。

油脂的水解反应在食品加工中对食品质量的影响是很大的。例如，在油炸食品时，油温可高达170℃以上，由于被炸食品引入大量的水，油脂发生水解，产生大量游离脂肪酸，使油的发烟点降低，而且更容易氧化，从而影响油炸食品的风味，降低食品的质量。

油脂的水解除了会给人们带来麻烦外，有时是有利的。如利用脂酶的水解反应生产酸奶和干酪，使食品出现特殊的风味。

（2）油脂的皂化　在碱性条件下，水解反应不可逆，水解出的游离脂肪酸与碱结合生成脂肪酸盐即肥皂，因此把脂肪在碱性溶液中的水解称为皂化反应，生成的产物称为皂化物，未皂化的残留成分称为不皂化物，主要为固醇类、胡萝卜素类、植物色素以及生育酚类物质。

$$
\underset{\text{油脂}}{
\begin{array}{l}
\quad\quad\quad\quad\ \ O \\
\quad\quad\quad\quad\ \ \| \\
CH_2-O-C-R_1 \\
|\quad\quad\quad\quad\ O \\
|\quad\quad\quad\quad\ \| \\
CH-O-C-R_2 \\
|\quad\quad\quad\quad\ O \\
|\quad\quad\quad\quad\ \| \\
CH_2-O-C-R_3
\end{array}}
+3NaOH \xrightarrow{H_2O}
\underset{\text{甘油}}{
\begin{array}{l}
CH_2OH \\
| \\
CHOH \\
| \\
CH_2OH
\end{array}}
+\underset{\text{皂}}{R_1COONa+R_2COONa+R_3COONa}
$$

2. 加成反应

油脂分子中有不饱和的碳碳双键时，由于碳碳双键比较活泼，在一定条件下可以破裂其中一个，其他物质的原子或者原子团可以与断裂一个键以后的两个碳原子结合，这样发生的反应称为加成反应。

加成反应主要有卤化和氢化两种形式。

（1）卤化　卤素（元素周期表中第七主族的元素，这里主要指氯、溴、碘）可以加入到脂肪分子中的不饱和双键上，这种作用称为卤化。例如，含不饱和脂肪酸的油脂可以与I_2发生加成反应，油脂中的不饱和碳碳双键的数目与其可吸收的I_2的量存在着定量关系，所以可以用碘价来评判油脂的不饱和程度。

碘价是指每100g脂肪或脂肪酸吸收碘的质量（g）。组成油脂的脂肪酸不饱和程度越高，油脂的碘价越大，油脂越容易氧化。

碘价大于130gI/100g的油脂称为干性油，这类油脂含有大量的高不饱和脂肪酸，极易氧化聚合，干性强，如桐油，适宜作油漆用油，而不适宜作食品用油。碘价在90～130gI/100g之间的油脂稳定性也较差。碘价低于90gI/100g的油脂是不干性油，这类油脂在储藏和加工过程中稳定性较好，不宜氧化聚合，适宜用来作为食品和烹饪加工用油，如椰子油、花生油、棕榈油都属于这类油脂。

（2）氢化　脂肪在催化剂（如铂）存在下在不饱和键上加氢的反应称氢化。氢化反应过程如下式：

$$—CH═CH—+H_2 \xrightarrow{催化剂} —CH_2—CH_2—$$

氢化反应后的油叫氢化油或硬化油。

由于植物油的稳定性较差，在食品加工中应用范围较窄，所以，油脂工业常利用其与H_2的加成反应——氢化反应对植物油进行改性。氢化反应扩展了油脂的使用范围，除了用来生产人造奶油、起酥油外，还可用来生产稳定性高的煎炸用油，也可作为工业用固体脂肪。如用稳定性较差的大豆油氢化后的硬化油的稳定性大大提高，用它来代替普通煎炸用油，使用寿命可大大延长。此外，加氢后的油脂碘价下降，熔点上升，并能防止回味。

由于氢化条件不同，油脂可完全氢化，也可部分氢化。完全氢化是采用骨架状镍作催化剂，在810kPa、250℃下进行的氢化，产品称为硬化型，主要适用于肥皂工业。部分氢化可采用镍粉，在压力152～253kPa、125～190℃下进行，产品为乳化型，主要应用于食品工业制造人造奶油、起酥油等。

3. 油脂的酸败

油脂及含油食品在储存过程中，如果较长时间暴露在空气中，部分脂肪被水解，产生自由的脂肪酸和醛类，某些低分子的自由脂肪酸（如丁酸）和醛类都具有酸臭味，这种现象称为油脂的酸败（哈败），即通常说的油脂哈喇了。油脂酸败的程度是以水解产生的自由脂肪酸的多少为衡量指标的，习惯上用酸价或者酸值来表示。所谓酸价，就是中和1g油脂所含的自由酸所需要的氢氧化钠的质量（mg）。可见，油脂酸败的程度与其酸价成正比。

（1）油脂酸败的类型　按引起油脂酸败的原因，油脂酸败的类型可分为三种。

①水解型酸败：含低级脂肪酸较多的油脂被微生物污染或油脂含水分过高，都可以使油脂发生水解，生成游离的脂肪酸和甘油。游离的低级脂肪酸，如丁酸、己酸、辛酸、癸酸等，会产生令人不愉快的刺激气味，而造成油脂的变质，这种酸败称为水解型酸败，如奶油、椰子油容易出现这种水解型酸败。

②酮酸酸败：油脂水解后产生的饱和脂肪酸，在一系列酶的催化下发生氧化，最终生成具有特殊刺激性臭味的酮酸和甲基酮，所以称为酮酸酸败，也称β-型氧化酸败或生物氧化酸败。以上两种油脂酸败，多数是由于微生物污染而造成的。一般含水和蛋白质较多或油脂没有经过精制及含杂质多的食品，易受微生物的污染，引起水解型酸败和酮酸酸败。

③氧化型酸败（油脂的自动氧化）：油脂中不饱和脂肪酸暴露在空气中，容易发生自动氧化过程，生成过氧化物。过氧化物继续分解，产生低级的醛、酮类化合物和羧酸。这些物质可使油脂产生很强的刺激性臭味，尤其是醛类气味更为突出。氧化后的油脂，感官性质甚至理化性质都会发生一定的改变，这种反应称为油脂的氧化型酸败。它是油脂及富含油脂的食品经过长期储存容易发生变质的主要原因。

（2）油脂酸败的原因

①油脂的脂肪酸组成：常用的油脂中脂肪酸种类、组成各不相同。油脂中饱和脂肪酸和不饱和脂肪酸虽然都能发生氧化引起油脂的酸败，但饱和脂肪酸必须在微生物的作用下，才会在β-碳原子上发生氧化。这种β-型氧化酸败只有自动氧化型酸败的十分之一，所以，由较多不饱和脂肪酸组成的油脂容易发生酸败。

②温度：温度升高不仅会加速氧化酸败反应，而且也是加速油脂水解的重要因素，只有发生水解后，油脂中的不饱和脂肪酸才会游离出来，而发生自动氧化。一般来讲，温度每升高10℃，油脂的氧化速度加快一倍。

③光线：油脂及富含油脂的食物，在储存过程中受到光的照射能加快油脂酸败的速度，特别是紫外光对油脂的自动氧化影响最大。

④氧气：脂肪自动氧化速率随大气中氧的分压增加而增加，氧分压达到一定值后，脂肪自动氧化速率保持不变。

⑤抗氧化剂：能阻止、延缓氧化作用的物质称为抗氧化剂。维生素E、丁基羟基茴香醚、丁基羟基甲苯等抗氧化剂都具有减缓油脂自动氧化的作用。

⑥金属：许多金属对油脂的氧化酸败都能引起催化作用。金属中以铜的催

化作用最敏锐，含量只要大于1mg/kg以上，就能起到催化作用。不同的金属对油脂氧化酸败的催化作用强弱程度不同。

知识拓展

防止油脂酸败的措施

（1）低温保存　低温有利于油脂的保存和保持富油食品的新鲜程度。腌腊制品常在初冬制作，是符合此原理的。

（2）隔绝空气　应尽量避免油脂与空气的接触。如储存油脂的容器加盖密封，富油食品可用透气性差的包装材料或罐包装。

（3）避光　油脂应最好保存在阴凉陶釉缸中，富油食品宜用有色包装，避免光线直接照射。

（4）防水　应将油脂置于通风干燥处，还可用加热的方法除去油脂中的水分。

（5）不用金属容器储存油脂　特别是不宜用铁桶长期存放油脂，可用玻璃容器和瓷制容器以及不锈钢容器装存油脂。

（6）加抗氧化剂　在油脂中添加脂溶性抗氧化剂，来延长油脂的储存期。常用的天然抗氧化剂：胡萝卜素、维生素E、芝麻酚、卵磷脂等；合成抗氧化剂有：丁基羧基茴香醚、二丁基羧基甲苯、没食子酸丙酯等，一般使用限量为20～100mg/kg。

（7）搞好环境卫生，防止微生物的污染。

4. 热变性与老化

（1）油脂的热变性　食用油脂常常是在加热的情况下使用的。油脂加热后温度很容易升高，其受热温度变化范围也很大。由于加热后油温较高，油脂本身能发生聚合、水解、分解、挥发等各种复杂的物理化学变化。这些变化的结果，使油脂产生增稠、颜色变暗、分解、泡沫增多等现象。这种在高温下油脂发生的一系列物理化学变化，叫作油脂的热变性。

油脂的温度越高发生聚合作用越快。反应结果，从外观现象看发生增稠、颜色变黑。增稠和颜色变黑的速度与聚合作用一致：聚合作用越快，增稠和变黑的速度也加快。特别是在300℃以上的高温下，聚合作用急速增加，增稠和变黑的速度就更快。聚合作用可以发生在同一油脂分子内的不饱和双键之间，也可以在不同油脂分子的不饱和双键之间发生，反应生成环状的、有毒的、带有不饱和双键的低级聚合物，使油脂黏度增加，颜色变黑。

在利用油脂加工原料时，由于原料中带有大量水分，虽然大部分水在加热过程中变成水蒸气挥发掉了，但少量的残存水仍能促使油脂在受热后水解反应速度加快，部分水解的产物相互间发生聚合反应，而生成相对分子质量倍增的化合物，使质量下降。

油脂在一般情况下，不能直接由液态变为气态，这是因为油脂在加热时还没有达到其沸点之前就会发生分解作用。油脂热分解的程度与加热温度有关，在150℃以下加热，热分解程度轻，分解产物也较少，如加热至250～300℃时，分解作用加剧，分解产物的种类增多。油脂达到一定温度就开始分解挥发，这个温度称为分解温度（即发烟点）。各种植物油的分解温度是不同的。牛脂、猪脂和多种植物油的分解温度均在180～250℃之间；人造黄油的分解温度为140～180℃。根据油脂分解温度的不同，在煎炸食品时，只要不超过它们的分解温度，既可减轻油脂的热分解，还可以降低油脂消耗，对产品的口味质量及营养价值都可以有保证。加工一般食品时，使用的油温以控制在150℃左右为佳，最好不要超过分解温度。这样既可以保证质量，还能防止高温时产生有毒物质。

虽然油脂在加热的过程中一般不能直接由液态变为气态，但是可使其中部分低沸点和挥发性物质挥发掉。例如，菜籽油中的有害成分和豆油中的豆腥味等，都可以通过热挥发去除，使食用油脂的质量提高。挥发掉的成分中有的对食品是有利的，如芝麻油中的香味物质，温度稍高就挥发掉了，加工中应避免有利成分的挥发损失。

（2）油脂的老化　由于油脂的热变性导致油脂的质量劣化的现象称作油脂的老化。老化后的油脂不仅外观质量劣化，如色泽加深、发烟点下降、出现泡沫样油泛、黏度增大、产生异味等，而且内部会产生很多有毒物质。

影响油脂老化的因素以及防止油脂老化的措施主要包括以下几个方面。

①油脂的种类：饱和脂肪酸的甘油三酯的老化速度远低于不饱和脂肪酸的甘油三酯的老化速度，油脂的不饱和程度越高，稳定性越差。大豆油、菜籽油等所含的脂肪酸不饱和程度高，也较易老化，所以，这类油只适合一次性使用，而不适合于反复煎炸使用。棕榈油、花生油可忍受长时间、高温、水分存在及接触空气等严苛的加工条件而不变质，同时，它们的发烟点也高于鱼排、鸡肉、马铃薯片这样高含水量的食品。

②油温：油温越高，油脂的氧化分解越剧烈，老化的速度越快，尤其是在200℃以上时，油脂的老化速度加快。所以，加工中油温应尽量降低，最好不超过150～180℃。油温的判别是很重要的。一般通过观察油表面的状态就可以大致判断油的温度。表2-6给出了油温与油脂表面状态的关系。

还可以通过放入热油中的糊浆滴在油锅中的位置判断油温的高低，油温越高，水分蒸发速度越快，糊浆滴的位置越靠近油面。若浮在油面上，这时的油温至少在200℃以上，若沉入锅底，油温就在150℃以下。

表2-6　油温与油脂表面状态的关系

油温/℃	状态
50~90	产生少量气泡，油面平静
90~120	气泡消失，油面平静
120~170	油温急剧上升，油面平静
170~210	有少量青烟，油表面有少许小波纹
210~250	有大量青烟产生

③与氧气的接触面积：在有氧气存在的情况下，油脂的老化速度及程度都大大提高。所以油炸过程中要尽量避免油脂与氧气接触。油脂与氧的接触面积越大，油脂的老化反应越激烈。为减少与氧的接触面积，应尽量选择口小的深形炸锅，并加盖隔氧。我国的一些传统食品，如作为早餐的炸油条，在加工中常使用口大的敞口平锅，这样的加工方式，使油脂非常容易破坏。近年来，已投入使用了一些新型的油炸设备，有些设备还具有通入惰性气体赶走空气，或安装密封部件隔绝空气的装置，从而避免油脂与氧气接触，延长了油脂的使用寿命，提高了产品质量。

④金属催化剂：与油脂的自动氧化反应类似，油脂的老化也受Fe^{2+}、Cu^{2+}等金属离子的催化。为了减少金属离子的催化反应，降低油脂的老化速度，应尽量选择精炼油脂进行加工。同时油炸设备也应避免含有上述离子，如铁锅、铜锅就不适宜用来煎炸食物，而应该使用含镍不锈钢制造的容器进行油炸加工。

⑤油炸物的水分含量：食物的水分，尤其是食物表面的水分与油脂接触后，会促使油脂发生水解，游离脂肪酸比甘油三酯更容易发生老化。因此，要尽量减少煎炸食物的水分，或在食物表面裹上一层隔绝物质如淀粉等，这样做也有助于保存食物中的水分，使食物鲜嫩多汁。

⑥加工方式：在总加热时间相同的情况下，连续加热产生的油脂老化远远高于间歇式的加热产生的老化。所以，要尽量避免同一油脂长期、反复的使用，及时更换新油。同时，应随时捞出油脂中的食物残渣，这些渣子往往能加快油脂的老化。

5. 酯交换反应

油脂的酯交换反应，是指甘油三酯上的脂肪酸残基在相同分子间及不同分子间进行交换，生成新的甘油三酯的过程。

工业上在较高温度（<200℃）下将脂肪加热较长时间，可以完成酯交换。用催化剂（如甲醇钠，用量约为0.1%）可在短时间（如30min）、50℃下完成。被酯化的油必须是非常干燥的，其中的游离脂肪酸、过氧化物以及能与甲醇钠起反应的任何其他杂质含量必须很低。酯化后，加入水或酸可将催化剂

失活并除去。

酯交换是提高油脂黏稠度和适用性的一种加工方法。如改性后的羊脂熔化特性得到改善，可以用来代替可可脂。改性后的猪脂的熔点范围扩大，改善了塑性，充气性提高，工艺性更好。同时，酯交换反应生成的新甘油三酯往往有利于油脂的消化。

【思考与讨论】
列表归纳出食用油脂的物理和化学性质的类型。

6. 电离辐射

辐射能对肉和肉制品杀菌，能延长冷藏新鲜鱼、鸡、水果以及蔬菜的货架期，防止马铃薯和洋葱发芽，杀死调味料、谷物、豌豆以及菜豆中的昆虫。可见，食品辐射的主要目的是延长食品的保存期。

如同热处理那样，食品辐射也可导致食品中的化学变化。事实上，在这两种情况下，由于这些变化的结果而达到了处理的主要目标。但是，必须控制处理条件，使化学变化的性质与程度不会影响食品的卫生与质量。

三、食用油脂在食品加工中的作用

食用油脂是食品加工中广泛应用的原料之一，它除了具有一定的营养价值以外，在食品加工中有着多种不同的功能。

1. 油脂的热传导作用

有许多加工方法都是以油作为传热介质的。油脂主要通过对流的形式起热传导作用。油受热后不仅油温上升快，而且上升幅度也较大，产生高温。

2. 油脂的呈色作用

油脂的呈色作用包括两个方面：第一，不同种类的油脂具有不同的颜色，恰当地利用油的本身色泽，能起到色味俱佳的效果。例如，奶油色泽洁白，气味芳香，用于糕点制作，不仅颜色美观，营养丰富，而且还独具风味。第二，将要在“糖类”一章中学习的焦糖化反应和美拉德反应是动物性原料和挂糊、上浆的食品形成诱人色泽的主要途径。焦糖化反应要求在无水条件下进行，而美拉德反应则要求有100～150℃的高温。油脂在加热中能完全满足焦糖化和美拉德反应的要求，是食品获得诱人色泽的最好方式。

3. 油脂的保温作用

在含汤汁的食品中，食用油脂能够在液面扩散形成一层薄厚均匀的致密油膜。如煮动物性原料时，原料中的脂肪达到熔点而熔化后，逐渐漂浮在汤汁表面，并由薄变厚，形成一层致密的油层，阻止因水分蒸发而散失的热量。

4. 油脂的溶剂作用

油脂是一种极好的有机溶剂，能溶解一些脂溶性维生素、香气物质和滋味物质。一些脂溶性维生素溶于油中，可使人体增强对它们的吸收。如吃凉拌胡萝卜丝时，加些熟油或芝麻油拌一下，可以提高人体对胡萝卜丝中胡萝卜素的吸收率。油脂可将加热形成的芳香物质由挥发性的游离态转变为结合态，使成品的香气和味道变得更加柔和与协调。人们在咀嚼和品味时，使它们的香味充分表现出来，回味无穷。

5. 油脂的起酥作用

在面点制作中，常利用油脂的疏水性做油酥面团。油酥面团所以能起酥，是因为在面团调制时，只用油而不用水，通过反复地“揉搓”，面粉颗粒被具有黏性和润滑性的油脂包围，使面团变得十分滑软，这样的面团经烘烤后，即可制出油酥点心。

除了以上性质以外，利用油脂不溶于水的性质，可使其在原料表面形成油膜，防止原料之间、原料和容器之间的粘连，还可以防止原料粘手。

知识拓展

油脂的精炼

未精炼的粗油脂中含有数量不同的可产生不良风味、颜色及不利于储藏的物质，如游离脂肪酸、磷脂、糖类、蛋白质及其他有色有臭的杂质，必须加以精制以除去这些物质。

（1）除去不溶性杂质　通常用静置法、过滤法、离心分离法等机械处理，除去悬浮于油中的杂质。

（2）脱胶　含大量磷脂的油，加热易起泡沫，冒烟多有臭味，同时磷脂氧化而使油脂呈焦褐色，因而必须脱掉磷脂。例如，豆油在脱胶处理时应加入2%～3%的水，并在温度约50℃搅拌混合，然后静置沉降或离心分离水化磷脂。

（3）中和　除去游离脂肪酸的方法，是往油脂中加入适宜浓度的氢氧化钠，然后混合加热，剧烈搅拌一段时间，静置至水相出现沉淀，得到可用于制作肥皂的油脚或皂脚。油脂用热水洗涤，随后静置或离心，使中性油与残余的皂脚分离。碱处理的主要目的是除去油脂中的游离脂肪酸，同时也使油脂的磷脂和有色物质明显减少。

（4）脱色　油脂加热至85℃左右，用吸附剂，如漂白土或活性炭处理，有色物质几乎全部被消除。漂白时应注意防止油脂氧化。其他物质如磷脂、皂化物和某些氧化产物也可同色素一起被吸附。然后过滤除去漂白土，便得到纯净的油脂。

（5）脱臭　油脂中存在一些呈不良气味的挥发性物质，多数是油脂氧化产生的。可采用在减压下的蒸馏方法除去，同时加入少许柠檬酸作为微量重金属的螯合剂。

第三节 类脂

类脂（lipoid）的种类很多，这里主要介绍磷脂和固醇类物质，其他有关类脂将在相关章节中介绍。

一、磷脂

1. 磷脂（phospholipid）的组成与分类

磷脂，因分子中含有磷酸根而得名。磷脂水解后得磷酸、脂肪酸、甘油、鞘氨基醇及其他含氮化合物（胆碱、胆胺等）。磷脂按其组成中醇基部分种类的不同，可分为甘油磷脂和非甘油磷脂两类，对食品而言，以甘油磷脂最为重要。

（1）甘油磷脂（glycerophosphatioe）　卵磷脂（lecithin）是动植物中分布最广泛的磷脂，主要存在于动物的卵、植物的种子（如大豆）及动物的神经组织中，因其在蛋黄中含量最多，故得此名。纯净的卵磷脂是吸水性很强的无色蜡状物，溶于乙醚、乙醇，不溶于丙酮。由于卵磷脂中含有不饱和脂肪酸，稳定性差，遇空气容易氧化，所以在食品中常用作抗氧化剂。

脑磷脂（cephalin）是从脑和神经组织中得到的磷脂，所以称作脑磷脂。在心脏、肝脏等器官中与卵磷脂共存。脑磷脂的性质与卵磷脂相似，易溶于水，易吸潮，还易氧化变色，水解后生成甘油、磷酸、脂肪酸与氨基乙醇或丝氨酸。

心磷脂（cardiolipin）大量存在于心肌，也存在于许多动物组织的细胞膜中，它是唯一具有抗原性的脂质。

【思考与讨论】

在老师指导下或者通过查找资料回答：什么是抗体？什么是抗原？

（2）鞘磷脂（sphingomyelin）　非甘油磷脂中重要的有鞘磷脂。鞘磷脂的组成部分为鞘氨醇和脂肪酸，再加上含磷酸的基团或糖基。含量最多的神经鞘磷脂即是磷酸胆碱、脂肪酸与鞘氨醇结合而成的。

2. 磷脂的性质与作用

磷脂具有良好的乳化性和吸水性，在食品加工中是良好的乳化剂和吸水剂。

磷脂能使水和油互不相溶的两相之间形成较稳定的乳状液，特别是卵磷脂能形成极好的水包油型乳化剂。在面点制作中利用磷脂可以使油脂均匀地分布在面团中，不仅有利于加工制作，而且使制品口感细腻可口。在烹制奶汤时，总是先用含脂量高和胶原蛋白质丰富的原料，也就是利用油脂中的磷脂和蛋白质的乳化作用，得到浓似乳汁的乳状液。

磷脂分子中的亲水基团具有较强的吸水性，使用富含磷脂的原料添加到面点中或涂抹到其表面，有利于吸收空气中水分，防止食品表面干裂，可保持产品的松软。另一方面，磷脂能吸附水、微生物和其他杂质，并易将其带入油脂中，这些物质会促进油脂水解和酸败，缩短了油脂的储存期，同时也使油脂的透明度下降、颜色加深。磷脂有胶体性质，能与被它吸附的物质一起成为大胶团从油脂中沉淀出来，变成油脚，降低了油脂的品质。所以，一般食用植物油，都通过精炼去除了磷脂。磷脂都是从油脂厂的下脚料中制得的。

磷脂暴露在空气中极易被氧化变色，且产生异味，加热会促进其变化。猪肉、牛肉中的脑磷脂在加热时会产生强烈的鱼腥味。磷脂变黑时伴有酸败现象，严重影响肉和肉制品的质量。

用未精炼过的油脂煎炸食品时，油脂中的磷脂受热，易起泡和降低油脂的发烟点。在较高温度时，易产生焦褐色小渣，不但影响使用，还会影响食品的外观和色泽。所以，油炸和煎炒使用的油脂，应选用精炼、除去磷脂的油脂。

磷脂在人体中对钙质的吸收以及物质代谢都有重要作用，对儿童的智力发育也是不可缺少的营养物质，是重要的食品营养添加剂。

二、固醇、胆固醇和类固醇

1. 甾族化合物、固醇及其衍生物

有一类化合物，它们的分子中都含有下面的基本骨架：

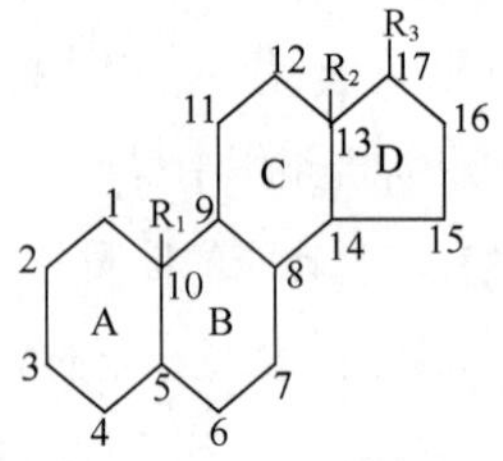

环戊烷并多氢菲

这类有机物称其为甾族化合物。甾是一个象形字，是根据这类有机物的结构命名的，其中“田”字表示四个环，“巛”表示三个侧链。

甾族化合物菲环上的氢被羟基取代后的产物称为甾醇，由于甾醇一般成固态，所以俗称固醇。固醇以游离状态或同脂肪酸结合成酯的状态存在于生物体内。

固醇的主要种类和分布情况见表2-7。

表2-7　固醇的主要种类和分布情况

类别	固醇名称	分布
动物固醇	胆固醇	脊椎动物体内
	粪固醇	动物粪便中
植物固醇	麦固醇	麦芽中
	豆固醇	大豆中
	谷固醇	高等植物中分布很广
酵母固醇	麦角固醇	麦角、酵母菌和毒菌内

常见的固醇衍生物有：强心苷如洋地黄毒素，存在于洋地黄植物的叶中，是一种强心药；蟾蜍毒素是蟾蜍分泌的毒素，可作药用；胆酸、胆汁酸组成胆汁；肾上腺皮质激素、昆虫的蜕皮激素、性激素（包括雌激素、孕激素和雄激素等），能调节动物和人体的新陈代谢及生殖、发育等生理活动。此外，上述环戊烷并多氢菲形成胆固醇后，在7或8位上脱氢，又形成7或8-脱氢胆固醇，其中，7-脱氢胆固醇存在于皮肤和毛发内，经阳光或紫外线照射后能转变为维生素D_3。

2. 胆固醇（cholesterol）

食品中对人体健康影响最大的固醇是胆固醇。胆固醇广泛存在于动物性食品中，在动物的神经组织中含量特别丰富，它约占脑的固体物质的17%，肝、肾和表皮组织的含量也相当多，其次在蛋黄、海产软体动物中含量也较高。

主要食品的胆固醇含量见表2-8。

表2-8 食品中的胆固醇含量 单位：mg/100g

食品	胆固醇含量	食品	胆固醇含量	食品	胆固醇含量
猪肉（瘦）	77	牛肾	340	大黄鱼	79
猪肉（肥）	107	牛舌	102	带鱼	97
猪心	158	牛心	125	鲳鱼	68
猪肚	159	牛肚	132	鳜鱼	93
猪脑	3100	牛脑	2670	鱿鱼	265
猪肾	405	鸡肉	117	蟹子（鲜）	466
猪肝	368	鸭肉	80	海蜇皮(水发)	16
猪肺	314	鸽肉	110	海参	0
蹄筋	117	鸡蛋黄	1705	对虾	150
羊肉（瘦）	65	鸡蛋（全蛋）	680	小虾米	738
羊肉（肥）	173	鸡蛋粉	2302	螺肉	161
羊肝	323	鸭蛋黄	1522	白鲢鱼	103
羊肾	354	鸭蛋（全蛋）	634	花鲢	97
羊脑	2099	鹅蛋黄	1813	鲫鱼	93
羊舌	147	鹅蛋（全蛋）	704	鲤鱼	83
羊肚	124	咸鸭蛋	742	甲鱼	77
羊心	125	松花蛋	1132	河虾	896
牛肉（瘦）	63	牛乳	13	鳝鱼（黄）	117
牛肉（肥）	194	全乳粉	104	黑鱼	72
牛肝	257	奶油	168	河蟹	150

胆固醇是一种略带微黄色的无色结晶，熔点148℃，在高真空条件下可以升华（不经液体直接变成气体），微溶于水，易溶于热乙醇、乙醚、氯仿等有机溶剂中。

胆固醇的化学性质相当稳定，基本不受酸、碱、热等加工因素的影响。

3. 类固醇（steroid）

生物体中有许多结构和性质与固醇类似的物质，称之为类固醇，如胆汁酸、类固醇激素、某些生物碱等。固醇和类固醇统称为固醇类。应当注意，固醇与类固醇在生理功能方面有所不同。

这里简单介绍胆汁酸，其他类固醇将在相应章节学习。人体中含有三种不同的胆汁酸，即胆酸、脱氧胆酸、鹅脱氧胆酸。大多数脊椎动物的胆汁酸能以肽键与甘氨酸或牛磺酸结合，分别生成甘氨胆酸或牛磺胆酸，它们分别存在于人、牛或猪的胆汁中，是胆苦的主要原因。胆汁酸与脂肪酸或其他类脂如胆固醇、胡萝卜素形成盐类，它们是乳化剂，能降低水和油脂的表面张力，使肠腔内油脂乳化成微粒，以增加油脂与消化液中脂肪酶的接触面积，便于油脂的消化吸收。

第四节　脂类的代谢

复习与回顾

简述人体新陈代谢的基本过程。

一、脂类的消化和吸收

人体口腔和胃中没有消化脂类的酶，它经口腔和胃后只能通过物理消化形成脂类乳糜，脂类乳糜进入十二指肠后，刺激胰脏分泌脂酶消化脂类。

胰脏分泌的脂酶除了甘油三酯脂肪酶以外，还有磷脂酶和胆固醇脂酶。

消化过程的实质就是酶促水解的过程。

$$\text{甘油三酯}+H_2O\xrightarrow{\text{甘油三酯脂肪酶}}\text{甘油一酯}+\text{脂肪酸}$$

甘油一酯继续水解生成甘油、脂肪酸。

$$\text{磷脂}+H_2O\xrightarrow{\text{磷脂酶}}\text{溶血磷脂}+\text{脂肪酸}$$

$$\text{胆固醇脂}+H_2O\xrightarrow{\text{胆固醇脂酶}}\text{胆固醇}+\text{脂肪酸}$$

食物中的脂类经上述胰液中的酶类消化后，生成甘油一酯、脂肪酸、甘油、溶血磷脂及胆固醇等，以甘油和脂肪酸为主。

以甘油和脂肪酸为主的产物，由小肠绒毛的毛细淋巴管吸收。

二、脂的转运

由小肠绒毛的毛细淋巴管吸收的甘油和脂肪酸，靠酶的作用重新酯化成含甘油三酯的乳糜微粒，再经淋巴系统进入血液。这也是脂类代谢不同于一般代谢过程的特点。

部分甘油及中、短链脂肪酸吸收入小肠绒毛的毛细淋巴管后，也可以直接通过门静脉进入血液。

如果认为人体内的脂肪是由甘油和脂肪酸直接合成的，那是非常错误的。事实上，虽然生物体内的脂肪是甘油和脂肪酸的酶促反应产物，但是二者不能直接反应，它们需要首先转化为两种前体物质，即磷酸甘油和脂酰辅酶A（脂酰CoA），然后再进行合成。

此外，人体在脂肪的代谢过程中，还会自身合成脂肪酸。脂肪酸的合成包括脂肪酸从头合成、饱和脂肪酸链的延长、不饱和脂肪酸的合成几种形式，每一种合成过程都是很复杂的，特别是脂肪酸的从头合成过程，要经过六、七步生物化学反应。

三、脂肪的储存与分解

进入血液中的脂，随着血液运输到全身各组织器官中，在各组织器官中主要发生两种变化。

1. 脂的储存

以脂肪组织的形式，在皮下结缔组织、腹腔大网膜和肠系膜等处储存起来。

2. 脂的分解

在肝脏和肌肉等处脂再度分解成为甘油和脂肪酸。

（1）甘油的转化　人体内缺乏甘油激酶，无法利用脂肪水解产生的甘油。它经过血液运输至肝脏，被磷酸化和氧化生成磷酸二羟丙酮，最终生成3-磷酸甘油醛，然后转化成丙酮酸继续氧化，或者生成葡萄糖，最后生成糖原。

磷酸二羟丙酮还可以被还原成3-磷酸甘油，再被磷酸酶水解，又生成甘油，循环上面的过程。

（2）脂肪酸的氧化　脂肪酸在有充足氧供给的情况下，可氧化分解为CO_2和H_2O，释放大量能量，因此脂肪酸是机体主要能量来源之一。

肝和肌肉是进行脂肪酸氧化最活跃的组织。

脂肪酸氧化过程中生成的中间化合物乙酰辅酶A（乙酰CoA）是一种十分重要的中间化合物，除能氧化供能外，还是许多重要化合物合成的原料，如酮体、胆固醇和类固醇化合物。

上面讲的主要是饱和脂肪酸的氧化。人体内约有1/2以上的脂肪酸是不饱和脂肪酸，食物中也含有不饱和脂肪酸。这些不饱和脂肪酸的氧化和饱和脂肪酸的氧化基本一样，但是需要其他的酶存在。

四、磷脂的中间代谢

1. 甘油磷脂的代谢

体内全身各组织均能合成甘油磷脂，以肝、肾等组织最活跃。它在细胞的内质网上合成。合成所用的甘油、脂肪酸主要从糖代谢转化而来。其多不饱和脂肪酸常需靠食物供给，合成还需ATP、CTP。

甘油磷脂的降解主要是体内磷酸甘油酯酶催化的水解过程，完全水解后的产物为甘油、脂肪酸、磷酸和胆碱、胆胺和丝氨酸等。

2. 鞘磷脂的代谢

鞘磷脂的合成代谢以脑组织最为活跃，主要在内质网进行。基本原料为软脂酰CoA及丝氨酸。

鞘磷脂的分解代谢由神经鞘磷脂酶作用，使磷酸酯键水解产生磷酸胆碱及神经酰胺（*N*-脂酰鞘氨醇）。体内若缺乏此酶，可引起痴呆等鞘磷脂沉积病。

五、人体内胆固醇的转化

由于胆固醇性质稳定，所以加工后的食品中胆固醇没有什么损失，完全作为外源胆固醇进入体内（从食物中获得的胆固醇）。

人类既能够吸收利用食物中的胆固醇，也能自行合成一部分胆固醇。人体内每日合成胆固醇的量约为1.5g，其中约0.4～0.6g在肝中转变为胆汁酸形成胆汁，它是胆固醇在体内代谢的重要途径。

胆固醇还是转化成类固醇激素的原料。例如，肾上腺可以用胆固醇为原料分别合成睾酮、皮质醇以及雄性激素。

在皮肤，胆固醇还可以被氧化为7-脱氢胆固醇，后者经紫外线照射转变为维生素D_3。

肠道内的胆固醇经细菌作用转变为类固醇随粪便排出体外，胆固醇每日随粪便排泄量约为0.4g。

应当注意的是，体内胆固醇合成量受膳食胆固醇量的影响，膳食胆固醇摄入过多时体内合成量减少，摄入过少时体内合成量增多。正常情况下，胆固醇在血液中维持一个恰当的水平。当脂质代谢发生异常或膳食胆固醇摄入量超过身体调节能力时，血液中的胆固醇浓度就会升高并逐渐在血管内壁上沉积而引起血管腔狭窄并导致心血管病。这时，除药物治疗外还应限制富含胆固醇的食物。但在脂质代谢正常的情况下无须过分限制，因为胆固醇也是人体不可缺少的营养物质。

人体内脂类物质代谢基本过程见图2-3。

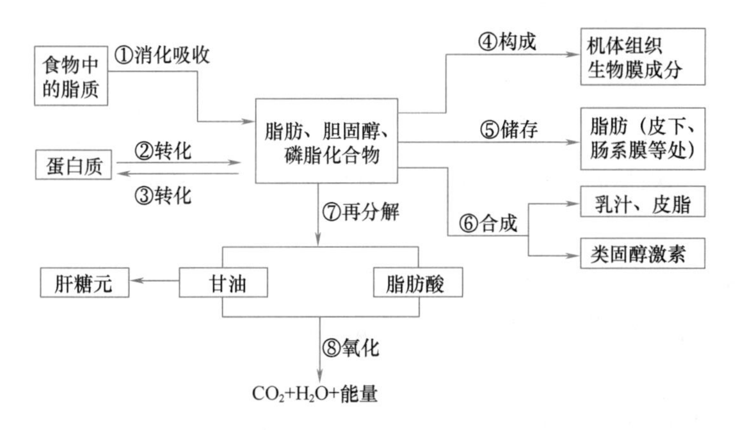

图2-3　人体内脂类物质代谢基本过程示意

知识拓展

脂类代谢异常

脂类代谢是受神经、激素等因素调控的。实质上，神经系统对脂类代谢的调节是通过激素调节实现的。对脂类代谢影响较大的激素有胰岛素、肾上腺素、高血糖素、生长素、促肾上腺皮质激素、甲状腺素、性激素等，在这些激素中，胰岛素能抑制脂肪分解，其他激素则能促进脂肪的分解。激素分泌的反常是导致脂类代谢紊乱（失调）的重要原因。脂类代谢失调所导致的病症主要有肥胖症、血管硬化、脂肪肝、酮尿症、结石症等。其中，肥胖症是因为激素功能紊乱、缺乏体力锻炼等原因使体内脂肪积累大于消耗所引起的。血管硬化与胆固醇的代谢紊乱有很大关系——在胆固醇进食过量、甲状腺机能衰退、肾病综合征、肠道阻塞、糖尿病等情况下，血中胆固醇含量往往增高，容易发生血管硬化。脂肪肝和尿毒症也是肝内脂肪代谢失衡的一种表现——脂肪在肝内积存过量即形成脂肪肝，它是由于缺乏合成磷脂的原料（如甲硫氨酸），使肝内脂肪不能转变成磷脂而输出，因而造成脂肪在肝内积累所致。脂肪来源过多（如高脂肪膳食）、肝功能障碍等也是形成脂肪肝的原因。酮尿症是因为糖代谢障碍，大量动用脂肪，结果肝脏中形成的酮体量超过肝外组织转化、利用的酮体量而引起的。酮尿症患者尿中含有大量酮体，往往造成尿毒症。肝、胆、膀胱等部位常发生结石，胆固醇含量过高是形成结石的原因之一。结石中除含钙盐外，多少都含有胆固醇。

思考与练习

一、填空题（在下列各题中的括号里填上正确答案）

1. 最简单的酯是（ ），乙酸乙酯和苯甲酸甲酯的结构简式是（ ）、（ ）。

2. 从营养学的观点看，属于必需脂肪酸的脂肪酸有（ ）、（ ）、（ ），其中，（ ）是最重要的必需脂肪酸，必须由食物供给。必需脂肪酸的最好来源是（ ）。

3. 由脂肪酸和丙三醇反应生成的酯称为（ ）。

4. 由同种脂肪酸和丙三醇反应生成的甘油酯称为（ ），由不同种脂肪酸和丙三醇反应生成的甘油酯称为（ ）。

5. 教材中把脂类分为单纯脂、复合脂、衍生脂，磷脂、糖脂、蛋白脂属于上述三类脂类中的（ ）。

6. 在有乳化剂的情况下，脂肪可与水发生乳化作用形成（ ）。

7. 含饱和脂肪酸多的油脂在常温下一般呈（ ）态，含不饱和脂肪酸多的油脂在常温下一般呈（ ）态。

8. 油脂在酸性条件下水解生成甘油和（ ），在碱性条件下水解生成甘油和（ ）。

9. 氢化油是含不饱和脂肪酸的油和氢发生（ ）反应生成的。

10. 油脂酸败的类型包括（ ）、（ ）、（ ）几种。

二、判断题（指出下列各题的对错，对于错误的说法指出原因）

1. 饱和脂肪酸就是碳原子数多的脂肪酸。

2. 非必需脂肪酸主要是饱和脂肪酸。

3. 油脂在受热时产生臭味，是由于油脂受热分解生成的丙三醇继续反应生成丙烯酸的缘故。

4. 脂类物质中如果不含有任何其他物质，将其称为单纯脂。

5. 动物脂肪中含有的脂肪酸主要是不饱和脂肪酸。

6. 纯净的食用油透明且呈现轻微的棕黄色。

7. 一般地说，油脂没有固定的熔点和凝固点以及沸点，但是有固定的发烟点、闪点、燃点。

8. 动植物体中分布最广的磷脂是脑磷脂和心磷脂。

9. 人体中的胆固醇都是从食物中获得的。

10. 胆汁中的主要成分是胆固醇。

三、简答题

1. 油脂的热变性包括哪几种类型？举例说明油脂的热变性对油脂性质积极和消极的影响。

2. 油脂在食品加工中有哪些作用？

3. 如何消除磷脂对油脂及食品质量的消极影响？

实操训练

实训四 动、植物油脂中不饱和脂肪酸的比较

一、实训目的

1. 了解动物脂肪和植物油中不饱和脂肪酸含量的差异。

2. 学习一种检查脂肪不饱和程度的简便方法。

二、实训原理

脂肪酸包括饱和脂肪酸和不饱和脂肪酸两类。不饱和脂肪酸可以与卤族元素起加成反应。

不饱和脂肪酸的含量越高，消耗卤素越多。通常以“碘价”来表示。碘价是指100g脂肪所能吸收的碘的质量（g）。碘价越高，不饱和脂肪酸的含量越高。

本实验通过比较猪油和豆油吸收碘的量的不同，来了解动物脂肪和植物油中不饱和脂肪酸含量的差异。这是检查脂肪不饱和性的一种简便方法。

三、实训用品

1. 原料与器材

豆油、猪油、水浴锅、试管。

2. 试剂

（1）氯仿。

（2）碘溶液　称取碘2.6g溶解在50mL 95%的乙醇中，另称取氯化汞3g溶于50mL 95%的乙醇中。将两溶液混合，若有沉淀可过滤除去。使用前用95%乙醇稀释10倍（注意：该试剂剧毒）。

（3）95%乙醇。

四、实训步骤

（1）取2支试管，编号，各加入2mL氯仿，再向甲管中加入1滴豆油，向

乙管中加1滴熔化的猪油(注意：应与豆油的量基本相同)，摇匀，使其完全溶解。

（2）分别向两支试管中各加入30滴碘液，边加边摇匀，放入约50℃的恒温水浴中保温，不断摇动，观察两管内溶液的变化。

（3）待两管内溶液的颜色呈现明显的差别后，再向甲管中继续加入碘液，边滴加边摇动边保温，直至2支试管内溶液的颜色相同为止，记下向甲管中补加碘液的滴数。为了便于比较两管内溶液颜色变化的深浅，应该同时向乙管中加入同样滴数的95％乙醇，使它们的体积相等。

（4）比较甲、乙两管达到相同颜色时加入碘液的数量，并解释实验差异。

五、思考与讨论

根据实验结果，说明在低温条件下猪油比豆油容易凝固的原因。

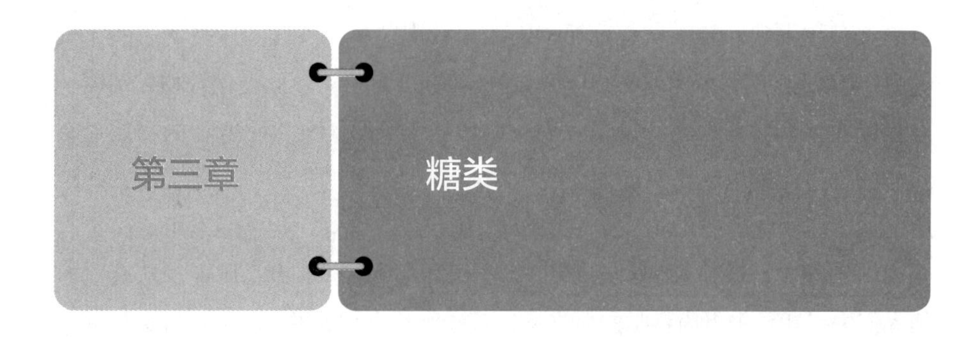

第三章 糖类

学习目标

1. 明确糖类概念含义的演变过程和化学学科对糖类物质的定义。
2. 明确糖类物质的分类。
3. 了解糖类物质在动、植物和食用菌等食品原料中的存在。
4. 理解糖类物质的物理性质、化学性质，了解其应用。
5. 了解重要的单糖（戊糖、己糖）、重要的二糖（麦芽糖、乳糖、蔗糖）、重要的功能性低聚糖、重要的多糖（淀粉、纤维素）的组成及其结构特点，理解它们的性能并了解其应用。
6. 了解糖类物质代谢的基本过程。

本章导言

本章在明确糖类（carbohydrate）物质概念的基础上，集中学习糖类物质的分类、存在、物理和化学性质及其在食品专业中的应用，然后分节学习单糖、低聚糖、多糖等几类重要的糖类物质，最后学习糖类物质代谢的基本过程。

第一节 糖类的概念、分类和存在

一、糖类概念的含义

从组成上看，糖类物质过去被称为碳水化合物。这是因为，首先这类物质绝大多数由碳、氢、氧三种元素组成。其次，早期发现的这类物质的化学式中H与O的比例恰好与水中H与O的比例相同（2∶1），此类化合物如同碳与水生成的化合物。后来，人们发现一些性质上不属于碳水化合物的物质也有同样的化学元素组成比例，如甲醛（CH_2O）、乙酸（$C_2H_4O_2$）等，而某些性质上属于碳水化合物的物质如脱氧核糖（$C_5H_{10}O_4$）等，化学元素组成又不符合这一比例。这就使人们对碳水化合物概念的科学性提出了质疑，从而也促使人们去寻找一个更为科学的概念来代替碳水化合物的说法。人们曾经用糖来取代碳水化合物这一概念。英语Glucide是指有甜味的糖，人们习惯上说的糖也是有甜味的，但是像淀粉这类没有甜味的物质，不仅在结构上和有甜味的糖类似，而且它们和有甜味的糖可以相互转化。因此，国际化学命名委员会（International Commission of Chemical Nomenclature，ICCN）建议用“糖类”代替“碳水化合物”。根据上面的分析，借鉴脂类概念的含义，可以认为糖类包括糖和类似于糖的物质（类糖）。

由于沿用已久，所以，“碳水化合物”一词至今仍被广泛使用，特别是在生活和营养学中更是如此。

【思考与讨论】

在老师指导下分析下面的糖类中含有的元素和官能团的种类。

葡萄糖	果糖
CHO	CH_2OH
HCOH	C=O
HOCH	HOCH
CHOH	CHOH
CHOH	CHOH
CH_2OH	CH_2OH

分析上述糖的结构可以看出，糖类是多羟基醛和多羟基酮以及它们的衍生物的总称。

二、糖类的分类及各类糖的主要特点

根据不同的标准，可以把糖类物质分为不同的类别。例如，在有机化学中，根据糖类物质是否具有氧化还原性，把糖类物质分为还原性糖和非还原性糖。这里，根据FAO/WHO 1998年的最新报告，结合糖类的化学组成介绍糖类的分类。

1. 单糖（monosaccharide）

单糖是指组成和结构最简单且能准确测定的糖类物质。它们是不能再水解的多羟基醛或多羟基酮，是构成复杂糖类的单体。根据分子中碳原子的数目，单糖依次分为丙糖（3个C）、丁糖（4个C）、戊糖（5个C）、己糖（6个C）及庚糖（7个C）。

最重要的单糖是葡萄糖和果糖。

2. 低聚糖（寡糖）（oligosaccharides）

低聚糖是由2~10个单糖分子脱水缩合而成的糖类。

例如，由单糖生成二糖的反应式如下：

$$\underset{\text{单糖}}{2C_6H_{12}O_6} \longrightarrow \underset{\text{二糖}}{C_{12}H_{22}O_{11}} + H_2O$$

在上面的反应中，单糖除了聚合生成二糖，还生成小分子化合物水。这一类聚合反应称为缩合聚合反应，简称缩聚反应。

根据低聚糖水解后所形成的单糖的分子数目可将其分为二糖、三糖……十糖。其中，二糖（双糖）是两分子单糖脱水缩合后形成的最简单的低聚糖。

由单一成分的单糖脱水缩合形成的低聚糖称为同低聚糖（均低聚糖），如麦芽糖和海藻糖均由葡萄糖形成。由两种以上的单糖脱水缩合形成的低聚糖称为杂低聚糖，如蔗糖由葡萄糖和果糖形成，棉子糖由葡萄糖、果糖和半乳糖组成。

低聚糖属小分子化合物，能结晶，可溶于水，某些低聚糖有甜味。

自然界游离存在的低聚糖主要在植物体内，动物体内很少。

知识基础

聚合反应

简单来讲，聚合反应就是指低相对分子质量的化合物在一定条件下生成高相对分子质量的化合物的反应。在聚合反应中，低相对分子质量的化合物称为单体，高相对分子质量的化合物分子中重复的单元称为链节，链节的数目称为聚合度。

3. 多糖（polysaccharide）

多糖又称多聚糖，是指由10个以上单糖分子脱水缩合生成的糖类，其中淀粉、纤维素、糖原等最为重要。

由单糖生成多糖的反应式如下：

$$nC_6H_{12}O_6 \longrightarrow (C_6H_{10}O_5)_n + nH_2O$$

单糖　　　　　多糖

根据多糖的组成特点可分为同多糖（纯多糖或均一多糖）和杂多糖（不均一多糖）。由一种单糖脱水缩合而成的多糖称为同多糖，如淀粉、纤维素和糖原等；由不同类型的单糖脱水缩合而成的多糖称为杂多糖，如半乳糖甘露糖胶、果胶等。

多糖在性质上与单糖和低聚糖不同：一般不溶于水，即使能溶，在水溶液中也不形成真溶液，只能形成胶体；多糖相对分子质量大、无甜味。

在植物体中多糖占有很大部分，可分为两大类别：一类是构成植物骨架的多糖，如纤维素、半纤维素；一类是储存的营养物质，如淀粉。

4. 衍生糖（descendable saccharide）

衍生糖是指单糖的衍生物。单糖的衍生物种类较多，下一章要学习的组成脱氧核糖核酸的脱氧核糖，就是一种单糖的衍生物即衍生糖。

5. 结合糖（compound saccharide）

结合糖又称为复合糖，是指糖类和非糖成分结合生成的化合物，主要包括糖脂、糖蛋白等。

有的资料根据“糖类和非糖成分结合”这一标准，将衍生糖也归为结合糖。这样，糖类物质就包括单糖、低聚糖、多糖、结合糖几类。

三、糖类在各类食品原料中的存在

1. 动物性食品原料中的糖类

糖类在动物组织中含量很少，主要以糖原的形式存在。动物体内的糖原以游离或结合的形式广泛存在于动物组织或组织液中。若以畜禽种类而言，糖原的含量也各不相同，兔肉及马肉中的含量最多。

在动物体内，肝脏所含糖原要比肉中所含糖原多，糖原在肝脏中的含量高达2%～8%；运动剧烈的肌肉中糖原含量较相对静止部位高。

动物屠宰后，体内所含糖原随时间的延长而逐渐减少。以牛肉为例，最初含糖原0.71%，在室温下放置4h后则减至0.32%。

蛋类物质含糖类较少，约为1%～3%。

乳糖是哺乳动物的乳汁中特有的糖类，乳的甜味主要由乳糖引起。乳糖在乳中全部成溶解状态。牛乳中约含有4.6%～4.7%的乳糖。

2. 植物性食品原料中的糖类

淀粉是小麦面粉的主要成分，根据小麦品种不同，小麦面粉中淀粉含量在50%～70%。

糖类是米中的主要成分，其中以淀粉为最多。白米中淀粉75%，其余为糊精以及几种多糖的混合物膳食纤维。

玉米籽粒中含有的糖类主要是淀粉，约占干玉米籽粒质量的70%～75%，此外，还含有一定量的膳食纤维。

马铃薯含有的糖类主要是淀粉，其次是纤维素和某些低聚糖和单糖，如蔗糖、葡萄糖、果糖。

大豆中的糖类含量约为25%左右，主要为蔗糖、棉籽糖、水苏糖和阿拉伯糖、半乳糖等。成熟的大豆中淀粉含量很低，约为0.4%～0.9%。

花生仁含10%～13%的糖类，其中约6%为非淀粉多糖，2%为可溶性纤维。此外，花生中含有比大豆更少的抗营养因子，棉籽糖和水苏糖含量只相当于大豆蛋白的1/7，更易于消化吸收。

蔬菜、水果所含糖类包括可溶性糖、淀粉及膳食纤维。大多数叶菜、嫩茎、瓜、茄果类蔬菜其糖类含量都在3%～5%。大多数鲜豆类其糖类含量在5%～12%。成熟的根茎类蔬菜其糖类含量在8%～25%。蔬菜、水果中的膳食纤维主要包括纤维素、半纤维素、果胶等，蔬菜中膳食纤维含量一般为0.2%～2.8%，水果中含膳食纤维一般为0.5%～2%。随着水果成熟度的增加，可溶性糖含量增加。

海藻中的糖类变化较大，依种类不同其组成有很大差别，且每种海藻均有其独特成分。褐藻中的海带含有海藻酸，海藻酸的钠和钾盐水溶性好，作为增黏剂广泛用于冰淇淋、果酱、蛋黄酱的生产。作为热源其营养价值不高，这是由于海藻中的糖类不易消化的缘故。

3. 食用菌中的糖类

糖类在食用菌中一般占干重的50%～70%。

在食用菌含有的糖类物质中，没有淀粉，含量最多的是膳食纤维如壳多糖（此处也称为真菌甲壳素），其含量一般为糖类含量的43%～87.5%，其中胶质菌类含量高于肉质菌类，因此，肉质食用菌嫩滑、可口，胶质食用菌柔软、富含弹性。

食用菌中含有的海藻糖（菌糖）和糖醇，含量分别为糖类含量的3%，这两种糖是食用菌的甜味成分，其中，当菇类成熟时，菌糖就水解为葡萄糖。葡萄糖是子实体呼吸作用的基质之一，所以食用菌在储藏保鲜过程中糖类物质容易损失。

食用菌中还含有3%左右的戊糖胶（银耳、木耳为14%），它是一种胶黏性物质，在胶质菌的干制加工过程中翻拌次数不可太多，就是因为其中含有戊糖胶。

此外，食用菌中还含有糖原，这是其他非动物性食品原料不具备的。

第二节　糖类的性质及其应用

一、糖类的物理性质及其应用

1. 相对甜度

甜味的高低程度称为甜度。目前甜度并没有合适的物理或化学方法加以准确评定，而是利用人的味觉来判定。甜度没有绝对值，一般把蔗糖的甜度设为1，以此为标准，其他糖类与蔗糖相比，得到的相对甜度见表3-1。

表3-1　几种糖类的相对甜度

糖的名称	相对甜度	糖的名称	相对甜度
蔗糖	1.0	麦芽糖	0.5
果糖	1.5	乳糖	0.3
葡萄糖	0.7	木糖醇	1.0
半乳糖	0.6	山梨醇	0.5

也有把蔗糖的甜度规定为100的做法，这时表3-1中其他糖类的甜度相应扩大100倍。

此外，糖类在固态和液态时甜度也大不相同。例如，果糖在溶液中比蔗糖甜，但添加在某些食品如饼干、小甜饼等焙烤食品中时，却表现出与蔗糖相似的甜度。

愉快的甜味感要求甜味纯正，强度适中，能很快达到甜味的最高强度，并且还要能迅速消失。蔗糖是食品中的最佳甜味调料。

不同糖类混合使用时，有提高甜度的效果。

2. 吸湿性和保湿性

吸湿性是指糖类在空气湿度较大的情况下吸收水分的性质。保湿性是指糖类在较低空气湿度时保持水分的性质。糖类的这种性质对于保持食品的柔软性和储存、加工都有重要意义。

凡是能溶于水的糖类都具有吸湿性，如果糖和蔗糖。水溶性很小甚至不溶于水的有些糖类也有吸湿性，如多糖中的淀粉。

不同种类的糖吸湿性不同。果糖吸湿性最强，葡萄糖、麦芽糖次之，蔗糖吸湿性最小。

各种食品对糖类的吸湿性和保湿性的要求是不同的。如硬质糖果要求吸湿性低，要避免遇潮湿天气因吸收水分而溶化，故宜选用蔗糖为原料；软质糖果则需要保持一定的水分，避免在干燥天气干缩，应选用转化糖和果葡糖浆为宜；面包、糕点类食品也需要保持松软，应用转化糖和果葡糖浆为宜。

葡萄糖氢化后生成山梨糖醇，具有良好的保湿性，常作为保湿剂广泛应用于食品行业。

3. 糖类的溶解性

表3-2　几种糖类的溶解度　　单位：g/100g水

糖的种类	20℃	30℃	40℃	50℃
葡萄糖	87.67	120.46	162.38	243.76
果 糖	374.78	441.70	538.63	665.58
蔗糖	199.41	214.30	233.40	257.60

从表3-2可以看出，糖类的溶解度随温度升高而增大，所以在生产中常使用温水或沸水溶解糖。

在食品加工过程中，常将两种糖类按比例同时加入食品中，此时应使两种糖类的溶解度接近。如当温度大于60℃时，葡萄糖的溶解度大于蔗糖；温度小于60℃时，葡萄糖的溶解度小于蔗糖；当温度等于60℃时，葡萄糖的溶解度等于蔗糖。糖类的溶解度可指导人们选择食品加工的温度及不同糖类的加入比例。

单糖和寡糖在溶解于水的过程中，可以产生过饱和现象。利用人为的控制处理，可以运用所产生的过饱和溶液来生产夹心食品糖类。当控制过饱和溶液的冷却速度很慢时，则可以产生大而且坚固的结晶，如利用蔗糖制备冰糖就是依据这个原理。

4. 糖类的黏度

糖类组成不同，黏度也不同，一般来讲黏度与分子体积大小成正比关系。如葡萄糖、果糖、糖醇类的黏度较蔗糖为低，淀粉糖浆的黏度较高。葡萄糖的黏度随温度升高而增大，蔗糖的黏度则随着温度的升高而减小。

在食品生产中，可以利用调节糖类的黏度来提高食品的稠度和可口性。

5.糖类的结晶性质

不同种类的糖类结晶性不同：果糖较难结晶；葡萄糖易结晶，但晶体细小；蔗糖极易结晶，且晶体很大；淀粉糖浆是葡萄糖、低聚糖和糊精的混合物，不能结晶，还能防止蔗糖结晶。

在糖果制造加工时，要注意应用糖类结晶性质上的差别。比如在硬糖果的生产中不能单独使用蔗糖，否则当熬煮到水分在3%以下经冷却后，蔗糖就会结晶、碎裂，得不到坚韧、透明的产品。目前制造硬糖果的方法是添加适量的淀粉糖浆，一般用量为30%~40%。此法工艺简单，效果较好。淀粉糖浆因不含果糖，所以吸湿性较低，糖果保存性较好。淀粉糖浆含有糊精，能增加糖果的韧性、强度和黏性，使糖果不易碎裂。另外淀粉糖浆的甜度较低，能冲淡蔗糖的甜度，使产品甜味温和、可口。因此，此法工艺简单，效果较好。但淀粉糖浆的用量不能过多，若产品中糊精含量过多则产品韧性过强，影响糖果的脆性。

知识拓展

糖的旋光性

简单来讲，通过光栅后只有一个振动方向的光波称作平面偏振光，简称偏光。偏光前进的方向与光波振动的方向所构成的平面称作振动面，与振动面垂直的那个平面称作偏振面。物质使偏光的偏振面或振动面向左或向右旋转一定角度的能力，称作物质的旋光性。其中，向右旋用“+”表示，向左旋用“−”表示。

糖都具有旋光性，这是糖类物质的重要物理性质，只是由于糖的旋光性及其应用比较复杂，这里不再列专题讨论。

6. 糖类溶液的有关物理性质

（1）糖类溶液冰点降低　糖类溶液冰点降低的程度取决于它的浓度和糖类相对分子质量的大小。溶液浓度高，相对分子质量小，冰点降低得多。葡萄糖冰点降低的程度高于蔗糖，淀粉糖浆冰点降低的程度因淀粉转化程度而不同，转化程度增高，冰点降低的多。因为淀粉糖浆是多种糖的混合物，平均相对分子质量随转化程度增高而降低。

生产雪糕类冰冻食品，混合使用淀粉糖浆和蔗糖，冰点较单独用蔗糖小。使用低转化度淀粉糖浆的效果更好，冰点降低少，能节约电能，还有促进冰晶颗粒细腻、提高黏稠度、使甜味温和等效果。

（2）糖类溶液溶解氧的能力降低　糖类溶液溶解氧的能力比水低。由于氧气在糖类溶液中的溶解量低于在水中的溶解量，如在20℃时60%的蔗糖溶液中溶解氧的量仅为水溶液中的1/6左右，所以有利于保持鲜果的风味、颜色及维生素C，而不致其因发生氧化反应而变化，有利于延缓饼干、各种糕点的油脂氧化酸败。所以说，糖类溶液具有抗氧化性，如葡萄糖、果糖、淀粉糖浆都具有抗氧化性。

（3）渗透压　任何溶液都有渗透压，在相同浓度下，溶质相对分子质量越小，分子数目就越多，渗透压也越大。一定浓度的糖类溶液也有一定的渗透压，其渗透压会随着浓度的增高而增大。因此可以利用渗透压使食品脱水，以降低水分活性，抑制微生物发育来提高食品的储藏性和风味。

渗透压高的糖类，由于可以通过其高渗性来抑制微生物的生长，所以对食品的保存有利，且渗透压越高，食品保存效果越好。因为相同质量分数的单糖分子数目约为双糖的2倍，所以单糖的渗透压约为双糖的2倍。葡萄糖和果糖与蔗糖相比就有较高的渗透压，如35%～45%的葡萄糖溶液对链球菌有较强的抑制作用，其效果相当于50%～60%的蔗糖溶液。

抑制不同微生物生长的渗透压不同。对于耐高渗的微生物（如耐高渗酵母菌），即使在蜂蜜中也能繁殖。50%蔗糖能抑制一般酵母的生长，65%和80%浓度的蔗糖可抑制细菌和霉菌的生长。果葡糖浆的糖分组成是葡萄糖和果糖这两种单糖，所以渗透压较高，不易因霉菌污染而败坏。

二、糖类的化学性质及其应用

知识基础

有机化合物分子中增加氧原子或减少氢原子的反应称为氧化反应，增加氢原子或减少氧原子的反应称为还原反应。发生氧化反应的物质称为还原剂，发生还原反应的物质称为氧化剂。

1. 聚合反应

稀酸在较高温度下会使单糖分子发生聚合反应生成二糖，当聚合反应程度高时，还可以生成三糖和其他低聚糖。

糖类的浓度对糖类的聚合反应影响很大。糖类的浓度越高，聚合的程度越大。

不同种类的酸对此聚合反应的催化能力也不同。实验表明，对葡萄糖来说，盐酸的催化作用最强，其次是硫酸和草酸。

由于在稀酸的作用下会发生糖类的聚合反应，所以工业上用酸法水解淀粉生产葡萄糖时，会有约5%的异麦芽糖和龙胆二糖生成，结果影响了葡萄糖的产率，还影响了葡萄糖的结晶和风味。

2. 氧化反应

糖类中的醛基在不同氧化条件下被氧化，可生成不同的产物。

例如，在弱氧化剂如碱性溴水作用下，葡萄糖可形成葡萄糖酸，葡萄糖酸可与钙离子形成葡萄糖酸钙，葡萄糖酸钙可作为补钙剂。

【思考与讨论】
在老师指导下写出葡萄糖被碱性溴水氧化生成葡萄糖酸，葡萄糖酸与氯化钙反应生成葡萄糖酸钙的化学反应式。

此外，硝酸银的氨溶液、氢氧化铜溶液（斐林试剂）都可以氧化葡萄糖。

$$CH_2OH—(CHOH)_4—CHO+2Ag(NH_3)2OH \xrightarrow{\Delta}$$
$$CH_2OH—(CHOH)_4—COONH_4+2Ag\downarrow+3NH_3\uparrow+H_2O$$

此反应称为银镜反应，据此原理，葡萄糖可用于制镜业。

$$CH_2OH—(CHOH)_4—CHO+2Cu(OH)_2 \xrightarrow{\Delta}$$
$$CH_2OH—(CHOH)_4—COOH+Cu_2O+H_2O$$

Cu_2O为砖红色。

此反应已广泛用于糖类的定性、定量测定中。

3. 还原反应

糖类中的羰基在还原剂如硼氢化钠或在一定压力与催化剂镍存在的情况下，加氢还原成羟基，形成糖醇。例如，D-葡萄糖被还原后可得到山梨醇，山梨醇可用于制取抗坏血酸，或作为保湿剂；D-甘露糖或D-果糖经还原也可得到甘露糖醇，甘露糖醇的甜度是蔗糖的65%，被广泛应用于硬糖、软糖和不含糖的巧克力，由于它的吸湿性小，可以作为糖果包衣。

在以上名称中，D表示糖类物质空间结构的形式，简称构型。除此以外，糖类物质还有L构型。

4. 水解与脱水

在酸或酶的催化下，低聚糖或多糖与水发生反应生成单糖，称为糖的水解。低聚糖或多糖水解成单糖后其黏度下降。

生物细胞中存在的转化酶也可以使蔗糖转化成果糖与葡萄糖，这种由原来的一种糖转化来的几种糖形成的混合物称为转化糖（上面讲的淀粉糖浆也属于转化糖）。许多水果中的转化糖是由水果中的转化酶或酸水解蔗糖所形成的。由于蜜蜂可分泌转化酶，所以植物花粉中的蔗糖可以转化为蜂蜜中的大量转化糖。

单糖在浓酸或强酸作用下，发生脱水环化生成糠或糠醛衍生物。例如，戊糖、己糖在浓酸或强酸中加热分别生成糠醛或甲基糠醛。糠醛的化学名称为呋喃-2-甲醛，其结构简式如下：

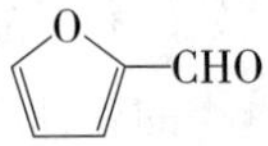

5. 酯化与醚化

糖类分子中的羟基与酸反应生成酯。这样的反应在生物体外是难以进行的，但在生物体内由于有ATP提供能量，从而使此反应易于进行。生物体内常见的糖脂有磷酸酯和硫酸酯。糖的磷酸酯是糖分子进入代谢反应的活化形式，己糖和戊糖的磷酸酯是生物体内作为糖代谢中间体的重要物质，如D-葡萄糖-6-磷酸。

蔗糖与脂肪酸在一定的条件下进行酯化反应，生成脂肪酸蔗糖酯（简称蔗糖酯）。可以根据酯化程度分别得到蔗糖单酯、蔗糖双酯。蔗糖酯是一种高效、安全的乳化剂，可以改进食物的多种性能。它还是一种抗氧化剂，可以防止食品的酸败，延长保存期。

糖类中的羟基除了形成酯外，还能形成醚，但不如天然存在的酯类多，多糖醚化后，可以进一步改良其功能性。例如，纤维素的羟丙基醚和淀粉羟丙基醚，都已获得批准可以在食品中使用。

【思考与讨论】

糖苷属于衍生糖还是结合糖？

6. 成苷反应

糖类在酸性条件下与醇发生反应，脱水后生成的产品称为糖苷。糖苷是无色无臭的晶体，味苦，能溶于水和乙醇，难溶于乙醚。

糖苷在碱性溶液中稳定，但在酸性溶液中或酶的作用下，则易水解成原来的糖。

糖苷在自然界分布很广，植物、动物、微生物中都有许多糖苷类物质存在。糖苷的化学结构也很复杂，并且兼有明显的生理作用。如广泛存在于银杏仁（白果）和许多种水果核仁中的苦杏仁苷，有明显的止咳平喘的效果；人和动物体内的外源异物及代谢废物也多以与葡萄糖成苷的方式排出体外。

7. 非酶褐变反应

（1）羰氨反应　含有羰基的糖类分子中的羰基，能与氨基酸、蛋白质、胺等含氨基的化合物分子中的氨基反应，产生具有特殊气味的棕褐色产物，即形成褐色色素，称之为羰氨反应。羰氨反应是由法国著名科学家美拉德（Maillard）发现的，所以也称美拉德反应。它是食品在加热或长期储存后发生褐变的主要原因。

羰氨反应的产物随反应物的种类而变，不同的原料发生羰氨反应后产生的香气不同，主要是原料中所含的成分不同而造成的。

羰氨反应受温度、氧气、水分、金属离子、pH等因素的影响，控制这些条件可以防止褐变或产生褐变，这在食品加工中具有实际意义。例如，在食品加工过程中，注意控制加热温度和时间，不使反应过度，就能避免产生大量的黑色素，因而也就避免了食品焦黑而且发苦。

（2）焦糖化反应　糖类在没有氨基化合物存在的情况下，加热到熔点以上，也会发生褐变现象，这种作用称为非酶褐变，也称焦糖化反应。

各种糖类因熔点不同，其反应速度也不相同。蔗糖的熔点为185～186℃，葡萄糖为146℃，果糖为95℃，麦芽糖为102～103℃。由此可见，果糖的熔点最低，在食品烘烤中着色最快。糖液的pH不同，其反应速度也不相同，在pH为8时要比pH为5.9时快10倍。

8. 异构化反应

在弱碱作用下，葡萄糖、果糖和甘露糖可互相转化，称为糖的异构化。动物体内，在酶的作用下也可进行类似的反应。

9. 发酵性

有几种糖类可被酵母、细菌、霉菌所产生的酶作用而发酵。例如，酵母菌能使葡萄糖、果糖、甘露糖、麦芽糖等发酵而成酒精，同时放出CO_2，这是葡萄酒、黄酒和啤酒生产及制作面包的基础。

各种糖类的发酵速度是不相同的。大多数面包酵母和酿酒酵母都是首先发酵葡萄糖，而后是果糖和蔗糖，发酵速度最慢的是麦芽糖。麦芽糖和蔗糖的发酵需要经酵母菌中水解酶将其水解成单糖后才能发生作用。在一般情况下，酵母菌不能使乳糖、半乳糖发酵，所以在生产面包、饼干和糕点时，加入乳制品能使产品起很好的着色作用，这是因为乳制品中的乳糖不能被酵母菌利用所致。

酵母菌不能使多糖发酵。如利用富含淀粉的谷类、薯类为原料来酿酒时，必须将淀粉水解成麦芽糖、葡萄糖后才能进行酒精发酵。在特种曲霉和细菌作用下，一些单糖或多糖还能发酵成柠檬酸、丁酸、丁醇和丙酮等产物。

由于蔗糖、葡萄糖等糖类的可发酵性，所以在有些食品的加工中，常以甜味剂代替糖类，以避免微生物生长、繁殖而引起食品变质或汤汁混浊的现象发生。

【思考与讨论】
请同学们用表格的形式归纳出糖类物质（包括糖的溶液）的性质的类型。

第三节　重要的单糖

一、丙糖

含3个碳原子的单糖称为丙糖（triose），它们是最简单的糖。

比较重要的丙糖有D-甘油醛和二羟基丙酮，它们的磷酸酯是糖类代谢的重要中间产物。

D-甘油醛（D-glyceraldehyde）和二羟基丙酮（dihydroxyacetone）的结构简式：

D－甘油醛	二羟基丙酮
CHO	CH_2OH
HCOH	C=O
CH_2OH	CH_2OH

二、丁糖

含4个碳原子的单糖称丁糖（tetrose）。自然界常见的丁糖有D-赤藓糖和D-赤藓酮糖，它们主要存在于藻类、地衣和丝状菌中，其磷酸酯是糖类代谢的重要中间产物。

D-赤藓糖（D-erythrose）和D-赤藓酮糖（D-erythrulose）的结构简式：

D－赤藓糖	D－赤藓酮糖
CHO	CH_2OH
HCOH	C=O
HCOH	HCOH
CH_2OH	CH_2OH

三、戊糖

戊糖（pentose）在自然界中分布很广，但含量很低。L-阿拉伯糖、D-木糖、D-核糖是三种实际上最普遍也最主要的戊糖，它们的结构简式如下：

L－阿拉伯糖	D－木糖	D－核糖
CHO	CHO	CHO
HCOH	HCOH	HCOH
HOCH	HOCH	HCOH
HOCH	HCOH	HCOH
CH_2OH	CH_2OH	CH_2OH

1. L-阿拉伯糖（L-arabinose）

L-阿拉伯糖广泛存在于植物界中，是植物分泌的胶黏质及半纤维素等多糖的组成成分，通常将树胶或提取蔗糖以后剩下的甜菜渣加酸水解制取。酵母菌不能使其发酵。

2. D-木糖（D-xylose）

D-木糖的存在情况与L-阿拉伯糖相同，把麸皮、秸秆、木材、棉子壳、玉米穗轴等水解即可制得。工业上以玉米穗轴加酸水解大规模生产D-木糖，得率可达12%。酵母菌不能使其发酵，但类酵母能很好地利用木糖。

木糖可以作为生产木糖醇的原料。木糖醇可代替蔗糖作为糖尿病患者的疗效食品，在硬糖与不含糖的胶姆糖中可代替蔗糖使用，以减少牙病的发生。国外已经将木糖醇广泛用于制造糖果、果酱、饮料等食品。

3. D-核糖（D-ribose）

D-核糖的重要性在于它是细胞中遗传信息的载体——核酸的组成成分之一。核糖与脱氧核糖以类似于呋喃的结构存在于天然化合物中。

四、己糖

在生物体中常见的己糖（hexose）有D-葡萄糖、D-果糖、D-甘露糖、D-半乳糖等几种，包括山梨糖在内的其他己糖只是偶见。前面给出的葡萄糖、果糖的结构简式实际上是它们D型空间结构的平面书写形式。

D-甘露糖、D-半乳糖的结构简式如下：

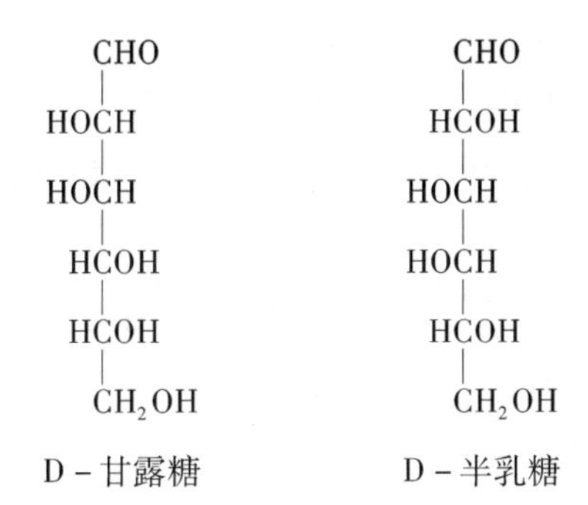

1. D-葡萄糖（D-glucose）

D-葡萄糖简称葡萄糖（glucose），又名右旋糖，属于多羟基醛糖，是自然界分布最广也最重要的单糖，植物器官与组织各部位，动物的血液、淋巴液、脑脊液等中均有分布，也是许多多糖的组成成分。

葡萄糖有两种结晶，室温下由乙醇或其水溶液中析出的是熔点为146℃的α-葡萄糖；由热吡啶溶液中析出的为熔点148～150℃的β-葡萄糖。

葡萄糖以其可以为人体直接吸收而作为营养食品的成分或者直接食用。作为药用可由静脉直接注射到血液中，供应全身。酵母菌可以发酵利用葡萄糖。

在工业上，葡萄糖以淀粉为原料用无机酸或酶水解的方法大量制得。

2. D-果糖（D-fructose）

D-果糖简称果糖，在自然界中的分布及其重要性仅次于D-葡萄糖，以最初在水果中析出而得名。因其有使光的偏振面向左旋转的特性，又名左旋糖。

D-果糖分子中的2号C为一羰基，故为酮糖。

果糖是无色结晶，吸湿性很强，是糖类中最甜的糖，甜度是蔗糖的1.15～1.5倍。

果糖往往与葡萄糖同时存在于植物中。在菊科植物中含量尤多，也是动物体易于吸收的糖分，是蜂蜜的糖分组成之一。酵母可使其发酵。

纯净的果糖可由水解菊科植物中富含的一种多糖——菊糖而得。近年来用异构化酶成功地在常温常压下使葡萄糖转化为果糖，开辟了果糖生产的新途径。

3. D-甘露糖（D-mannose）及D-半乳糖（D-galactose）

这两种糖在植物中主要以缩合物形态存在于甘露聚糖及半乳聚糖等多糖中，游离存在的几乎为痕量。甘露聚糖是坚果类果壳中的主要成分，用酸水解即得甘露糖。

D-半乳糖与D-葡萄糖结合成乳糖（双糖），存在于动物乳汁中。少数植物中有游离存在的半乳糖，如常春藤中存在较多，甜菜中也可发现。含有半乳糖的果实经冷冻后可在表面析出半乳糖结晶。在许多胶质多糖中也含有半乳糖。

D-甘露糖可被酵母发酵，D-半乳糖可被乳糖酵母发酵。

4. L-山梨糖（L-sorbose）

L-山梨糖存在于被细菌发酵过的山梨汁中。已经证明L-山梨糖是L-山梨醇被醋酸杆菌氧化而得。因为山梨糖是合成抗坏血酸的重要中间产物，所以在制药工业中有重要意义。

工业上先用葡萄糖在压力下加氢还原成D-山梨醇，然后用弱氧化醋酸杆菌在充分供氧的条件下氧化，即得L-山梨糖，得率可达90%。

五、庚糖

自然界存在的庚糖（heptose）主要有D-甘露庚酮糖（D-sedoheptulose）和D-景天庚酮糖（D-mannoheptulose），是自然界中已知碳链最长的单糖。

D-甘露庚酮糖和D-景天庚酮糖的结构简式：

D-甘露庚酮糖	D-景天庚酮糖
CH_2OH	CH_2OH
C=O	C=O
HO—C—H	HO—C—H
HO—C—H	H—C—OH
H—C—OH	H—C—OH
H—C—OH	H—C—OH
CH_2OH	CH_2OH

D-甘露庚酮糖　　D-景天庚酮糖

D-甘露庚酮糖大量存在于樟梨果实中，酵母不能使其发酵，但人体能将它转化成己糖并吸收。D-景天庚酮糖大量存在于景天属植物中，酵母不能使其发酵。

【思考与讨论】
请同学们列表归纳出单糖的种类和各类单糖典型代表物的名称。

第四节　重要的低聚糖

一、二糖（双糖）

1. 麦芽糖（maltose）

在新鲜的粮食中一般不存在游离的麦芽糖，淀粉经β-淀粉酶水解得麦芽糖。发芽的大麦芽中有这种β-淀粉酶，麦芽糖最初是用大麦芽作用于淀粉而得，故称麦芽糖。

麦芽糖为白色针状结晶，具有一定的黏度，流动性好，有亮度。麦芽糖含一分子结晶水，熔点为160～165℃，易溶于水而微溶于乙醇。麦芽糖的甜度仅为蔗糖的46%。

麦芽糖是典型的还原性糖，具有单糖的某些性质，诸如成苷和氧化还原反应等。

麦芽糖也是可发酵性糖。在面团发酵时，它能被麦芽糖酶所水解生成两分子葡萄糖，葡萄糖则是酵母菌生长所需的养料。利用大麦芽中的淀粉酶，可使淀粉水解为糊精和麦芽糖的混合物，其中麦芽糖占1/3，这种混合物称为饴糖。民间常用麦芽（含淀粉酶）使淀粉水解成麦芽糖。

2. 异麦芽糖（isomaltose）

因为它是麦芽糖的异构体，故得异麦芽糖之名。游离异麦芽糖不存在于自然界中，它是支链淀粉、糖原、多糖的组成部分。

异麦芽糖也是还原性二糖。

异麦芽糖不能被酵母发酵。

葡萄糖受酸和热的作用发生聚合反应生成异麦芽糖。例如，酸法工艺生产葡萄糖时，普遍使用的黑曲糖化酶，其中含有一种葡萄糖基转移酶，能作用于葡萄糖生成异麦芽糖和其他聚合糖类。其中，异麦芽糖量最多，约为68%~70%，龙胆二糖约为17%～18%，还有其他聚合糖等。异麦芽糖和龙胆二糖存在于废糖蜜中，分离即得异麦芽糖和龙胆二糖。在工业化生产葡萄糖的过程中，为避免出现葡萄糖转化成异麦芽糖，一般通过处理糖化酶将其中的葡萄糖基转移酶除去。

3. 蔗糖（sucrose）

蔗糖是植物中存在的最广泛的低聚糖，在许多植物的茎、根、籽、果、叶中存在游离蔗糖。含量较高的有甘蔗（10%～15%）、甜菜（15%～20%）、甜高粱（10%~18%），它们都可作为制糖原料使用。其他植物含蔗糖较少，如甘薯（0.5%~2.5%）、马铃薯（0.08%~1.5%）、胡萝卜（3%）。

蔗糖溶液在过饱和时，不但能形成晶核，而且蔗糖分子会有规则地排列，被晶核吸附在一起，从而重新形成晶体。这种现象称为再结晶。冰糖的制作就是利用了这一性质。烹饪中制作挂霜菜也是利用了这一原理。此外，蔗糖若与转化糖浆一起熬制，随着浓度的升高，其含水量降低到2%左右时，停止加温并冷却，这时蔗糖分子不易形成结晶，而只能形成非结晶态的无定形态——玻璃体。玻璃体不易被压缩、拉伸，在低温时呈透明状，并具有较大的脆性，水果硬糖的制作就是利用了这一原理。拔丝菜的制作依据也在于此。

蔗糖是由一分子葡萄糖和一分子果糖相互缩合而成的二糖（disaccharide），醛基与酮基的特性都已丧失，是一种典型的非还原性二糖。蔗糖可被强碱破坏。蔗糖在稀酸或酶的作用下会水解，生成等量的D-葡萄糖和D-果糖混合物，这种混合物叫作转化糖。促进这种转化作用的酶叫转化酶，在蜂蜜中大量存在，故蜂蜜中含有大量的果糖，其甜度较大。

$$\underset{\text{蔗糖}}{C_{12}H_{22}O_{11}}+H_2O \longrightarrow \underset{\text{D-葡萄糖}}{C_6H_{12}O_6}+\underset{\text{D-果糖}}{C_6H_{12}O_6}$$

蔗糖可以被酵母菌分泌的蔗糖酶所水解，所以在烘制面包的面团中，加入蔗糖有利于发酵，且在烘烤过程中，所发生的焦糖化和美拉德反应能增进面包的颜色。

日常食用的白砂糖、绵砂糖、冰糖的主要成分均是蔗糖。蔗糖食入人体后，在小肠中因蔗糖酶水解成葡萄糖和果糖而被人体吸收。

4. 乳糖（lactose）

乳糖是哺乳动物乳汁中的主要糖分，人乳中含乳糖5%~7%，牛、羊乳中约含乳糖4%~5%。

乳糖为白色结晶，在水中的溶解度较小，其相对甜度仅为蔗糖的1/6。

乳糖不能被酵母菌发酵，但能在乳酸菌的作用下发酵产生乳酸，把乳糖转换成乳酸，这也是酸奶形成的依据。

乳糖容易吸收香气成分和色素，故可用它来传递这些物质。如在面包制作时加入乳糖，则它在烘烤时因发生羰氨反应而形成面包皮的金黄色。

乳糖可被小肠内的乳糖酶水解成D-葡萄糖与D-半乳糖，而后被小肠吸收。如果缺少乳糖酶，未被消化的乳糖进入大肠，经厌氧微生物发酵成乳酸或其他短链脂肪酸。

乳糖的存在可以促进婴儿肠道中双歧杆菌的生长。

知识拓展

乳糖不耐症

一般人在出生后消化道内分解乳糖的酶最多，其后逐渐减少。有些人随着年龄的增长消化道内呈现缺乏乳酸酶的现象，饮用牛乳后出现呕吐、腹胀、腹泻等症状，称为“乳糖不耐症”。原因是肠道内没有分解乳糖的乳糖分解酶，乳糖直接进入大肠后使大肠渗透压增高，大肠黏膜把水分吸收至大肠中去，由于大肠中细菌的繁殖而产生乳酸和二氧化碳，使pH降至6.5以下，从而刺激大肠引起腹痛等现象。

二、功能性低聚糖

功能性低聚糖（functionality low polyose）是具有特殊保健功能的低聚糖，它是近年来国际上颇为流行的一类有营养保健功能的糖类，它作为功能食品的基料，应用到各种保健营养补品和食品工业中（表3-3）。

1. 低聚果糖（聚果糖：poly fructose）

低聚果糖是由蔗糖和果糖结合而成的蔗果三糖、蔗果四糖和蔗果五糖组成的混合物。它是利用微生物或植物中具有果糖转移酶活性的酶作用于蔗糖而得到的。

低聚果糖存在于人们经常食用的天然植物中，如香蕉、番茄、芦笋等，然而作为一种新型的食品甜味剂或功能性食品配料，主要是采用含有果糖转移酶活性的微生物生产的。能催化蔗糖产生低聚果糖的酶为β-D-果糖基转移酶（微生物生产的具有此活力的酶也称为β-D-呋喃果糖苷酶）。

2. 低聚木糖（聚木糖：polyxylose）

低聚木糖产品的主要成分为木糖、木二糖、木三糖及少量木三糖以上的木聚糖。其中木二糖为主要有效成分，木二糖含量越高，则低聚木糖产品质量越高。

低聚木糖具有较高的耐热和耐酸性能，在pH 2.5～8.0的范围内相当稳定，在此pH范围内经100℃加热1h，低聚木糖几乎不分解。木二糖和木三糖属不消化但可发酵的糖，因此是双歧杆菌有效的增殖因子，它是使双歧杆菌增殖需用量最小的低聚糖。除上述特性外，低聚木糖还具有黏度较低、代谢不依赖胰岛素（可作糖尿病患者食用的甜味剂）和抗龋齿等特性。另外，低聚木糖可以调节食品中水分的活性。

3. 甲壳低聚糖（甲壳糖：chitose）

甲壳低聚糖呈阳离子性质，在酸性溶液中易成盐。随着游离氨基含量的增加，其氨基特性愈显著，这是甲壳低聚糖的独特性质，而许多功能性质和生物学特性都是与此密切相关的。

甲壳低聚糖能降低肝脏和血清中的胆固醇；提高肌体的免疫功能，增强机体的抗病和抗感染能力；具有强的抗肿瘤作用，聚合度5～7个的甲壳低聚糖具有直接攻击肿瘤细胞的作用，对肿瘤细胞的生长和癌细胞的转移有很强的抑制效果；是双歧杆菌的增殖因子，可增殖肠道内有益菌如双歧杆菌和乳杆菌，还能合成B族维生素和维生素K；可使乳糖分解酶的活性升高以及防治胃溃疡，治疗消化性溃疡和胃酸过多症。

表3-3　国际上近几年开发的主要功能性低聚糖

名称	主要用途
麦芽低聚糖（低聚麦芽糖）	滋补营养性，抗菌性
蔗糖低聚糖（低聚蔗糖）	防龋齿，促进双歧杆菌增殖
牛乳低聚糖	防龋齿，促进双歧杆菌增殖
半乳糖低聚糖（低聚半乳糖）	促进双歧杆菌增殖
大豆低聚糖	促进双歧杆菌增殖
海藻糖	防龋齿，优质甜味
环状糊精	低热值，防止胆固醇蓄积

知识拓展

抗性低聚糖

抗性低聚糖是指不能被人类消化酶分解、吸收、利用的低聚糖。

尽管抗性低聚糖不被人体小肠消化、吸收，但它们到达结肠后可被细菌发酵，并可促进机体有益菌（如双歧杆菌）的增殖，对人体健康有利。

利用酶技术生产不同的抗性低聚糖是食品科学中一个新的领域。人们用果糖糖基转移酶由蔗糖合成低聚果糖、用β-半乳糖苷酶由乳糖合成低聚半乳糖，由乳糖和蔗糖为原料、用β-呋喃果糖苷酶催化制成的低聚乳果糖等工艺均已进行工业化生产。这是人们利用可被机体消化、吸收的蔗糖等来生产不被机体消化、吸收的抗性低聚糖的实例。此外，人们还可从玉米芯、甘蔗渣等中提取木聚糖，并用木聚糖酶由木聚糖生产低聚木糖等。

第五节　淀粉和纤维素

一、淀粉

1. 淀粉（starch）的存在

植物借光合作用合成葡萄糖并将其转化为淀粉，以淀粉粒的形式沉积于细胞中。淀粉广泛存在于许多植物中，农作物的淀粉含量因作物品种、生长条件及生长期不同而变化。

2. 淀粉的分类和结构

根据分子结构的特点，可将淀粉分为直链淀粉和支链淀粉。直链淀粉又称胶性淀粉，它是左手螺旋的线形大分子，每个螺旋圈的直径为1.3nm，螺距（两个螺旋圈之间的距离）也是1.3nm（图3-1）。

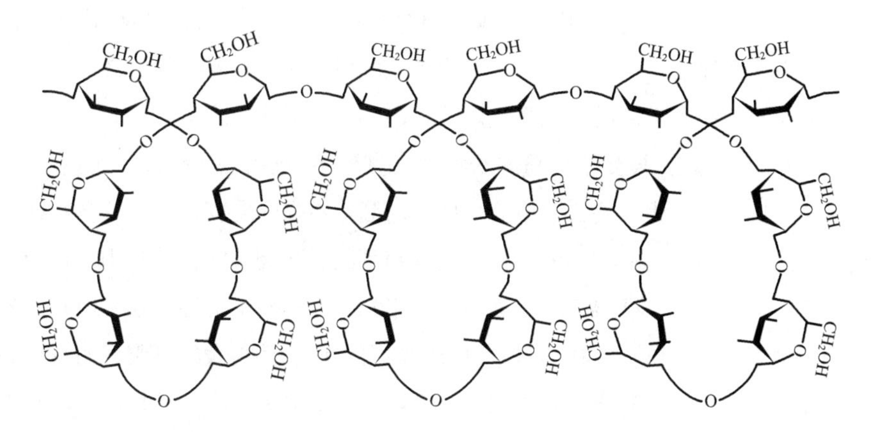

图3-1 直链淀粉结构示意

支链淀粉与直链淀粉相比，具有高度分支结构，且所含葡萄糖单位要多得多（图3-2）。

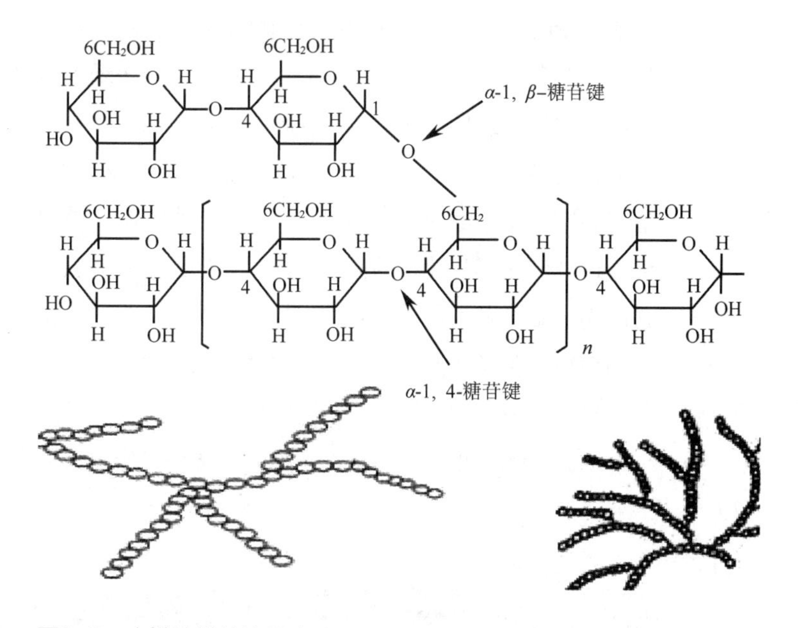

图3-2 支链淀粉结构示意

不同植物储存的淀粉颗粒中的直链淀粉和支链淀粉在数量和结构上都有一定差别。例如，小麦面粉的淀粉中支链淀粉含量比较高，不同品种的小麦面粉中直链淀粉和支链淀粉的含量也不相同。淀粉中所含支链淀粉和直链淀粉数量的不同及淀粉粒晶体结构的差异，都会引起各种淀粉在物理性质上的差别，如淀粉的糊化性、热稳定性及低温稳定性等。

但两者经酸水解后最终产物都是D–葡萄糖。

3. 淀粉的性质

（1）淀粉颗粒的外观与密度　淀粉呈白色粉末状，无味、无臭，平均密度1.5。它的颗粒大小和形状因来源不同而各异：颗粒最大的是马铃薯淀粉，最小的为稻米淀粉；颗粒有圆形、椭圆形、多角形等。其外膜是由具有一定弹性和抗性的淀粉、蛋白质和脂质组成的，内部有许多淀粉分子。

（2）直链淀粉与支链淀粉的水溶性　直链淀粉不溶于冷水，而能溶于热水，它在热水中形成溶胶，遇冷后形成硬而黏性不强的凝胶，不再复溶。如将纯直链淀粉加热至140～150℃，得到的溶胶可制成坚韧的膜，将其用于包装糖果、药用胶囊，入口即溶。支链淀粉不溶于水，又称作不溶性淀粉，但它能分散于凉水中形成胶体。它在热水中继续加热可形成黏性很大的凝胶，而且这种凝胶在冷却后也非常稳定。糯米粉加热后经加工形成黏性很大的糕团，就是支链淀粉的这种性质所致。

（3）淀粉的溶胀和糊化　淀粉颗粒不溶于冷水，但在常温下能吸收40%～50%的水分，其体积膨胀较少。当受热后水分渗入到淀粉颗粒内部，使可溶性直链淀粉逐渐吸收水分而体积增大，逐渐由原来的螺旋结构伸展成直线状结构，并不断地大量吸收水分，当体积增大到极限时，淀粉颗粒就发生破裂，直链淀粉开始由淀粉颗粒内部向水分子中分散，体积也随着增大很多倍，而支链淀粉仍以淀粉残粒的形式保留在水中。淀粉颗粒从吸水到体积增大以致破裂的过程，称为淀粉的溶胀。

淀粉颗粒在适当温度下（一般在60～80℃），能在水中溶胀、破裂，形成半透明的胶体溶液，这种变化称为淀粉的糊化。淀粉发生糊化时的温度称为糊化温度。各种淀粉的糊化温度是不同的，颗粒大的、结构较疏松的淀粉比颗粒小的、结构较紧密的淀粉易于糊化，所需的糊化温度较低。此外，含支链淀粉数量多的也较易于糊化。马铃薯淀粉颗粒大，直链淀粉含量低，其糊化温度为59～67℃，而一般玉米淀粉颗粒小，含直链淀粉比马铃薯多，糊化温度也高，为64～72℃（表3–4）。

表3–4　几种粮食淀粉的糊化温度

粮食种类	起始～完成/℃	粮食种类	起始～完成/℃
大米	65～73	甘薯	82～83
小麦	53～64	马铃薯	59～67
玉米	64～72		

糊化后的淀粉破坏了天然淀粉的结构，有利于人体消化吸收。许多方便食品和膨化食品的生产就是利用了淀粉糊化的原理生产而成的，如方便面。这些方便食品不仅便于食用，而且有利于消化吸收。

淀粉的溶胀和糊化是含淀粉高的原料在有水加热时的主要变化，也是淀粉熟化的标志。为了使淀粉充分糊化，水分必须在30%以上，否则淀粉糊化就不完全或者不均一。其次，不同的淀粉粒吸水的程度不同，一般来说，地下块根的淀粉吸水性能好，溶胀程度大，透明度高。谷类淀粉吸水性较少，溶胀度小，透明度较差。另外，加少量的碱能促进淀粉水解成黏性较大的糊，使淀粉溶胀和糊化的速度加快，稳定性好。例如，在日常生活中，煮稀饭加少许碱，就可太大缩短熬制时间，熬出的粥也黏稠。但碱对谷类中B族维生素破坏作用较强，所以应尽可能避免使用。

（4）淀粉的黏度　干淀粉的黏性最小，细腻而滑爽。淀粉在水中加热时逐渐膨胀，黏度也逐渐增大，达到糊化状态时，淀粉糊的黏度最大。各种食品的淀粉糊黏度不同：支链淀粉含量高的淀粉糊黏性大，糊化时体积增加比较少；直链淀粉含量高的淀粉糊黏性小，糊化后体积增加较多，这就是糯米粉制品的黏性大、出品率低、冷却后仍较软糯的原因。

淀粉的黏度还受加水量、颗粒大小、介质（如调味料）及含脂量的影响：加水量大黏度下降；淀粉颗粒大的黏性高于淀粉颗粒小的黏性；调味料加入会使淀粉糊黏性下降；淀粉中含脂类越多，越易糊化，黏性也增大，稳定性好。

（5）淀粉的老化　糊化后的淀粉在室温或低于室温下放置后，会变得不透明，甚至凝结而沉淀，这种现象称为淀粉的老化，行业上称“返生”。老化作用的实质是糊化后的淀粉分子温度逐渐降低时，又自动地由无序态排列成有序态，相邻分子间的作用力又逐步恢复，失去与水的结合，从而形成致密且高度晶化的淀粉分子束。

老化过程可看作是糊化的逆过程，但老化不可能使淀粉彻底复原到生淀粉的结构状态，老化淀粉比生淀粉的晶化程度低。

老化的淀粉其黏度降低，使食品的口感由松软变为发硬；酶的水解作用受到阻碍，从而影响了它的消化率，所以要尽量避免淀粉老化现象发生。

在一般的食品加工和烹调中，不希望淀粉老化，但对粉丝、粉皮、龙虾片等的加工，却需要利用淀粉的老化，因而就要选用含直链淀粉多的淀粉作为原料。如绿豆淀粉含直链淀粉达33%，就是制作优质粉丝的原料。由于该淀粉易于发生老化，因而产品具有较强的韧性，表面富有光泽，加热后不易断碎，口感有劲。

（6）淀粉的水解　在有水的情况下加热淀粉很容易发生水解反应，当与无机酸共热或在淀粉酶的作用下，可彻底水解为葡萄糖。糊化后的淀粉更容易被酶水解。

淀粉不能直接被酵母发酵，待水解生成单糖后才能被酵母作用。例如，酒或醋的制作都是利用粉碎后的粮食蒸煮糊化并水解后才加入微生物发酵的。

淀粉分子不完全水解时，生成相对分子质量大小不等的葡萄糖缩聚的残链，统一称为糊精。糊精溶于凉水，黏性较大，不能被酵母直接发酵。

由上所述可知，淀粉水解反应的产物常是糊精、麦芽糖、葡萄糖的混合物，称为淀粉糖浆。淀粉糖浆是具有甜味的黏稠浆体，在面点制作中经常使用，烹调中也可用于上糖色和熏制品的制作。

（7）淀粉与碘的显色反应　淀粉中加入碘的酒精溶液后（碘不溶于水而溶于酒精），碘立即进入直链淀粉的螺旋圈结构内，形成淀粉-碘的复合物，显示出蓝紫色，如果淀粉浓度高，则呈近黑色。

一般来说，在直链淀粉中加入碘和碘化钾溶液后，立即呈现出深蓝色，而在支链淀粉中加入碘和碘化钾溶液后，则呈紫色或紫红色。

依据生成糊精的葡萄糖的分子数目（即聚合度）不同，糊精与碘溶液反应呈现不同的颜色。当糊精中葡萄糖残基多于60个时呈蓝色，称为淀粉蓝糊精；聚合度在20左右时，呈紫红色、橙红色，称为红糊精；当聚合度小于6时，不能形成复合物，所以也不呈色，称为消色糊精。根据碘的显色反应可以确定淀粉的水解程度。

【思考与讨论】
上述淀粉的性质哪些主要表现为物理性质？哪些主要表现为化学性质？

4. 改性淀粉在食品加工中的应用

天然淀粉经过适当的处理，可使它的物理性质发生改变，以适应特定的需要，这种淀粉称为改性淀粉。

（1）酸性淀粉　酸性淀粉是淀粉与无机酸（盐酸、硫酸）在糊化温度以下反应所得到的产品。酸性淀粉加热溶解，黏度低，高浓度溶液冷却后成强凝胶。这种强胶体可用于制作软糖、淀粉果冻等，具有质地紧密、外形柔软、富有弹性，高温处理不收缩、不起砂，能较长时间保持产品质量稳定性的特点。

（2）氧化淀粉　工业上生产氧化淀粉是用次氯酸钠作氧化剂氧化处理淀粉而得。氧化淀粉糊化温度低，淀粉糊透明性好，不易老化，食品加工中可作乳化剂和分散剂。

（3）酯化淀粉　目前主要有醋酸酯和磷酸酯淀粉。醋酸酯淀粉是将淀粉与醋酸酐、醋酸乙烯反应得到。该种淀粉糊化温度低，溶液透明呈中性，冷却不形成凝胶，广泛用作食品的增稠剂和保型剂，并利于低温保存。磷酸酯淀粉是将淀粉与磷酸盐反应而得，有较高黏度、透明度和胶黏性，不易凝沉，并有良好的保水性。在食品工业中用作儿童食品、汤类、调味品及其他食品的增稠剂。

（4）交联淀粉　淀粉与交联剂（如环氧丙烷）反应所得到的产品。该淀粉黏度稳定，抗热、抗剪切，吸水膨润慢，在低pH和高速搅拌下黏度不变。交联淀粉广泛用于汤类罐头、肉汁、酱汁调味料、婴儿食品及水果填料中。

（5）可溶性淀粉 经过轻度酸处理的淀粉，糊化程度较低，加热时有良好的流动性，冷凝时成紧柔的凝胶，是食品工业用的很好的混浊剂。

改性淀粉还有在食品加工中用做增稠剂的羟丙基淀粉；具有良好乳化性的羟甲基淀粉；用于改良糕点辅料质量，稳定冷冻食品内部结构的胶凝淀粉等。

二、纤维素

植物细胞与动物细胞相比，有特殊的细胞壁。从化学组成看，植物细胞特有的成分包括了纤维素（cellulose）、半纤维素、木质素等，这三种成分是植物细胞壁的主要组成成分，约占细胞壁组成的95%以上。其中，木质素不是多糖物质，而是具有复杂结构的苯基丙烷类聚合物。人和动物均不能消化木质素。

1. 纤维素的结构、性质及其应用

纤维素是植物细胞壁的主要成分，是构成植物支撑组织的基础。纤维素的结构类似于直链淀粉，纤维素分子的链和链之间借助于分子间作用拧成像绳索状的结构，有良好的机械程度和化学稳定性，故在植物体内起着支撑的作用。

纤维素是白色物质，不溶于水，也极难溶于一般有机溶剂，但吸水膨胀。纤维素溶于$Cu(OH)_2/NH_3$、$ZnCl_2/HCl$、NaOH和CS_2中，可形成黏稠的溶胶，利用这些性质可制造各种人造丝。

纤维素性质稳定，无还原性，比淀粉难水解，水解一般需要在浓酸中或用稀酸在加压条件下进行，产物是纤维四糖、纤维三糖，最终产物是D-葡萄糖和纤维二糖。

人的消化道中没有纤维素水解酶，纤维素不能作为人的营养物质，但食物中的纤维素能促使肠蠕动，具有通便作用。某些细菌含有纤维素酶，可使纤维素水解。牛、羊等动物之所以能以草作为饲料，就是因为它们的胃里含有这类细菌。另外，植物的枯枝败叶能分解成腐殖质，提高土壤肥力，也是因为土壤中存在这类微生物的缘故。

2. 改性纤维素（modified cellulose）

天然纤维素经过适当处理，改变其原有性质以适应特殊需要，称为改性纤维素，用于制备纤维素食物胶。

（1）甲基纤维素（tylose） 甲基纤维素具有热凝胶性质：当甲基纤维素的水溶液加热时，起初黏度下降，然后黏度很快上升并形成凝胶，冷却时转变成正常的溶液。

在焙烤食品中，甲基纤维素增加了吸水力和持水力；在油炸食品中，它可

降低食品的吸油力；在一些疗效食品中，甲基纤维素的作用类似脱水收缩抑制剂与填充剂；在无面筋的产品中，它可以替代面筋的网络结构作用；当用于冷冻食品，特别是调味汁、肉、水果和蔬菜时，它能抑制脱水收缩。甲基纤维素还可用于各种食品的可食糖衣中。

（2）羧甲基纤维素（carboxymethyl cellulose，CMC） 纤维素与氢氧化钠-氯乙酸［氯乙酸钠（$CH_2ClCOONa$）］作用，生成含有羧基的纤维素醚，称为羧甲基纤维素。

羧甲基纤维素为白色粉状物，无味、无臭、无害，是良好持水性和黏稠性的亲水胶体，在食品工业中可用作增稠剂，能经受短时间高温而不变质。CMC良好的持水力广泛用于冰淇淋和其他冷冻甜食中，以阻止冰晶的生长。

CMC溶于水后其黏度随温度升高而降低，溶液在pH为5～10范围内稳定，在pH为7～9时具有最高的稳定性。

CMC与一价阳离子形成可溶性盐，但是当有二价离子存在的情况下，CMC溶解度降低，形成不透明的分散体系。三价阳离子能使CMC产生凝胶作用或沉淀。

CMC有助于增强一般食品蛋白质的溶解性，如明胶、酪蛋白和豆蛋白质，通过形成CMC-蛋白质复合物而增溶，从而使得它们的液态体系黏度增加。

（3）微晶纤维素（microcrystalline celluiose） 纤维素同时含有无定形区和结晶区，无定形区较易受到溶剂和化学试剂的作用。用稀酸处理纤维素，无定形区被酸水解，留下微小的、耐酸的结晶区，干燥后可得到极细的纤维素粉末，称为微晶纤维素，在疗效食品中作为无热量填充剂。

3. 半纤维素（hemicellulose）

半纤维素是由多种单糖聚合组成的一类杂质多糖，其主链上由木聚糖、半乳聚糖或甘露糖组成，在其支链上带有阿拉伯糖或半乳糖。半纤维素大部分为不可溶性，但半纤维素中的某些成分是可溶的，在谷类中可溶的半纤维素被称为戊聚糖，它们可形成黏稠的水溶液并具有降低血清胆固醇的作用。

在某些动物大肠内，半纤维素比纤维素易于被细菌分解。

第六节 其他重要的多糖

一、植物胶、多聚葡萄糖、糊精、微生物多糖

1. 植物胶（vegetable gum）

（1）果胶（pectin） 果胶是典型的植物多糖，是一种无定形物质，其特点是可形成凝胶和胶冻，在热溶液中溶解，在酸性溶液中遇热形成胶态。

未成熟的果实细胞含有大量原果胶。原果胶为植物中水不溶性的果胶母

体，主要存在于未成熟的水果和植物的茎等部位，它是未成熟的果实组织坚硬的主要原因。随着果实成熟，原果胶水解成可溶于水的果胶（即俗称的果胶），并渗入细胞液内，果实组织变软而有弹性，最后，果胶生成果胶酸。植物的落叶、落花、落果等现象均与果胶酸的变化有关。

经稀酸处理，原果胶也能水解形成可溶性果胶和果胶质酸（即俗称的果胶酸）。

果胶广泛用于糖果、饮料、面包、蜜饯、乳制品和制药、化妆品工业。

（2）琼胶（agar）　琼胶又称琼脂，俗称洋菜，是红藻类细胞的黏质成分。琼脂是糖琼胶及胶琼胶的混合物。琼胶不溶于冷水而溶于热水形成溶胶，1%溶液在35～50℃可凝固成坚实凝胶。琼胶不能被人体利用，在食品工业中可作为稳定剂及胶凝剂，如在果冻、果糕中作凝冻剂，在果汁饮料中作浊度稳定剂，在糖果工业中作软糖基料等。还可用于改善冷饮食品的组织状态，提高其凝结力及黏稠度。由于琼胶不能被微生物利用，所以可作为微生物的培养基。

（3）卡拉胶（carrageenan）　卡拉胶也称鹿角菜胶或鹿角藻胶，是从红藻中提取的天然多糖植物胶。卡拉胶产品一般为白色或淡黄色粉末，无臭、无味。卡拉胶形成的凝胶是热可逆的，即加热凝胶融化成溶液，溶液放冷时，又形成凝胶。卡拉胶的水溶性很好，在70℃开始溶解，80℃则完全溶解。干的粉状卡拉胶很稳定，长期放置不会很快水解，比果胶或褐藻胶的稳定性好得多。卡拉胶在中性和碱性溶液中也很稳定，即使加热也不水解。卡拉胶具有形成亲水胶体，凝胶、增稠、乳化、成膜、稳定分散等特性，此外，卡拉胶安全无毒，因而被广泛应用于食品工业、化学工业及生化、医学研究等领域中。例如，它广泛应用于乳制品、冰淇淋、果汁饮料、面包、水凝胶（水果冻）、肉食品、调味品、罐头食品等方面，可调配成果冻粉、软糖粉、布丁粉、西式火腿调配粉等。此外，卡拉胶在啤酒、果酒生产工艺中作为使酒澄清的助剂。

（4）食品工业中常用的其他植物胶　阿拉伯胶（gum　arabic）是D-半乳糖、D-葡萄糖醛酸、L-鼠李糖及L-阿拉伯糖组成的混合多糖。在食品工业，用于糖果中作为结晶防止剂和乳化剂，在乳品中作稳定剂，在食用香精中作驻香剂等。

黄芪胶是一种很复杂的多糖，有两种成分，一种是占70%的阿拉伯半乳聚糖，另一种是D-半乳糖醛酸、D-木糖、L-岩藻糖组成的聚糖。黄芪胶在水中溶胀，有很高的持水力，可用于蛋黄酱、软糖及冰淇淋的制作。

褐藻酸是很多海藻类中的多糖。其改性衍生物褐藻酸丙二酯应用更为广泛，在低浓度时即有很大黏性，不被酸所沉淀，在酸性溶液中有显著的乳化作用和泡沫稳定作用。

瓜尔豆胶和角豆胶都是由植物种子得到的多糖胶质，其成分都是半乳甘露聚糖，两者均有极强的溶胀持水性能，有很高的黏度，本身没有成为凝胶的能力，但对某些胶质的凝胶有增效作用，在食品工业中做增稠剂。

2. 多聚葡萄糖（葡聚多糖：dextran）

近年来，发现有些多糖，特别是多聚葡萄糖具有显著的抗癌活性。这类多糖主要是D-葡萄糖相互缩合而成的，对某些实验动物的肿瘤有明显的抵制作用，而且毒性很低。例如，从香菇中分离出的香菇多糖是一种直链多糖，呈显著的抗癌活性。由茯苓中分离的茯苓多糖也有显著的抗癌活性。

3. 糊精（dextrin）

糊精中最典型的是环状糊精，又称环糊精（CD），它是由淀粉在软化芽孢杆菌或其酶的作用下制得的，它在食品中的用途主要如下。

（1）改善食品的风味　例如，除去大豆制品的豆腥味和苦涩味；使橘子汁苦味减少，消除沉淀；除去乳制品、海产品等的异杂味。

（2）用作乳化剂和起泡促进剂　CD与油脂类制成的乳化剂用来加工油脂食品，乳化状态稳定，还具有透明感和可塑性。环糊精与糖或糖醇加入表面活性剂，可作焙烤食品的添加剂，增加乳化和起泡能力。

（3）作为香辛料和色素的稳定剂　环糊精与食用香精包接成复合物，可减缓其挥发；含天然色素的食品加入CD可保护色素不褪色。

（4）保护食品的营养成分　用CD与维生素等食品营养强化剂包接成复合物，可防止高温烘烤等因素使之破坏。

4. 微生物多糖（microbial polysaccharide）

（1）右旋糖酐（dextran）　右旋糖酐是许多微生物在生长过程中利用蔗糖产生的胶黏质葡聚糖。它在糖类食品中有阻止蔗糖结晶的作用，掺和在面粉中制成的面包有改善面筋的性质、提高持水性、增大体积及延长保存期的作用。

（2）黄杆菌多糖胶（xanthan gum）　又叫黄杆菌胶、黄原胶等，是由甘蓝黑腐病黄杆菌在含D-葡萄糖的培养液中合成的混合多糖。由D-葡萄糖、D-甘露糖及D-葡萄糖醛酸以3：3：2的比例缩合而成。

黄原胶易溶于冷水，在低浓度时黏度就很高，在很宽的温度范围内（0～100℃）溶液黏度基本不变；有很好的乳胶稳定性能和悬浊液稳定性能；在稀溶液中，盐类及pH对其黏度的影响小于其他植物胶质。黄原胶的这些特性，使它被广泛用作食品稳定剂、乳化剂、增稠剂、悬浮剂、泡沫强化剂、润滑剂等。

二、膳食纤维

上面已经指出，“人的消化道中没有纤维素水解酶，纤维素不能作为人的营养物质，但食物中的纤维素能促使肠蠕动，具有通便作用。”事实上，在人类的食物中，除了纤维素以外，还有一些不能被人类的胃肠道中的消化酶所消化，因此不能被人体吸收的多糖，如半纤维素、果胶、琼脂、树胶、海藻多糖等。虽然它们不能被人体吸收，但是它们对人体确实起着某些特殊作用，因此它们有着特殊的生理功能（如上面讲到的纤维素的通便作用），将食物中这些不能被人体吸收的多糖统称为膳食纤维（dietary fiber）。

由于大多数膳食纤维都是非淀粉类多糖，因此膳食纤维又称为非淀粉类多糖。

此外，植物细胞壁中还存在苯丙烷聚合物，它是使植物木质化的物质，俗称木质素。虽然它不是糖类物质，但因其与纤维素、半纤维素等同时存在于植物细胞壁中，往往在进食时一并被摄入体内，所以也被看成是膳食纤维的组成部分。人和动物均不能消化木质素。

近年来，又将某些不被人体分解的抗性淀粉、抗性低聚糖、氨基多糖（甲壳素）也列入膳食纤维的类别中。

有些资料把膳食纤维列为除水、矿物质、脂类、糖类、蛋白质、维生素类以外的第七大营养素。其实，到目前为止，食品科学中还只是把膳食纤维作为一个营养学的概念提出来，真正对它的研究并不深入，一般认为它除了具有通便和清扫作用以外，还具有预防冠心病和胆结石、防治糖尿病的作用。

【思考与讨论】

请同学们列表归纳出多糖的种类及其代表物的名称。

三、糖原

糖原（glycogen）是动物体中储藏的多糖，在肝脏和肌肉中含量较高，称为动物淀粉。糖原的结构与支链淀粉相似。

糖原可溶于凉水，与碘呈红色、棕色或紫色。肝脏中的糖原可分解后进入血液，供身体各部分物质和能量的需要。肌肉中的糖原是肌肉收缩所需能量的来源。

第七节 重要的衍生糖

一、脱氧核糖

脱氧核糖（deoxyribose）的全称是D-2-脱氧核糖，它是脱氧单糖中重要的一种。

```
       CHO
        |
    H—C—H
        |
    H—C—OH
        |
    H—C—OH
        |
       CH2OH
```

D-2-脱氧核糖

脱氧核糖的重要性在于它参与组成下一章要学习的一种核酸，即脱氧核糖核酸。

二、糖醇

1. 糖醇（sugar alcohol）的性质和作用

糖醇是单糖还原后的产物，广泛存在于生物界，特别是植物中。

糖醇溶于水及乙醇，较稳定，有甜味，不能还原斐林试剂。

在哺乳动物的代谢中只有从丙糖衍生的丙三醇（甘油）和由核糖衍生的D-核糖醇比较重要。

在食品工业上，糖醇具有相当重要的意义，它们是重要的甜味剂和湿润剂，如木糖醇、山梨醇、麦芽糖醇、甘露醇等，其中麦芽糖醇的甜度接近蔗糖的甜度。它们在人体内的吸收和代谢均不受胰岛素的影响，也不妨碍糖原的合成，是糖尿病、心脏病、肝脏病人理想的甜味剂。木糖醇和山梨糖醇因不能被微生物利用，所以有防止龋齿的功效。山梨糖醇有很强的保湿性，所以常用作食品的保湿剂，如防止淀粉老化及冷藏食品的水分蒸发等。这几种糖醇既可以从天然物质中提取，也可以人工合成。

2. 常见糖醇

（1）山梨醇（sorbierite）及甘露醇（mannite） D-山梨醇的来源之一是D-葡萄糖的还原。它大量存在于许多蔷薇科植物（特别是苹果、桃、杏、樱桃及山梨）的果实中。在醋酸杆菌属细菌的作用下，山梨醇可被氧化生成酮糖——L-山梨糖。

D-甘露醇是D-甘露糖和D-果糖的还原产物。其中，果糖还原既能生成D-甘露醇，也能生成D-山梨醇。

甘露醇广泛分布于各种植物组织中，熔点106℃。海带中的甘露醇含量占干物质的5.2%～20.5%，所以海带常用作制取甘露醇的原料。

（2）D-核醇（D-ribitol） D-核醇是D-核糖的还原产物，是构成核黄素（维生素B_2）及辅酶的成分，因而在生物化学上具有重要性。

（3）肌醇（inositol） 肌醇即环己六醇，是一种特殊形式的糖醇，它是植物体中的己糖经环化作用而形成的。环己六醇有9种可能的同分异构体，其中最广泛存在于微生物、植物和动物中的是肌醇六磷酸酯，在植物体中，它以酸酯的形态存在，称为植酸。植酸常以同时含钙、镁离子的盐（称为复盐）的形态存在，称为植酸钙镁。植酸能与金属离子形成牢固的螯合物，妨碍人体对钙、镁及其他元素的吸收。植物中还存在磷酸化程度较低的各种肌醇磷酸酯。在动物的肌肉、心、肺、肝等组织中，肌醇以游离态存在。

三、酸性糖

酸性糖主要有糖酸（sugar acid）、糖醛酸（uronic acid）。

醛糖中的醛基被氧化的产物称为糖酸，有糖一酸和糖二酸。自然界不存在游离态的糖一酸，但它们的某些衍生物在生物化学上非常重要，如6-磷酸葡萄糖酸、磷酸甘油酸等是糖代谢中的重要中间产物。另一端的羟甲基被氧化则成为糖醛酸，它与糖酸不同，仍保留有醛基。

糖酸中，葡萄糖酸能与钙、铁等离子形成可溶性盐类，易被吸收。作为药物，葡萄糖酸钙可用于消除过敏、补充钙质。此外，葡萄糖酸还可作为大豆蛋白凝聚剂用于制作豆腐。抗坏血酸也称维生素C，是一种重要的糖酸。

最常见的糖醛酸是葡萄糖醛酸，它是肝脏内的一种解毒剂。

以下是几种糖酸和糖醛酸的结构简式：

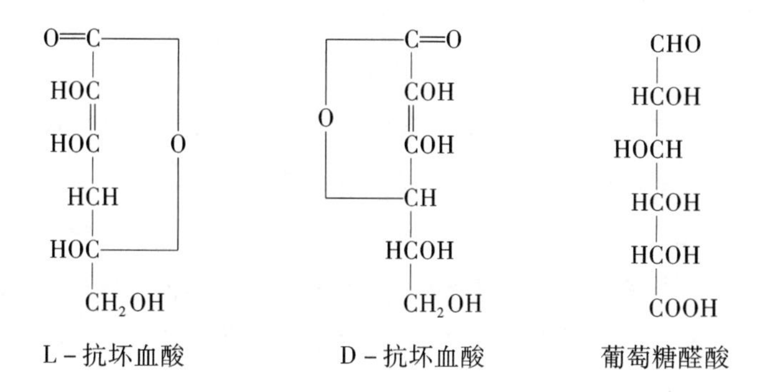

L－抗坏血酸　　D－抗坏血酸　　葡萄糖醛酸

四、糖胺

糖胺（osamine）是单糖分子中的一个羟基为氨基所代替后生成的衍生糖。现在已知的糖胺有60种。

糖胺常以结合状态存在。自然界中存在的都是己糖胺，常见的是D-葡萄糖胺，它存在于几丁质（即壳多糖）和黏液酸中。此外，半乳糖胺是软骨组成成分软骨酸的水解产物。

以下是几种糖胺的结构式：

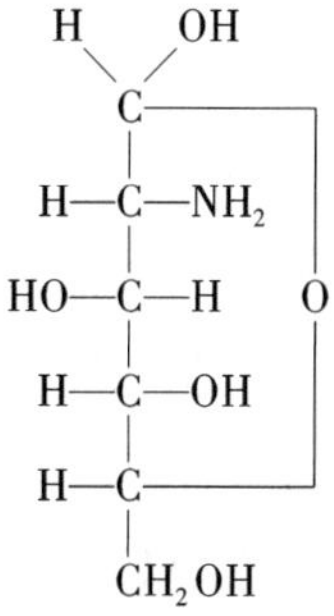

2－氨基－D－葡萄糖 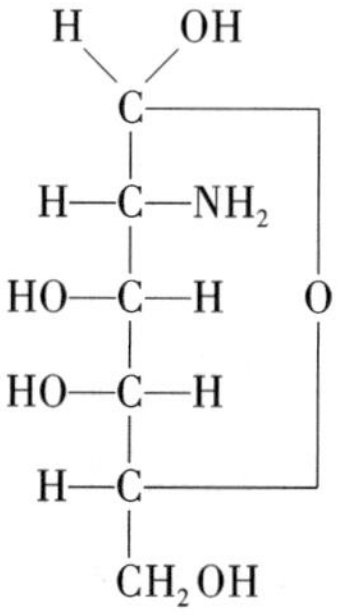　2－氨基－D－半乳糖 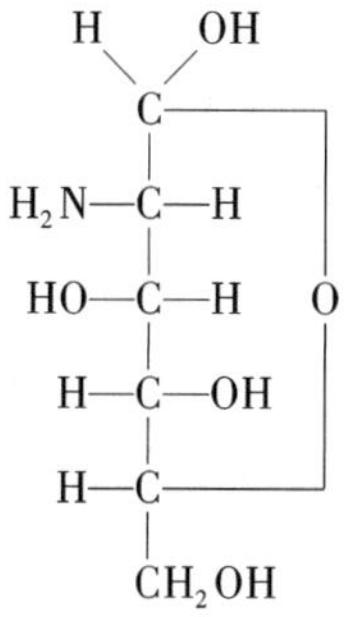　2－氨基－D－甘露糖 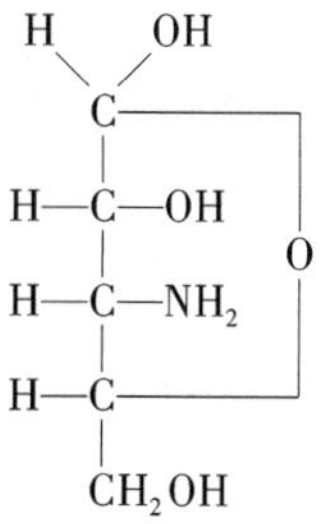　3－氨基－D－核糖

第八节 重要的结合糖

一、糖脂

糖脂（glycolipid）是糖类和脂类形成的结合糖。脂多糖（lipopolysaccharide）是糖脂的一个重要类别，它是生物膜的组成成分，多存在于细胞膜的外层，具有保护细胞膜结构稳定、接受胞外信息、调节细胞功能等作用。

知识基础

生物膜

所有细胞原生质团的外面都有一层薄膜，它将内含物与外界环境隔开，这层膜称为细胞膜或者原生质膜或简称质膜。真核细胞除了细胞膜外还有广泛的内膜系统，将细胞原生质分隔成许多特殊区域，组成具有各种特定功能的细胞器，如细胞核、线粒体、内质网、高尔基体、溶酶体、过氧化物酶体、叶绿体、液泡等。构成这些细胞器的膜称为胞内膜。

细胞膜与胞内膜统称为生物膜。

二、糖蛋白

糖蛋白（glycoprotein）由糖类和蛋白质结合而成，广泛分布于生物界，存在于骨骼、肌腱、其他结缔组织及黏液和血液等体液中。在人体中的免疫球蛋白是重要的糖蛋白，在免疫功能中发挥重要作用。

已发现构成糖蛋白的糖类物质中，单糖就有葡萄糖等十余种。

有一类糖蛋白，是由氨基多糖（黏多糖）与蛋白质结合生成的，由于氨基多糖又称黏多糖，所以这类糖蛋白又称为黏蛋白。在黏蛋白中，蛋白质部分常同时连接许多氨基多糖，因此黏蛋白中氨基多糖的比例一般都超过蛋白质部分，所以黏蛋白又称蛋白多糖。

动物细胞表面存在着一层富含糖蛋白和糖脂等结合糖的结构，称为细胞外被或糖萼，它的作用有：第一，保护作用。细胞外被具有一定的保护作用，去掉细胞外被，并不会直接损伤质膜。第二，细胞识别。细胞识别与构成细胞外被的寡糖链密切相关。寡糖链由质膜糖蛋白和糖脂伸出，每种细胞寡糖链的单糖残基具有一定的排列顺序，编成了细胞表面的密码，它是细胞的“指纹”，为细胞的识别形成了分子基础。同时细胞表面尚有寡糖的专一受体，对具有一定序列的寡糖链具有识别作用。因此，细胞识别实质上是分子识别。第三，决定血型。血型实质上是不同的红细胞表面抗原，人有20几种血型，最基本的血型是A、B、O型。A、B、O三种血型抗原的糖链结构基本相同，只是糖链末端的糖基有所不同。A型血的糖链末端为*N*-乙酰半乳糖；B型血为半乳糖；AB型两种糖基都有；O型血则缺少这两种糖基。

【思考与讨论】
有人认为氨基多糖属于结合糖，因为在它们的分子结构中含有糖和非糖成分；有人认为氨基多糖属于衍生糖，因为它们毕竟是单糖的衍生物又聚合的产物。您认为呢？
我们在学习脂类一章时，把单纯脂称为脂，把复合脂和衍生脂称为类脂，脂和类脂统称脂类。借鉴这种方法，我们能不能把单糖、低聚糖、多糖称为糖，把衍生糖和结合糖称为类糖，把糖和类糖统称为糖类？请您说说原因。

三、氨基多糖

氨基多糖是由氨基己糖与糖醛酸两种己糖衍生物聚合所形成的直链高分子化合物。因为许多氨基多糖具有黏性，所以将它们称为黏多糖。

氨基多糖是动物结缔组织的主要成分。人体结缔组织中常见的氨基多糖主要有透明质酸、硫酸软骨素、硫酸胶质素和肝素等。其中，透明质酸存在于关节液、软骨、结缔组织基质、皮肤、脐带、眼球玻璃体液中，人体内透明质酸减少是促进皮肤老化的主要原因之一，所以在化妆品中添加透明质酸对抗皱、美容皮肤、保湿具有较好的效果。另外，它在外科手术上有防止感染、防止肠粘连、促进伤口愈合等特殊效果。

在昆虫、甲壳类（虾、蟹）等动物的外骨骼组织和一些霉菌的细胞壁成分中也存在一种氨基多糖，俗称壳多糖，又名几丁质、甲壳质、甲壳素。壳多糖在温和的受控条件下局部酸水解后粉碎成沫，可在食品中作冷冻食品和室温存放食品（蛋黄酱等）的增稠剂和稳定剂。另外，它是肠道中双歧杆菌的生长因子，可以作为保健添加剂添加到婴儿食品中。

需要特别说明的是，有的资料中把糖胺简称为氨基糖，也有的资料中把氨基多糖简称为氨基糖。同学们一定要针对具体问题具体分析。

第九节 糖类的代谢

食物中的糖类主要是淀粉等多糖，此外还有少量的蔗糖、麦芽糖和乳糖等寡糖或单糖以及某些食物中所含的膳食纤维。膳食纤维是不能被消化和吸收的，所以最能代表糖类在人体内新陈代谢过程的就是多糖中的淀粉。

一、糖类的消化和吸收

以葡萄糖为主的单糖，由小肠绒毛的毛细血管直接吸收（二糖一般不能被吸收）。

组成和结构复杂的多糖分子，必须经过水解变成小分子的单糖，才能透过细胞膜被吸收。例如，食物中的多糖——淀粉，首先在口腔内被唾液中的唾液淀粉酶部分水解为麦芽糖等。进入胃中以后，其中所包含的唾液淀粉酶仍然能使淀粉继续水解为麦芽糖等，加之咀嚼、蠕动等物理作用，这时食物变成了食糜。食糜由胃进入十二指肠以后，被小肠胰液中的淀粉酶进一步水解生成麦芽糖、异麦芽糖、糊精和少量的葡萄糖。最终被小肠黏膜上皮细胞表面的麦芽糖酶等水解为绝大多数的葡萄糖和极少量的果糖、半乳糖。

以上吸收过程是一个主动耗能的过程，同时伴有Na^+一起运输进入细胞。这种吸收不受胰岛素的调控。

各种单糖在体内吸收的速度不同。半乳糖和葡萄糖较易吸收，果糖吸收的速度较慢。

在小肠不消化的糖类到达结肠后，被结肠菌群分解，产生氢气、甲烷、二氧化碳和短链脂肪酸，这一过程称为糖类在结肠中的发酵。发酵产生的气体经循环被呼出或者通过直肠排出。产生的短链脂肪酸被肠壁吸收并被机体代谢。

不消化的糖类一方面在肠道菌的帮助下在结肠发酵，另一方面又进一步促进肠道特定菌群如双歧杆菌、乳酸杆菌的生长繁殖。这些细菌由于对人体健康具有积极的作用而被称为益生菌，这些糖类物质因此被称为益生源。

二、糖类的中间代谢

葡萄糖被小肠绒毛的毛细血管（即小肠上皮细胞）直接吸收后，在人体内主要发生以下几种变化。

1. 葡萄糖的氧化分解

一部分葡萄糖经肝静脉进入血液，随血液循环运往全身各组织器官，在细胞中氧化分解，最终生成二氧化碳和水，同时释放出能量，供生命活动的需要。

（1）糖的有氧氧化　葡萄糖在有氧条件下彻底氧化，分解生成二氧化碳和水的过程称为糖的有氧氧化。有氧氧化是糖分解代谢的主要方式，大多数组织中的葡萄糖均进行有氧氧化分解，供给机体能量。

糖的有氧氧化过程分为两个阶段。第一阶段是由葡萄糖生成丙酮酸，在细胞液中进行。第二阶段是上述过程中产生的丙酮酸在有氧状态下进入线粒体中，在丙酮酸脱氢酶系的作用下氧化脱羧生成乙酰辅酶A（乙酰CoA），乙酰CoA进入由一连串反应构成的循环体系，被氧化生成H_2O和CO_2。由于这个循环反应开始于乙酰CoA与草酰乙酸缩合生成的含有三个羧基的柠檬酸，因此称之为三羧酸循环或柠檬酸循环。这一反应过程同时还能生成大量ATP。

三羧酸循环是体内三种主要有机物脂类、糖类、蛋白质互变的联结机构，因糖类和甘油在体内代谢可生成α-酮戊二酸及草酰乙酸等三羧酸循环的中间产物，这些中间产物可以转变成为某些氨基酸，而有些氨基酸又可通过不同途径变成α-酮戊二酸和草酰乙酸，再经糖异生的途径生成糖或转变成甘油，因此三羧酸循环不仅是三种主要有机物分解代谢的最终共同途径，而且也是它们互变的联络机构。

三羧酸循环的起始物乙酰辅酶A，不但是糖氧化分解的产物，也可来自形成脂肪的甘油、脂肪酸和来自蛋白质的某些氨基酸代谢，因此三羧酸循环实际上是三种主要有机物在体内氧化供能的共同通路。估计人体内2/3的有机物是通过三羧酸循环而被分解的。

（2）糖的无氧分解——糖的酵解　在缺氧条件下，葡萄糖降解为乳酸的一系列化学反应过程，称为糖的酵解途径（EMP途径）。

糖的无氧分解即糖的酵解过程，像上面讲的“葡萄糖的氧化分解”过程那样，也分为两个阶段，第一阶段也是由葡萄糖生成丙酮酸，这一阶段共发生10个反应，其中既有释放能量的过程，也有吸收能量的过程。但是，在第二个阶段，丙酮酸不像“葡萄糖的氧化分解”过程那样，分解为H_2O和CO_2，而是转化为乳酸。实际上，从葡萄糖到丙酮酸的酵解过程，生物界都是极其相似的，但是，丙酮酸以后的途径随生物所处的条件以及种类不同而不同。例如，在有氧条件下丙酮酸进行有氧氧化生成H_2O或CO_2，在无氧条件下丙酮酸则进行无氧酵解转化为乳酸。

糖酵解在生物体内普遍存在，但其释放的能量不多，而且在一般生理情况下，大多数组织有足够的氧以供有氧氧化之需，很少进行糖酵解，因此这一代谢途径供能意义不大。但在某些情况下，糖酵解有特殊的生理意义。例如，无氧条件下，生物体内的乳酸脱氢酶能催化丙酮酸转化为乳酸，而乳酸菌能分泌较多的乳酸脱氢酶把丙酮转化为乳酸，所以，食品加工中常利用乳酸菌发酵生产酸泡菜等。又如，有的生物进行无氧呼吸时，可以把丙酮酸降解成乙醇同时释放出二氧化碳，利用酵母菌等微生物发酵酿酒和生产酒精就是这种道理。再如，剧烈运动时，能量需求增加，糖分解加速，此时即使呼吸和循环加快以增加氧的供应量，仍不能满足体内糖完全氧化所需要的能量，这时肌肉处于相对缺氧状态，必须通过糖酵解过程，以补充所需的能量。在剧烈运动后，可见血中酸浓度（从以上介绍可以看出，这里的酸是乳酸）成倍地升高，这是糖酵解加强的结果。人们从平原地区进入高原的初期，由于缺氧，组织细胞也往往通过增强糖酵解来获得能量。

2. 糖原的合成与分解

糖原是由多个葡萄糖组成的带分支的大分子多糖，其结构与支链淀粉相似，所以又称为动物性淀粉。

血液中的葡萄糖——血糖，除了供细胞利用外，多余的部分可以被肝脏和肌肉等组织合成糖原而储存起来。当血糖含量由于消耗而逐渐降低时，肝脏中的肝糖原可以分解成葡萄糖，并且陆续释放到血液中，以便维持血糖含量的相对稳定（正常人的血液中含有0.1%的血糖）。肌肉中的肌糖原则作为能源物质，供给肌肉活动所需要的能量。

除了上述1、2的变化外，如果还有多余的葡萄糖，则可以转化为脂肪、某些氨基酸等物质（图3–3）。

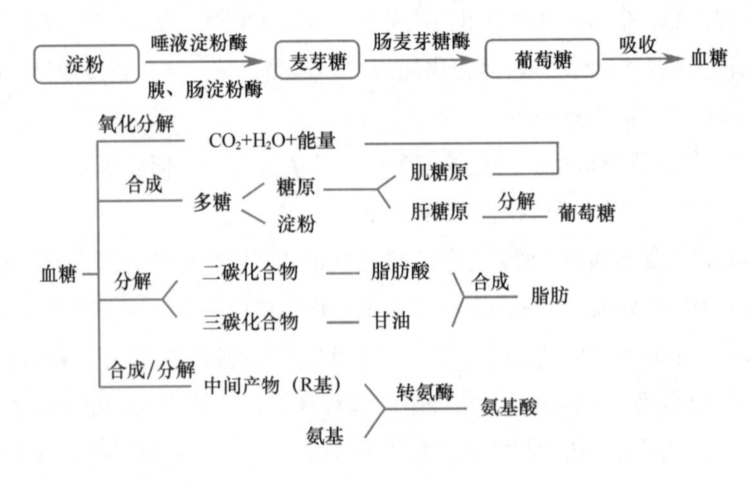

图3–3 糖类物质代谢过程示意

三、糖异生途径

非糖物质合成葡萄糖的过程称为糖异生途径。糖异生的途径基本上是糖酵解（或糖有氧氧化）的逆过程，糖酵解通路中大多数的酶促反应是可逆的，但是葡萄糖的磷酸化、果糖的磷酸化、磷酸烯醇式丙酮酸的磷酸转移三个反应在原来酶的作用下是不可逆的，必须由另外不同的酶来催化逆行过程。所以说，糖异生并不是糖酵解的简单逆转。

糖异生作用的三种主要原料有乳酸、甘油和氨基酸等。乳酸在乳酸脱氢酶作用下转变为丙酮酸，经羧化支路形成糖；甘油被磷酸化生成磷酸甘油后，氧化成磷酸二羟丙酮，再循糖酵解逆行过程合成糖；氨基酸则通过多种渠道成为糖酵解或糖有氧氧化过程中的中间产物，然后生成糖；三羧酸循环中的各种羧酸则可转变为草酰乙酸，然后生成糖。

四、血糖及其调节

人体内的糖代谢受神经系统、内分泌系统、酶系统等几种因素的调控，还与肝脏功能有关。这些系统或器官功能的紊乱都可能引起糖代谢的异常。糖代谢异常主要表现为血糖（血液中的葡萄糖）含量的异常，即人们通常说的低血糖或高血糖。

正常人的血糖水平为空腹静脉血3.9～6.1mmol/L。

血糖浓度的维持，取决于血糖的来源和去路的动态平衡（图3–4）。

当血糖的去路大于源来时，血糖浓度降低，当血糖浓度低于3.9mmol/L时为低血糖。胰岛素分泌过多、肾上腺皮质功能减退、长期不能进食或患严重肝病都可导致低血糖。低血糖病患者脑组织由于供能不足，往往头晕、心悸、出

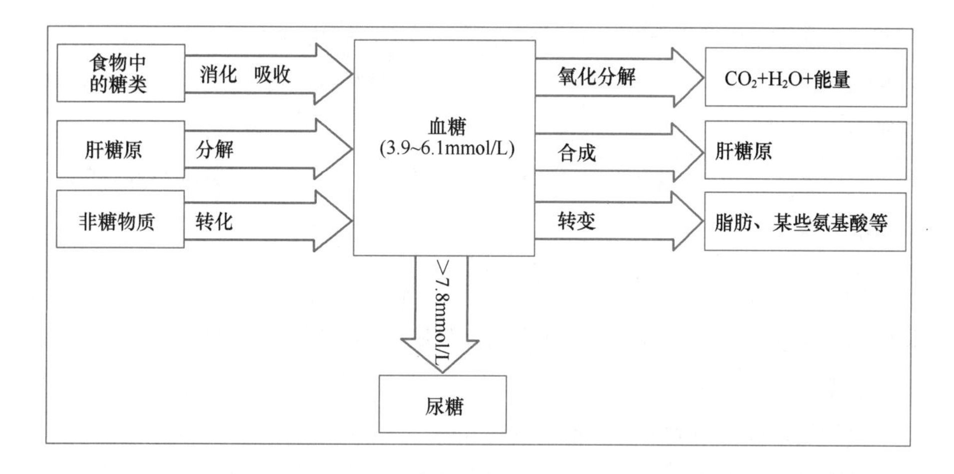

图3-4 血糖的来源和去路

冷汗甚至昏迷，输入葡萄糖液可使病症缓解。

当血糖的来源大于去路时，血糖浓度增高，血糖浓度高于120mg/100mL时为高血糖。如果血糖超过7.8mmol/L，其超过部分不能被肾小管重吸收，葡萄糖随尿排出，称为糖尿。一次大量食糖或情绪激动等引起的血糖暂时升高或糖尿是生理现象，不是糖尿病。临床上所谓的糖尿病，通常是指由于胰岛素分泌过少或抗胰岛素的激素分泌过多而引起的病理性糖尿。

机体内存在多种调节机制，如肝脏、激素、神经系统等，以维持血糖水平正常恒定。肝脏是调节血糖浓度的主要器官。肝脏可以将血糖转化为糖原，制止血糖浓度升高，而在必要时糖原可及时分解成葡萄糖或经糖的异生作用生成葡萄糖以补充血糖。

调节血糖浓度的激素有两类。胰岛素能使血糖浓度降低，而胰高血糖素、肾上腺素和肾上腺皮质激素则能使血糖浓度升高。

神经系统对血糖的调节主要是通过对激素分泌的控制来进行的。当交感神经兴奋时，肾上腺素和去甲肾上腺素分泌增加，促使血糖升高，同时又可直接抑制胰岛β-细胞分泌胰岛素以减少血糖的利用，结果血糖浓度升高。当迷走神经兴奋时，胰岛素分泌增加，血糖浓度因而下降。

思考与练习

一、填空题（在下列各题中的括号内填上正确答案）

1. 从结构上看，糖类是多羟基（　　）和多羟基（　　）以及它们的衍生物。
2. 低聚糖是指由（　　）~（　　）个单糖分子脱水缩合而成的糖类。
3. 常见的糖中，最甜的是（　　）糖，吸湿性最强的是（　　）糖。

4. 糖类在酸性条件下与醇发生反应脱水后形成的产物称为（　　）。

5. 非酶褐变主要包括（　　）和（　　）两种类型，其中，（　　）又叫美拉德反应。

6. 一般浓度下，直链淀粉遇碘的酒精溶液呈现（　　）色，支链淀粉遇碘的酒精溶液呈现（　　）色。

二、判断题（指出下列各题的正误，错误说法要指出原因）

1. 单糖是不能再水解但是可以发生分解反应的多羟基醛或者多羟基酮。

2. 杂低聚糖和杂多糖属于结合糖。

3. 单糖和低聚糖都有甜味，多糖都没有甜味。

4. 核糖的重要性在于它能形成核糖核酸与脱氧核糖核酸。

5. 功能性低聚糖的功能性主要是指其保健功能。

6. 淀粉既不溶于冷水也不溶于热水。

三、选择题（把正确答案的序号填在题目中的括号内）

1. 下列糖类物质，在动物中存在较多的是（　　），在植物中存在较多的是（　　），在食用菌中存在较多的是（　　）。

A. 淀粉　　B. 纤维素　　C. 糖原　　D. 真菌甲壳素

2. 转化糖是指（　　）。

A. 衍生糖　　B. 结合糖　　C. 某种糖发生反应生成的几种糖的混合物

3. 糖类的氧化反应主要发生在其分子结构中的（　　）部位，糖类的还原反应主要发生在其分子结构中的（　　）部位，糖类的酯化反应和醚化反应主要发生在其分子结构中的（　　）部位。

A. 羰基　　B. 醛基　　C. 羟基

4. 食品中最常见的单糖是（　　）和（　　）。

A. 果糖　　B. 木糖　　C. 葡萄糖　　D. 山梨糖

5. 植物中存在最多的二糖是（　　）。

A. 麦芽糖　　B. 异麦芽糖　　C. 蔗糖　　D. 龙胆二糖

四、简答题

1. 淀粉老化的实质是什么？

2. 在利用谷类、薯类酿酒的过程中，有发酵、粉碎、蒸煮等工序，请您排列出这几个工序的正确顺序并说说为什么这样排列。实际生产过程中，必须在水解反应完全发生以后才开始发酵，为什么？

3. 在小肠没有被消化的糖类物质，在结肠会发生哪些变化？这些变化有什么作用？

4. 说说你对膳食纤维的理解。

5. 说说你对血型的理解。

—— 实操训练 ——

实训五 葡萄糖和蔗糖的化学性质

一、实训目的

（1）巩固对葡萄糖、蔗糖性质的认识。

（2）掌握有关实验基本操作。

二、实训原理

葡萄糖和新制的“银氨”溶液发生还原反应生成银的沉淀。

蔗糖在稀硫酸中发生水解反应。

三、实训用品

试管、试管夹、烧杯、滴管、玻璃棒、酒精灯、火柴。

10%的葡萄糖溶液、2%的蔗糖溶液、10%的氢氧化钠溶液、2%的硝酸银溶液、2%的氨水、5%的硫酸铜溶液、稀硫酸。

四、实训步骤

1.葡萄糖的还原

在一支洁净的试管里，加入1mL 2%的硝酸银溶液，然后一边摇动试管，一边逐滴加入氨水，直到析出的沉淀恰好溶解为止，所得澄清溶液就是银氨溶液。

在新制的银氨溶液中加入1～2mL葡萄糖溶液，充分混合后，放在热水中加热，观察发生的现象。

上述实验可以证明葡萄糖分子含有什么官能团？

2.蔗糖的水解反应

在一支试管里，加入2～3mL 10%的氢氧化钠溶液，再加入几滴5%的硫酸铜溶液，观察现象。然后加入约2mL蔗糖溶液，加热。观察有没有沉淀生成。

在洁净的试管里加入少量蔗糖溶液，再加入3～5滴稀硫酸，然后把混合溶液煮沸几分钟，使蔗糖发生水解反应。最后加入10%的氢氧化钠溶液中和剩余的稀硫酸。

在另一支试管里制备氢氧化铜沉淀，再将已经水解的蔗糖溶液逐滴加入该试管中，边加边振荡试管，然后给试管中的物质加热，观察有什么现象发生。

五、思考与讨论

（1）做银镜反应的实验时，要用水浴加热而不能直接用火加热，为什么？

（2）根据实验结果，说明蔗糖具有还原性，为什么？

实训六 淀粉的提取和性质

一、实训目的

（1）熟悉淀粉与碘的呈色反应。

（2）进一步了解淀粉的水解过程。

二、实训原理

淀粉广泛分布于植物界，谷类、果实、种子、块茎中含量丰富。工业用的淀粉主要从玉米、甘薯、马铃薯中制取。本实验以马铃薯、甘薯为原料，利用淀粉不溶或难溶于水的性质，提取淀粉。

淀粉遇碘呈蓝色，是由于碘被吸附在淀粉上形成复合物，该复合物不稳定，易被乙醇、氢氧化钠和热等作用，使颜色褪去。其他多糖大多能与碘呈特异的颜色，这些呈色物质亦不稳定。

淀粉在酸催化下加热，逐步水解成相对分子质量较小的低聚糖，最后水解成葡萄糖。淀粉完全水解后，失去与碘的呈色能力，同时出现单糖的还原性，与Benedict试剂（班氏试剂，为含Cu^{2+}的碱性溶液）反应，使Cu^{2+}还原为红色或黄色的Cu_2O。

三、实训用品

1. 材料与仪器

生马铃薯、组织捣碎机、纱布、布氏漏斗、抽滤瓶、表面皿、白瓷板、胶头滴管、水浴锅。

2. 试剂

（1）乙醇。

（2）0.1%淀粉液　称取淀粉1g，加少量水，调匀，倾入沸水，边加边搅拌，并以热水稀释至1000mL，可加数滴甲苯防腐。

（3）稀碘液　配制2%碘化钾溶液，加入适量碘，使溶液呈淡棕黄色即可。

（4）10%NaOH溶液　称取NaOH 10g，溶于蒸馏水中并稀释至100mL。

（5）班氏试剂　溶解85g柠檬酸钠（$Na_3C_6H_3O_7 \cdot 11H_2O$）及50g无水

碳酸钠于400mL水中，另溶8.5g硫酸铜于50mL热水中。将冷却后的硫酸铜溶液缓缓倾入柠檬酸钠-碳酸钠溶液中，该试剂可以长期使用，如果放置过久，出现沉淀，可以取用其上层清液使用。

（6）20%硫酸　量取蒸馏水78mL置于150mL烧杯中，加入浓硫酸20mL，混匀，冷却后储于试剂瓶中。

（7）10%碳酸钠溶液　称取无水碳酸钠10g溶于水并稀释至100mL。

四、实训步骤

1. 淀粉的提取

生马铃薯（或甘薯）去皮，切碎，称50g，放入捣碎机中，加适量水，捣碎，用四层纱布过滤，除去粗颗粒，滤液中的淀粉很快沉到底部，多次用水洗涤淀粉，然后抽滤，滤饼放在表面皿上，在空气中干燥即得淀粉。

2. 淀粉与碘的反应

取少量自制淀粉于白瓷板上，加1～3滴稀碘液，观察淀粉与碘液反应的颜色。

取试管一支，加入0.1%淀粉5mL，再加2滴稀碘酸，摇匀后，观察颜色是否变化。将管内液体均分成三份于三支试管中，并编号。

1号试管在酒精灯上加热，观察颜色是否褪去，冷却后，再观察颜色变化。

2号试管加入乙醇几滴，观察颜色变化，如无变化可多加几滴。

3号试管加入10%NaOH溶液几滴，观察颜色变化。

3. 淀粉的水解

在一个小烧杯内加自制的1%淀粉溶液50mL及20%硫酸1mL，于水浴锅中加热煮沸，每隔3min取出反应液2滴，置于白瓷板上做碘试验，待反应液不与碘起呈色反应后，取1mL此液置试管内，用10%碳酸钠溶液中和后，加入2mL班氏试剂，加热，观察并记录反应现象。解释原因。

五、思考与讨论

比较淀粉的水解和蔗糖的水解。

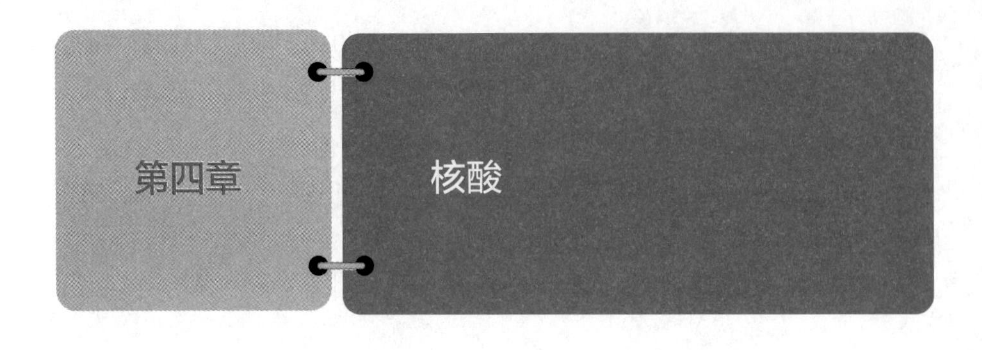

学习目标

1. 明确核酸的分类、存在与组成。
2. 了解各类核酸的结构、功能。
3. 掌握核酸与核苷酸的物理、化学性质，了解其应用。
4. 了解核酸代谢的基本过程。
5. 了解核酸在食品工业中的应用。

本章导言

在上一章学习了糖类有关知识的基础上，本章学习由糖类中的核糖参与组成的核酸（nucleic acid）——核糖核酸（ribonucleic acid）即RNA、由糖类中的脱氧核糖参与组成的核酸——脱氧核糖核酸（deoxyribonucleic acid）即DNA，包括核酸的分类、存在、组成；DNA和RNA的结构与功能；核酸与核苷酸的性质及其应用；核酸的基本代谢；核酸在食品工业中的应用等内容。

食品应用化学之所以开设有关核酸的内容，主要是因为核酸也是细胞的基本营养物质，人类从食物中获得的核酸进行分解代谢后，其产物是人体合成自身细胞内的核酸所必需的原料。

第一节　核酸的分类、存在与组成

一、核酸的分类与存在

DNA是高分子化合物，其相对分子质量约$10^6 \sim 10^9$，主要分布在细胞核内，在线粒体和叶绿体中也有少量分布。此外，原核细胞还含有质粒DNA。

RNA根据其生理功能和结构又分为三大类：核糖体RNA（ribosomal RNA）即rRNA；转移RNA（transfer RNA）即tRNA；信使RNA（messenger RNA）即mRNA。其中，核糖体RNA相对分子质量约为10^6，它以核蛋白的形式存在于细胞质的核糖体中，是细胞中含量最多的一类RNA，约占总RNA的75%～80%；转移RNA的相对分子质量约为（2.5～3.0）×10^4，它以游离状态分布在细胞质中，含量约占总RNA的10%～15%；信使RNA的相对分子质量为（0.2～2.0）×10^6，它在核中合成后转移到细胞质中，信使RNA含量较少，占总RNA的5%。虽然RNA主要分布在细胞质中，但细胞核内有RNA的前体。

有些病毒只含有DNA，称DNA病毒；有些病毒只含有RNA，称RNA病毒。

二、核酸的组成

从组成元素来看，核酸主要由碳、氢、氧、氮和磷等元素组成。

核酸是由核苷酸（nucleotide）通过一定方式相互结合构成的——核苷酸以一定的数量和排列顺序相互连接，并以一定的空间结构形成核酸，可见，核苷酸是核酸的基本组成单位。核苷酸由核苷和磷酸结合而成，核苷由戊糖与碱基组成。其中，戊糖包括核糖、脱氧核糖，碱基包括嘌呤碱基、嘧啶碱基，嘌呤碱基包括腺嘌呤（adenine，A）、鸟嘌呤（guanine，G），嘧啶碱基包括胞嘧啶（cytosine，C）、尿嘧啶（uracil，U）、胸腺嘧啶（thymine，T）。

DNA由脱氧核糖核苷酸组成，RNA由核糖核苷酸组成。组成DNA和RNA的酸都是磷酸，组成DNA的戊糖为脱氧核糖，组成RNA的戊糖为核糖；组成DNA的碱基有腺嘌呤、鸟嘌呤、胞嘧啶和胸腺嘧啶，组成RNA的碱基成分多为腺嘌呤、鸟嘌呤、胞嘧啶和尿嘧啶。可见，DNA由四种脱氧核糖核苷酸组成，RNA也由四种核糖核苷酸组成。

核酸的分类与组成可以用图4-1表示。

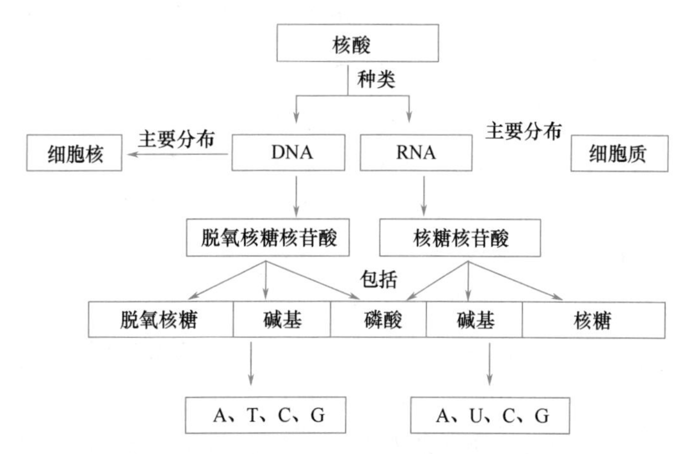

图4-1　核酸的分类与组成示意

【思考与讨论】
在老师指导下，你能不能根据上面的讲解写出DNA中含有的四种脱氧核糖核苷酸和RNA中含有的四种核糖核苷酸？（提示：如腺嘌呤脱氧核糖磷酸；腺嘌呤核糖磷酸。）
有人说，核糖核酸是由糖和非糖成分结合的产物，属于结合糖。您认为呢？

知识拓展

几种嘌呤和嘧啶的结构式

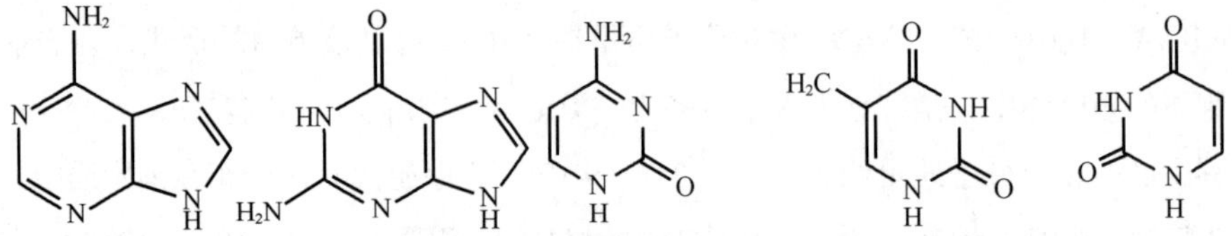

腺嘌呤　　鸟嘌呤　　胞嘧啶　　胸腺嘧啶　　尿嘧啶

核苷酸的衍生物

在生物体内，核苷酸除组成核酸外，还有一些以自由态形式存在于细胞内。另外，一些单核苷酸衍生物参与体内许多重要的代谢反应，具有重要的生理功能。

在核酸的衍生物中，三磷酸腺苷（ATP）是非常重要的一种。

三磷酸腺苷是生物体中各种活细胞内普遍存在的磷酸化合物，其结构式可以简写成A–P～P～P，其中A代表腺苷，它由腺嘌呤和核糖组成；P代表磷酸基团，～代表高能磷酸键，ATP分子中大量的化学能就储存在高能磷酸键中。

我们知道，糖类是细胞的主要能源物质，脂肪是生物体内储存能量的物质。但是，这些有机物中的能量都不能被生物体直接利用，它们只有在细胞中随着这些有机物氧化分解而释放出来，并且储存在ATP中才能被生物体利用。所以，ATP是机体生理活动、生化反应所需能量的直接来源。三磷酸腺苷水解时释放的能量为30.54kJ/mol，因此它是一种典型的高能磷酸化合物。

ATP的水解实际上是指ATP分子中高能磷酸键的水解：在有关酶的催化作用下，ATP分子中远离A的那个高能磷酸键水解，远离A的那个磷酸基团脱离开，形成磷酸（Pi），同时储存在这个高能磷酸键中的能量释放出来，三磷酸腺苷就转化成二磷酸腺苷（ADP）。ADP还可以转化为一磷酸腺苷（AMP）。ATP分解为ADP或AMP时释放出大量的能量，这是生物体主要的供能方式。反之，在另一种酶的催化作用下，AMP磷酸化生成ADP，ADP继续磷酸化生成ATP时则储存能量，这是生物体暂时储存能量的一种方式。它们之间的动态平衡对于生物体内稳定的供能环境具有重要的意义。

生物体内存在的其他多种多磷酸核苷酸也都能发生上述的能量转化作用，如三磷酸鸟苷（GTP）、三磷酸胞苷（CTP）和三磷酸尿苷（UTP）等。

在生物体内还有很多具有重要作用的核苷酸衍生物，如在肌肉组织中，腺嘌呤核苷酸循环过程中由AMP脱氨形成次黄嘌呤核苷酸（IMP）。次黄嘌呤核苷酸在生物体内是合成腺嘌呤核苷酸和鸟嘌呤核苷酸的关键物质，对生物的遗传有重要的功能。次黄嘌呤核苷酸还是一种很好的助鲜剂，有肉鲜味，与味精以不同比例混合可制成具有特殊风味的强力味精。此外，如腺苷衍生物——环腺苷酸（cAMP）、烟酰胺腺嘌呤二核苷酸（NAD^+）、烟酰胺腺嘌呤二核苷酸磷酸酯（NADP）、黄素腺嘌呤二核苷酸（FAD）等也是生物体内比较重要的核苷酸衍生物。

第二节 DNA和RNA的结构与功能

一、DNA的结构与功能

1. DNA的结构

（1）DNA的一级结构　核酸中的核苷酸构成无分支结构的线性分子，最终形成核酸链。它是形成二级结构和三级结构的基础。

（2）DNA的二级结构　DNA二级结构即双螺旋结构，其特点是双链双螺旋、两条链反向平行、碱基向内互补。碱基之间有严格的配对规律：A与T配对、G与C配对。这种配对规律，称为碱基互补配对原则。配对碱基之间的作用力和两条核酸链之间的分子间力使该结构稳定。

DNA线性长分子在小小的细胞核中折叠形成了一个右手螺旋式结构，螺旋直径为2nm，螺距为3.4nm，双螺旋分子存在一个大沟和一个小沟，如图4-2所示。

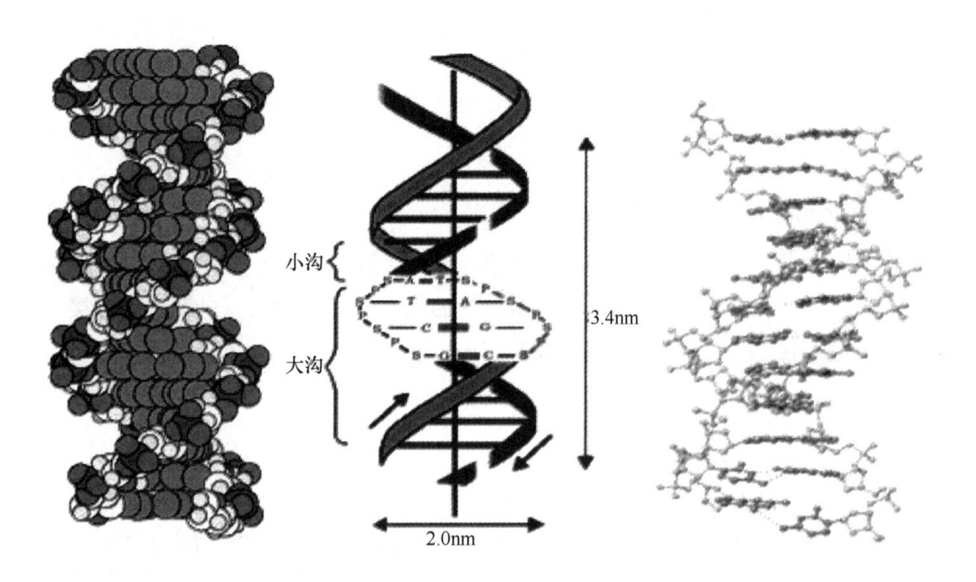

图4-2 DNA分子二级结构示意

（3）DNA的三级结构　DNA的三级结构是指DNA分子在二级结构的基础上进一步扭曲盘旋形成的超螺旋结构。

细胞内的DNA主要以超螺旋形式存在，例如，人的DNA在染色体中的超螺旋结构，使DNA分子反复折叠盘绕后共压缩至二级结构的1/8400左右。

（4）DNA的四级结构　DNA的四级结构一般指的是DNA与蛋白质形成的复合物。例如，在真核生物中，基因组DNA要比原核生物大得多，真核生物基因组DNA通常与蛋白质结合，经过多层次反复折叠后，以染色质（或染色体）形式存在于平均直径为5μm的细胞核中。

【思考与讨论】
真核生物和原核生物有什么异同？染色体和染色质是否相同？

2. DNA的功能

DNA分子的结构不仅使DNA分子能够储存大量的遗传信息，还使DNA分子能够传递遗传信息。可以说，DNA双螺旋结构为遗传信息的保存、传递和利用提供了基础。

遗传信息的传递是通过DNA分子的复制来完成的。

在复制过程中，首先是DNA两条螺旋的多核苷酸链解旋和分开，然后以每条链为模板，按碱基互补配对原则（A：T，G：C），由DNA聚合酶催化合成新的互补链，结果由一条链成为互补的两条链。这样新形成的两个DNA分子与原来的DNA分子的碱基序列完全相同。在此过程中，每个子代DNA的一条链来自亲代DNA，另一条链则是新合成的。这种复制方式称为半保留复制，如图4-3所示。

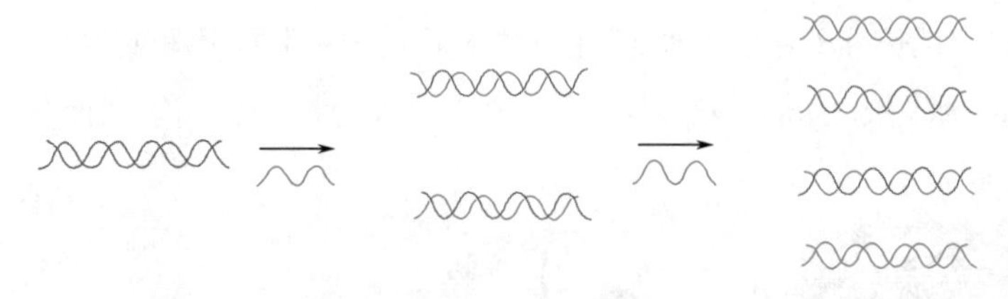

图4-3　DNA半保留复制示意

遗传信息的传递从DNA分子中基因的自我复制开始，通过“转录”合成信息RNA（mRNA），然后在rRNA和tRNA及多种酶等作用下“翻译”合成特定的蛋白质。因此，生物体内特定的蛋白质的信息来源于DNA，虽然它不直接参与蛋白质的合成，但是它控制和调节着蛋白质的合成，决定着物种特性和蛋白质结构及其生物学功能。

【思考与讨论】
在老师指导下讨论“转录”和“翻译”的含义。

二、RNA的结构与功能

关于RNA的分子结构，由于较难提纯，研究比较困难。目前了解比较清楚的是相对分子质量较小，大约只含80个核苷酸的转移RNA（tRNA）的结构。

1. RNA的四级结构

除少量病毒RNA外，RNA是以单链分子存在的。RNA的一级结构是指多聚核糖核苷酸链中核糖核苷酸的排列顺序。绝大部分RNA分子都是线状单链，但是RNA分子的某些区域可自身回折进行碱基互补配对，形成局部双螺旋。“发夹结构”是RNA中最普通的二级结构形式。二级结构进一步折叠形成三级结构，RNA只有在具有三级结构时才能成为有活性的分子。RNA也能与蛋白质形成核蛋白复合物，RNA的四级结构就是RNA与蛋白质相互作用的结果（图4–4）。

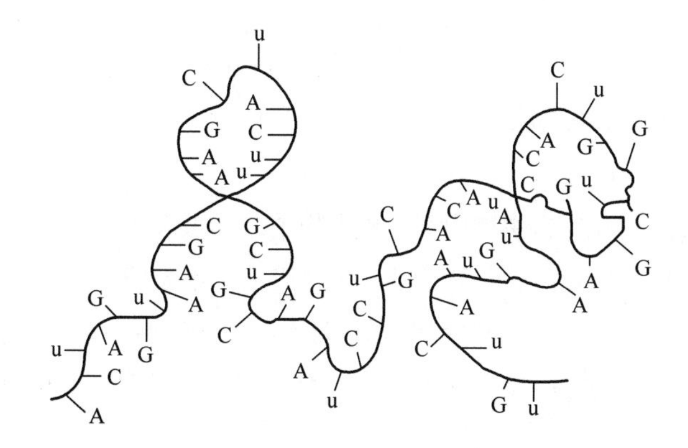

图4–4　一个RNA分子结构示意

2. rRNA的结构与功能

rRNA分子为单链，局部有双螺旋区域，具有复杂的空间结构。原核生物主要的rRNA有3种，真核生物则有4种。

rRNA单独存在时不执行其功能，它与多种蛋白质结合成核糖体，作为蛋白质生物合成的“装配机”。所以说，rRNA是蛋白质生物合成的场所。

3. tRNA的结构与功能

tRNA的种类很多，在细菌中约有30～40种tRNA，在动物和植物中约有50～100种tRNA。

（1）tRNA的一级结构　tRNA是单链分子，含73～93个核苷酸单元，相对分子质量为24000～31000。

（2）tRNA的二级结构　tRNA二级结构为三叶草型，三叶草型结构由4臂4环组成［图4–5(a)］。

（3）tRNA的三级结构　tRNA的三级结构为倒L形［图4–5(b)］。

tRNA主要的生理功能是在蛋白质生物合成中转运氨基酸和识别“密码因子”。

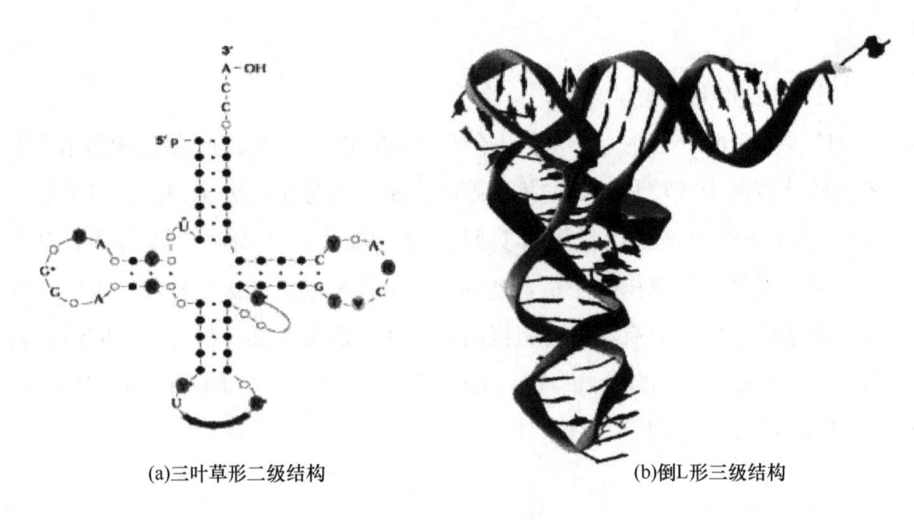

图4-5 tRNA的二级结构和三级结构示意

4. mRNA的结构与功能

mRNA是由DNA转录而合成的核糖核酸。

mRNA的结构在原核生物中和真核生物中差别很大。

mRNA一般都不稳定，代谢活跃，更新迅速，半衰期短。

mRNA的生物学功能是传递DNA的遗传信息，指导蛋白质的生物合成。其分子长链中有许许多多的信息密码，是合成蛋白质的信息链，可直接作为合成蛋白质的模板。

【思考与讨论】

在老师指导下讨论“发夹结构”“装配机”“密码因子”的含义。

第三节 核酸与核苷酸的主要性质及其应用

一、核酸与核苷酸的主要物理性质

DNA是白色类似石棉样的纤维状物，RNA和核苷酸的纯品都是白色粉末或结晶。

除肌苷酸和鸟苷酸具有鲜味外，核酸和核苷酸大都呈酸味。

DNA和RNA都溶于水，不溶于乙醇、氯仿、乙醚等有机溶剂，它们的钠盐比游离酸在水中的溶解度大，如RNA的钠盐在水中的溶解度可达4%。

核酸是相对分子质量很大的高分子化合物，高分子溶液比普通溶液黏度要大得多。不规则线团分子比球形分子的黏度大，线形分子的黏度更大。由于核酸分子极为细长，因此即使是极稀的溶液也有极大的黏度，RNA的黏度要比DNA分子小得多。

二、核酸的基本化学性质及其应用

1. 核酸的变性、复性与分子杂交

（1）变性　在一定理化因素作用下，核酸双螺旋等空间结构中碱基之间的结合被破坏，核酸由双链变成单链的现象称为变性。引起核酸变性的常见理化因素有加热、酸、碱、尿素和甲酰胺等。例如，DNA双螺旋两条链间碱基的解离状态与溶液pH有关，在pH4.0～11.0之间DNA最为稳定，在此范围之外易变性。

（2）复性　某些变性DNA，在适当条件下可使两条分开的单链重新形成双螺旋DNA分子，这一过程称为DNA的复性。DNA复性是非常复杂的过程，影响DNA复性速度的因素很多：DNA浓度高，复性快；DNA分子大，复性慢；最佳复性温度一般在60℃左右。如果将热变性的DNA溶液骤然冷却至低温，两链间的碱基来不及形成适当配对，此时变性的DNA分子很难复性。

（3）杂交　不同来源的核酸变性后，合并在一起进行复性，只要它们存在大致相同的碱基互补配对序列，就可形成杂化双链，此过程称作杂交。杂交分子可以是不同的DNA、RNA，也可以是DNA和RNA之间或RNA和DNA之间杂交。

杂交是分子生物学研究中常用的技术之一，利用它可以分析基因组织的结构、定位和基因表达等。

2. 核酸的水解

（1）在酸或碱性溶液中的水解　DNA和RNA对酸或碱的耐受程度有很大差别。例如，在0.1mol/L NaOH溶液中，RNA几乎可以完全水解，DNA则不受影响。

（2）酶作用下的水解　生物体内存在多种核酸水解酶，如以DNA为底物的DNA水解酶和以RNA为底物的RNA水解酶。根据作用方式将它们分为两类。核酸外切酶和核酸内切酶。核酸外切酶的作用方式是从多聚核苷酸链的一端开始，逐个水解切除核苷酸；核酸内切酶的作用方式刚好和外切酶相反，它从多聚核苷酸链中间开始，在某个位点切断核苷酸之间的连接。在分子生物学研究中最有应用价值的是限制性核酸内切酶，这种酶可以特异性地水解核酸中某些特定碱基的顺序部位。

3. 核酸的两性

核酸分子中既含有酸性基团（磷酸基）也含有碱性基团（氨基），因而核酸分子在溶液中能够发生两性解离，核酸具有两性性质（有关两性解离的知识可以参考“蛋白质”一章中“氨基酸的两性解离与等电点”部分）。

核酸中的酸性基团可与K^+、Na^+、Ca^{2+}、Mg^{2+}等金属离子结合成盐。当向核酸溶液中加入适当盐溶液后，盐中电离出来的金属离子即可将负离子（酸性基团）中和，在有乙醇或异丙醇存在时，中和产物从溶液中沉淀析出。常用的盐溶液有氯化钠、醋酸钠或醋酸钾。

4. 核酸的催化性质

长时间以来，人们认为酶具有催化作用。1981年，美国两位生物化学家发现了某些核糖核酸（RNA）的催化作用，并提出了核酸酶（核酶）的概念。核酸酶的发现，证明了核酸既是信息分子，又是功能分子，对于研究生命的起源，了解核酸新功能以及重新认识酶的概念等都具有重要意义。

第四节　核酸代谢的基本过程

一、核酸的分解代谢

食物中的核酸多与蛋白质结合为核蛋白，在胃中受胃酸的作用，或在小肠中受蛋白酶作用，核蛋白分解为核酸和蛋白质。核酸主要在十二指肠由胰核酸酶和小肠磷酸二酯酶降解为单核苷酸。单核苷酸由核苷酸酶和磷酸酶催化，水解为核苷和磷酸，可直接被小肠黏膜吸收（图4-6）。

食物核蛋白
胃酸
蛋白质
核酸(RNA及DNA)
胰核酸酶
核苷酸
胰、肠核苷酸酶
核苷
磷酸
核苷酶
碱基
戊糖

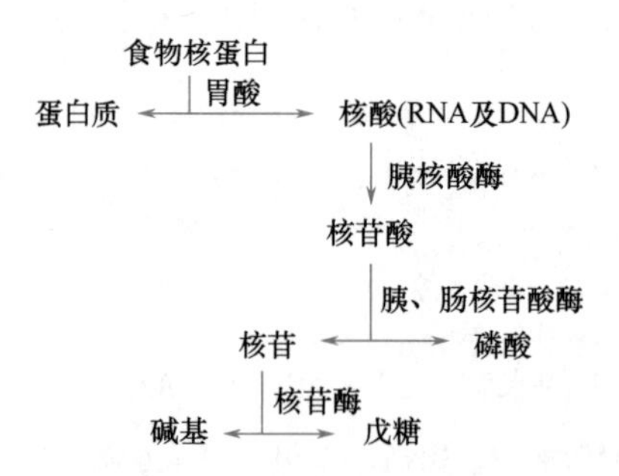

图4-6　由核蛋白到碱基和戊糖的分解过程示意

吸收后的嘌呤核苷酸在嘌呤核苷酶的催化下转变为嘌呤，嘌呤核苷酸及嘌呤又可经水解、脱氨及氧化作用生成尿酸（图4-7）；嘧啶核苷酸的分解代谢途径与嘌呤核苷酸相似。嘧啶的分解代谢主要在肝脏中进行，分解代谢过程中有脱氨基、氧化、还原及脱羧基等反应。胞嘧啶脱氨基转变为尿嘧啶，尿嘧啶和胸腺嘧啶分别还原为二氢尿嘧啶和二氢胸腺嘧啶，二氢嘧啶酶催化嘧啶环水解，分别生成β-丙氨酸和β-氨基异丁酸，β-丙氨酸和β-氨基异丁酸可继续分解代谢，β-氨基异丁酸亦可随尿排出体外（图4-8）。

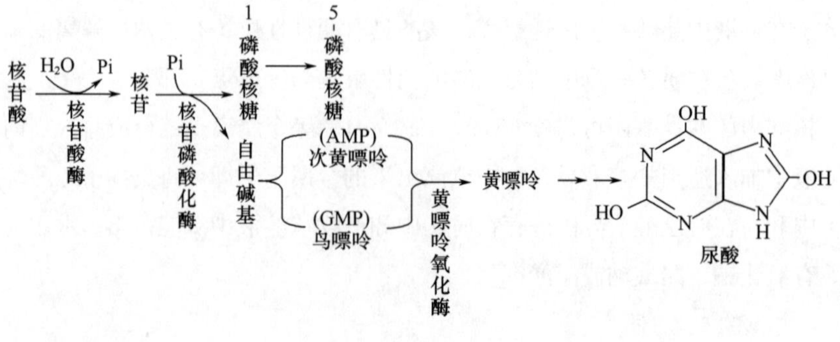

核苷酸
H2O
Pi
核苷酸酶
核苷
Pi
核苷磷酸化酶
1-磷酸核糖
5-磷酸核糖
自由碱基
(AMP)
次黄嘌呤
(GMP)
鸟嘌呤
黄嘌呤氧化酶
黄嘌呤
OH
N
N
OH
HO
N
N
H
尿酸

图4-7　嘌呤核苷酸的分解代谢过程示意

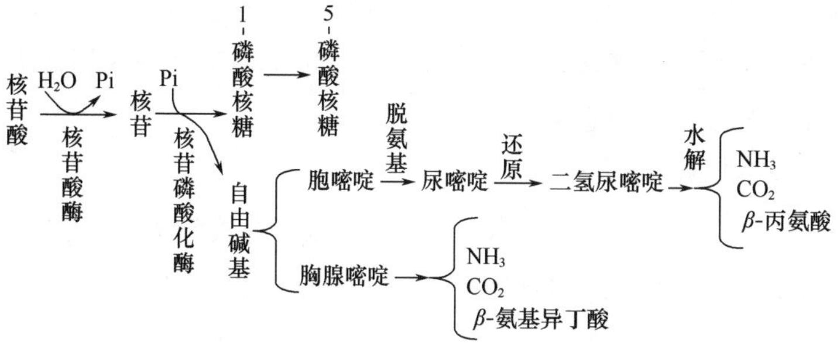

核苷酸 —(H_2O，Pi；核苷酸酶)→ 核苷 —(Pi；核苷磷酸化酶)→ 1-磷酸核糖 → 5-磷酸核糖；自由碱基

自由碱基：胞嘧啶 —脱氨基→ 尿嘧啶 —还原→ 二氢尿嘧啶 —水解→ NH_3、CO_2、β-丙氨酸

胸腺嘧啶 → NH_3、CO_2、β-氨基异丁酸

图4-8　嘧啶核苷酸的分解代谢过程示意

人体自身核苷酸的分解代谢与食物中核苷酸的分解代谢过程类似，可降解生成相应的碱基、戊糖或1-磷酸核糖。1-磷酸核糖在磷酸核糖变位酶催化下转变为5-磷酸核糖，成为合成5-磷酸核糖-1-焦磷酸（PRPP）的原料。碱基可参加补救合成途径，亦可进一步分解。

二、核酸的合成代谢

除少量微生物外，大多数生物都能在体内合成核酸。

1. 合成核酸的原料

在核酸合成中，四种三磷酸核苷即ATP（三磷酸腺苷，也称腺苷三磷酸）、CTP（三磷酸胞苷，也称胞苷三磷酸）、GTP（三磷酸鸟苷，也称鸟苷三磷酸）、UTP（三磷酸尿苷，也称尿苷三磷酸）是体内合成RNA的直接原料。三种三磷酸脱氧核苷dATP、dCTP、dGTP和三磷酸胸腺嘧啶脱氧核苷（dTTP）是合成DNA的直接原料。

在合成核酸以前，首先合成核苷酸。这里以嘌呤核苷酸和嘧啶核苷酸的合成为例介绍。

2. 嘌呤核苷酸的合成

体内嘌呤核苷酸的合成有两条途径：一条是利用磷酸核糖、氨基酸、含有1个C（一碳单位）的物质等为原料合成嘌呤核苷酸的过程，称为从头合成途径，是体内的主要合成途径。在嘌呤核苷酸的从头合成过程中，体内嘌呤核苷酸的合成并非先合成嘌呤碱基，然后再与核糖及磷酸结合，而是在磷酸核糖的基础上逐步合成嘌呤核苷酸。嘌呤核苷酸的从头合成主要在胞液中进行，可分为两个阶段：首先合成次黄嘌呤核苷酸(IMP)，然后通过不同途径分别生成腺嘌呤核苷酸即腺苷酸（AMP）和鸟嘌呤核苷酸即鸟苷酸（GMP）。

另一条是利用体内游离嘌呤或嘌呤核苷，经简单反应过程生成嘌呤核苷酸的过程，称重新利用或补救合成途径。人体由嘌呤核苷合成腺嘌呤核苷酸的补救合成只能通过腺苷激酶催化，使腺嘌呤核苷生成腺嘌呤核苷酸。嘌呤核苷酸补救合成是一种次要途径，其生理意义一方面在于可以节省能量及减少氨基酸的消耗，另一方面对某些缺乏主要合成途径的组织，如人的白细胞和血小板、骨髓等，具有重要的生理意义。

3. 嘧啶核苷酸的合成

嘧啶核苷酸合成也有两条途径，即从头合成和补救合成。与嘌呤核苷酸合成相比，嘧啶核苷酸的从头合成较简单，先合成嘧啶环，然后再与磷酸核糖相连而成。

合成核苷酸以后，很多个核苷酸聚合成核酸。

第五节 核酸在食品加工中的应用

核酸在食品加工中的初步应用，是从富含核酸的生物组织中提取核酸，或用发酵法生产核酸，再辅以其他营养素添加于各种食品中，成为“核酸食品”。

核酸在食品工业更为重要的应用是与基因工程技术紧密联系在一起的。基因工程又称基因拼接技术或DAN重组技术。具体说来，是在生物体外通过对DNA分子进行人工“剪切”和“拼接”，对生物的基因进行改造和重新组合，然后导入受体细胞内进行无性繁殖，使重组基因在受体细胞内表达，产生出人类所需要的基因产物。通俗地说，就是按照人们的意愿，把一种生物的个别基因复制出来，加以修饰改造，然后放到另一种生物的细胞里，定向地改造生物的遗传性状。

基因工程在食品工业中的应用是多方面的。

一、改良食品加工的原料

通过基因工程技术，可以培育出高产、稳产和具有优良品质的农作物，为食品加工提供优质原料。在植物食品品质的改良上，基因工程技术得到了广泛的应用并取得了丰硕成果。这些成果主要集中于改良蛋白质、糖类及油脂等食品原料的产量和质量。例如，将菜豆储存蛋白的基因转移到向日葵中，就能培育出向日葵豆；把大豆蛋白的基因转移到水稻、小麦等粮食作物中，就可以提高这些作物的蛋白质含量，改善它们的品质，为食品加工提供高蛋白的优质原料。

作物空间技术育种也是基因工程的一种。我们知道，宇宙空间的物理环境与地面有很大差异，比如辐射强烈、地心引力弱等。如果把农作物的种子带到太空，种子就会直接受到来自宇宙空间的各种辐射。在太空中，由于种子受到的地心引力大大减弱，加上空间辐射等多种空间环境因素的影响，种子内的遗传物质很容易发生突变（基因突变）。如果利用返回式航天器，把农作物的种子带到太空，使种子产生变异然后带回，在地面种植，从中选育新品种。这样的作物育种方法叫作作物空间技术育种，又叫作物空间诱变育种。作物空间技术育种可以大大提高作物的突变率，有利于加速育种进程和改进作物品质，而且还可以获得在地面育种中难以得到的、对产量有突变性影响的罕见突变，因而是一种具有诱人前景的农作物育种新途径。

对动物类食品原料的基因改造研究不如植物类那样普及，但也取得了很大的进展。例如，利用基因工程技术培育成的优良动物品种，具有抗病能力强、产仔率高、产乳率高、产肉率高且肉质好、皮毛质量高等优势。再如，科学家用鸡蛋白基因在大肠杆菌和酵母菌中表达获得成功，这就使得人类用发酵罐培养的大肠杆菌或酵母杆菌生产卵清蛋白变成现实。可以说，人类用基因工程技术的方法从微生物中获得所需要的糖类、脂肪、维生素等产品的目的不久也将会达到。

二、改良食品加工工艺

利用基因工程技术可以改良食品加工工艺。如把糖化酶基因引入酿酒酵母，直接把淀粉的酵母工程菌用于酒精工业，能革除传统酒精工业生产中的液化和糖化步骤，实现淀粉质原料的直接发酵，达到简化工艺、节约能源和降低成本的效果。

三、改良发酵工业微生物菌种性能

发酵工业关键是优良菌株的获取。要获取优良菌株，除选用常用的诱变、杂交和原生质体融合等传统方法外，利用基因工程技术大力改造菌种，给发酵工业带来生机。例如，美国某公司克隆了葡萄糖淀粉酶基因，并将其植入啤酒酵母中，在发酵期间，由酵母产生的葡萄糖淀粉酶将可溶性淀粉分解为葡萄糖，这种由酵母代谢产生的低热量啤酒，不需要增加酶制剂且缩短了生产时间。

四、生产保健食品的有效成分

首先，可以利用动物生产新型功能性食品。例如，上海医学遗传所与复旦大学合作培育的转基因羊的乳汁中含有人的凝血因子，为通过动物大量廉价生产人类的新型功能性食品和药品迈出了重大的一步。

其次，目前利用转基因植物生产食品疫苗已成为食品生物技术研究的热点之一。食品疫苗就是将某些致病微生物的有关蛋白质抗原基因，通过转基因技术导入某些植物受体细胞中，并使其在受体植物细胞中得以表达，从而使受体植物直接成为具有抵抗相关疾病的疫苗。用转基因植物生产的疫苗保持了重组蛋白的理化特征和生物活性。有的须提纯后作疫苗使用，有的则不经提纯即可直接食用。由于这些重组蛋白基因可以长期地储存于转基因植物的种子中，十分有利于疫苗的保存、生产、运输和推广，因此，转基因植物作为廉价的疫苗生产系统，虽然才刚刚起步，却具有很好的发展潜力。

【思考与讨论】
在老师的指导下并通过查找资料讨论：什么是抗原？什么是抗体？二者有什么关系？

知识拓展

细胞工程

细胞工程是和基因工程有密切关系的生物工程，它是指应用细胞生物学和分子生物学的原理和方法，通过某种工程学手段，在细胞水平或者细胞器水平上按照人们的意愿来改变细胞内的遗传物质或者获得细胞产品的一门综合科学技术。根据细胞类型的不同，可以把细胞工程分为植物细胞工程和动物细胞工程。

植物细胞工程通常采用的技术手段有植物组织培养和植物体细胞杂交等。动物细胞工程通常采用的技术手段有动物细胞培养、动物细胞融合、单克隆抗体、胚胎移植、核移植等。其中，动物细胞培养技术是其他动物细胞工程技术的基础。

一、名词解释

本章涉及下面一些生物学等学科的术语，正确理解它们的含义对学习本章甚至本书内容都有比较重要的作用。这些术语，有的在初中学过，有的在本书学过，或者作为【思考与讨论】。希望大家在学完本章以后给出这些术语的含义。

线粒体、叶绿体、原核细胞与真核细胞、核糖体、基因、染色质与染色体、转录、翻译、密码因子、半衰期、克隆、杂交、转基因。

二、填空题（在下面各题的括号里填上正确答案）

1. RNA的种类有（　　）、（　　）、（　　）。
2. 碱基互补配对原则是（　　）。
3. 大多数核酸和核苷酸都呈现（　　）味。
4. 核酸的变性是指（　　）。
5. 核酸的复性是指（　　）。
6. 核酸的杂交是指（　　）。
7. 核酸外切酶的作用是（　　），核酸内切酶的作用是（　　）。
8. 核酶是指具有（　　）性质的核酸。

9. 核酸在食品工业中的应用主要表现在（　　）工程中。

10. 无论是嘌呤核苷酸还是嘧啶核苷酸，其合成都有两条途径，即（　　）和（　　）。

三、简答题

1. DNA与RNA分子组成上有什么差别？
2. 什么是半保留复制？
3. 比较DNA与RNA的四级结构。
4. 转移RNA和信使RNA的作用分别是什么？

实操训练

实训七 DNA的粗提取与鉴定

一、实训目的

初步掌握DNA粗提取和鉴定的方法，观察提取出来的DNA物质。

二、实训原理

DNA在氯化钠溶液中的溶解度，是随着氯化钠浓度的变化而改变的。当氯化钠的物质的量浓度为0.4mol/L时，DNA的溶解度最低。利用这一原理，可以使溶解在氯化钠溶液中的DNA析出。

DNA不溶于酒精溶液，但是细胞中的某些物质则可以溶于酒精溶液。利用这一原理，可以进一步提取出含杂质较少的DNA。

DNA遇二苯胺（沸水浴）会染成蓝色，因此，二苯胺可以作为鉴定DNA的试剂。

三、实训用品

（1）鸡血细胞液5～10mL。

（2）铁架台、铁环、镊子、三角架、酒精灯、石棉网、载玻片、玻璃棒、滤纸、滴管、量筒（100mL 1个）、烧杯（100mL 1个，50mL、1000mL各2个）、试管（20mL 2个）、漏斗、试管夹、纱布。

（3）体积分数为95％的酒精溶液（实验前置于冰箱内冷却24h）、蒸馏水、质量浓度（单位体积的溶液中所含溶质的质量）为0.1g/mL的柠檬酸钠溶液、物质的量浓度分别为2mol/L和0.015mol/L的氯化钠溶液、二苯胺试剂。

四、实训步骤

1. 准备鸡血细胞液

取质量浓度为0.1g/mL的柠檬酸钠溶液（抗凝剂）100mL，置于500mL烧杯中。

将宰杀活鸡流出的鸡血约180mL注入烧杯中，同时用玻璃棒搅拌，使血液与柠檬酸钠溶液充分混合，以免凝血。然后将血液倒入离心管内，用1000r/min的离心机离心2min，此时血细胞沉淀于离心管底部。实验时，用吸管除去离心管上部的澄清液，就可以得到鸡血细胞液。如果没有离心机，可以将烧杯中的血液置于冰箱内，静置一天，使血细胞自行沉淀。

2. 提取鸡血的细胞核物质

将制备好的鸡血细胞液5～10mL注入50mL烧杯中，向烧杯中加入蒸馏水20mL，同时用玻璃棒沿一个方向快速搅拌5min，使血细胞加速破裂，然后用放有纱布的漏斗将血细胞液过滤至1000mL的烧杯中，取其滤液。

3. 溶解细胞核内的DNA

将物质的量浓度为2mol/L的氯化钠溶液40mL加入到滤液中，并用玻璃棒沿一个方向搅拌1min，使其混合均匀，这时DNA在溶液中呈溶解状态。

4. 析出DNA的黏稠物

沿烧杯内壁缓慢加入蒸馏水，同时用玻璃棒沿一个方向不停地轻轻搅拌，这时烧杯中有丝状物出现，注意观察丝状物呈什么颜色。继续加入蒸馏水，溶液中出现的黏稠物会越来越多。当黏稠物不再增加时停止加入蒸馏水，这时溶液中氯化钠的物质的量浓度相当于14mol/L。

5. 滤取含DNA的黏稠物

用放有多层纱布的漏斗，把步骤4中的溶液过滤至1000mL的烧杯中，含DNA的黏稠物被留在纱布上。

6. 将DNA的黏稠物再溶解

取一个50mL的烧杯，向烧杯内注入物质的量浓度为2mol/L的氯化钠溶液20mL，用钝头的镊子将纱布上的黏稠物夹至氯化钠溶液中，用玻璃棒沿一个方向不停地搅拌3min，使黏稠物尽可能多地溶解于溶液中。

7. 过滤含有DNA的氯化钠溶液

取一个100mL的烧杯，用放有两层纱布的漏斗过滤步骤6中的溶液，取其滤液，DNA溶于滤液中。

8. 提取含杂质较少的DNA

在上述滤过的溶液中加入冷却的、体积分数为95％的酒精溶液50mL（使用冷却的酒精，对DNA的凝集效果较佳），并用玻璃棒沿一个方向搅拌，溶液中会出现含杂质较少的丝状物。用玻璃棒将丝状物卷起，并用滤纸吸取上面的水分。这种丝状物的主要成分就是DNA。注意观察丝状物是什么颜色的。

9. DNA的鉴定

取两支20mL的试管，各加入物质的量浓度为0.015mol/L的氯化钠溶液5mL，将丝状物放入其中一支试管中，用玻璃棒搅拌，使丝状物溶解。然后，向两支试管中各加入4mL的二苯胺试剂。混合均匀后，将试管置于沸水中加热5min，待试管冷却后，观察并且比较两支试管中溶液颜色的变化。

五、思考与讨论

（1）提取鸡血中的DNA时，为什么要除去血液中的上清液？

（2）步骤2和步骤4中都需要加入蒸馏水，两次加入的作用相同吗？为什么？

（3）DNA的直径约2nm，实验中出现的丝状物的粗细是否表示DNA分子直径的大小？

第五章 蛋白质

学习目标

1. 明确氨基酸的类别。
2. 掌握氨基酸的基本物理、化学性质，了解相关的应用。
3. 了解氨基酸在食品工业中的应用。
4. 明确蛋白质的类别，了解蛋白质的结构。
5. 明确动植物以及食用菌原料中蛋白质的存在。
6. 掌握蛋白质基本的理化与功能性质，了解相关的应用。
7. 理解蛋白质代谢的基本过程和脂类、糖类、核酸、蛋白质代谢之间的相互关系。
8. 了解蛋白质在食品加工和储藏过程中发生的主要变化，几种功能蛋白质在食品加工中的作用。

本章导言

“蛋白质”（protein）一词源于希腊文“proteios”，其意是“最初的”“第一重要的”。作为食品中的主要成分，蛋白质除了营养上的重要性以外，在决定食品的结构、形态以及色、香、味等方面也起到了很重要的作用。因此，蛋白质的有关知识是食品应用化学的重要内容。

生物种类不同，其蛋白质的种类和含量有很大差别，但无论是人体内的蛋白质，还是低等生物大肠杆菌中的蛋白质，都主要是由20种氨基酸构成的。因此，本章首先学习形成蛋白质的基础物质——氨基酸的组成、结构、分类，尤其是氨基酸的理化性质及其应用。在此基础上，学习蛋白质的组成、分类、结构以及蛋白质在动植物和食用菌类食品原料中的存在。作为本章重点内容之一，学习蛋白质的性质及其应用，最后学习蛋白质代谢的基本过程。

第一节　氨基酸

知识基础

氨基酸（amino acid）的组成与结构

说出你知道的几种氨基酸。

分析过去知道的几种氨基酸可以看出，组成氨基酸的元素主要有四种，即C、H、N、O（以后要学习的个别氨基酸中还含有S）。N以氨基（$—NH_2$）的形式存在，O以羧基（—COOH）的形式存在，因此说，氨基酸实际上是一类含有氨基的羧酸。

在构成蛋白质的最基本的氨基酸中，氨基都是和离羧基最近的碳原子相连的，该碳原子编号为α，因此将这类氨基酸称为α-氨基酸。最简单的氨基酸是α-氨基乙酸。

$$\begin{array}{l} CH_2—COOH \\ | \\ NH_2 \end{array}$$

α-氨基乙酸

除α-氨基乙酸外，其他α-氨基酸的α碳原子都连接有四个不同的原子或原子团。例如：

$$\begin{array}{ccc} CH_3— & CH & —COOH \\ & | & \\ & NH_2 & \end{array}$$

α-氨基丙酸

归纳上述内容，可以得出α-氨基酸的通式为：

$$\begin{array}{ccc} & H & \\ & | & \\ R— & C & —COOH \\ & | & \\ & NH_2 & \end{array}$$

一、氨基酸的分类

氨基酸的分类没有统一规定的方法。分类方法不同，同一种氨基酸所属的类别也就不同。这里分别从化学和营养学的角度对氨基酸进行分类。

1. 根据氨基酸中烃基（R—）的结构进行分类

根据此种分类方法，氨基酸共有脂肪族氨基酸、芳香族氨基酸、杂环族氨基酸三类。在脂肪族氨基酸中，烃基和烃基衍生物为链状；在芳香族氨基酸中，烃基和烃基衍生物中含有苯环；在杂环族氨基酸中，烃基和烃基衍生物中含有“杂环”。

2. 按照氨基酸在人体内是否能够合成进行分类

根据此种分类方法，氨基酸分为：必需氨基酸（essential amino acid，EAA）——

体内不能自由合成，必须由食物供给；非必需氨基酸（nonessential amino aicd，NAA）——体内能够合成。

必需氨基酸对成人来说共8种，即赖氨酸、色氨酸、苯丙氨酸、甲硫氨酸、苏氨酸、亮氨酸、异亮氨酸、缬氨酸，对于婴儿，除了上述8种氨基酸以外，组氨酸也是必需的。非必需氨基酸共12种（表5-1）。

表5-1　20种常见的氨基酸

化学名称	中文全称与简称	英文缩写	类别
氨基乙酸	甘氨酸（甘）	Gly（G）	
α-氨基丙酸	丙氨酸（丙）	Ala（A）	
α-氨基异戊酸	缬氨酸（缬）	Val（V）	
α-氨基异己酸	亮氨酸（亮）	Leu（L）	
α-氨基-β-甲基戊酸	异亮氨酸（异亮）	Ile（I）	
α-氨基-β-羟基丙酸	丝氨酸（丝）	Ser（S）	
α-氨基-β-羟基丁酸	苏氨酸（苏）	Thr（T）	
α-氨基-β-巯基丙酸	半胱氨酸（半）	Cys（C）	脂肪族氨基酸
α-氨基-γ-甲硫基丁酸	甲硫氨酸（蛋）	Met（M）	
α-氨基-β-酰胺丙酸	天冬酰胺	Asn（N）	
α-氨基-γ-酰胺丁酸	谷氨酰胺	Gln（Q）	
α-氨基丁二酸	天冬氨酸（天冬）	Asp（D）	
α-氨基戊二酸	谷氨酸（谷）	Glu（E）	
α-氨基-δ-胍基戊酸	精氨酸（精）	Arg（R）	
α,ε-二氨基己酸	赖氨酸（赖）	Lys（K）	
α-氨基-β-苯基丙酸	苯丙氨酸（苯丙）	Phe（F）	
α-氨基-β-对羟基苯丙酸	酪氨酸（酪）	Tyr（Y）	芳香族氨基酸
α-氨基-β-吲哚基丙酸	色氨酸（色）	Trp（W）	
β-吡咯烷基-α-羧酸	组氨酸（组）	His（H）	杂环族氨基酸
α-氨基-ε-咪唑基丙酸	脯氨酸（脯）	Pro（P）	

二、氨基酸的物理性质

1. 色泽与状态

各种常见氨基酸均为无色结晶，结晶形状因氨基酸的结构而异，如谷氨酸有的为四角柱形结晶，有的则为菱片状结晶。

2. 熔点

在有机物中，氨基酸结晶的熔点是高的，一般在200～300℃，许多氨基酸在达到或接近熔点时或多或少地发生分解。

3. 溶解性

氨基酸一般都溶于水，微溶于醇，不溶于乙醚。不同的氨基酸在水中有不同的溶解度：赖氨酸和精氨酸的溶解度最大；有环氨基酸的水溶解性很小，以至于脯氨酸与羟脯氨酸只能溶于乙醇和乙醚中。所有氨基酸都能溶于强酸、强碱溶液中。

4. 味感

氨基酸及其某些衍生物具有一定的味感，如甜、苦、鲜、酸等。味感的类型与氨基酸的种类有关，还与它的结构有关。根据氨基酸的味感不同可分为甜味氨基酸、苦味氨基酸、鲜味氨基酸和酸味氨基酸等（表5-2）。

表5-2　各种氨基酸及其衍生物的味感

味别	名称	甜	苦	鲜	酸	咸
甜味	甘氨酸	+++				
	丙氨酸	+++				
	丝氨酸	+++			+	
	苏氨酸	+++	+		+	
	脯氨酸	+++	++			
	赖氨酸	++	++	+		
	谷氨酰胺	+		+		
苦味	缬氨酸	+	+++			
	亮氨酸		+++			
	异亮氨酸		+++			
	甲硫氨酸		+++	+		
	苯丙氨酸	+	+++			
	色氨酸		+++			
	酪氨酸		+++			
酸味	组氨酸		+		+++	+
	天冬酰胺		+		++	
	天冬氨酸				+++	
	谷氨酸				+++	
鲜味	天冬氨酸钠			++		+
	谷氨酸钠			+++		

注：“+”的数目代表味感的程度。

三、氨基酸的化学性质

由于氨基酸分子含有α-氨基、α-羧基、R—，所以，氨基酸能够分别或同时发生多种化学反应。

1. 氨基酸的两性解离与等电点

在有机化学中，物质释放（解离）氢离子（H^+）的性质称为酸性，接受氢离子（H^+）的性质称为碱性。氨基酸分子中含有的羧基和氨基，在溶液中可以分别发生解离，羧基可解离出1个H^+，变成—COO^-，而氨基则能接受1个H^+，变成—NH_3^+。这样，氨基酸就变成了同时带有正、负两种电荷的两性离子：

$$\underset{}{RCH(NH_2)COOH} \rightleftharpoons \underset{\text{两性离子}}{RCH(NH_3^+)COO^-}$$

由于氨基酸能够发生两性解离，使得它显现出酸碱二重性，称之为氨基酸的两性。

在酸性溶液中，氨基酸羧基的解离受到抑制，而易获得1个H^+变成正离子；而在碱性溶液中，氨基的解离受到抑制，而羧基易放出1个H^+变成负离子。

$$RCH(NH_2)COOH + H^+ \longrightarrow RCH(NH_3^+)COOH$$

$$RCH(NH_2)COOH + OH^- \longrightarrow RCH(NH_2)COO^- + H_2O$$

氨基酸溶液达到一定酸碱度时，某种氨基酸中氨基和羧基的解离程度完全相等，溶液中正离子数等于负离子数，溶液呈电中性，这时溶液pH的大小即pH，称为该氨基酸的等电点。

简单来讲，某种物质的等电点就是该物质的溶液呈电中性时的pH的大小，即pH，用p*I*表示。

不同的氨基酸由于结构不同，等电点的pH也不同。例如，丙氨酸的等电点pH=6，谷氨酸的等电点pH=3.22。

在等电点时，氨基酸的溶解度最小，这对蛋白质的性质有一定的影响。

2. *α*-氨基的反应

（1）与酸反应　由于氨基酸的碱性，使得它在一般酸性溶液环境中能与酸发生中和反应。例如：

$$RCH(NH_2)COOH + HCl \longrightarrow [RCH(NH_3^+)COOH]Cl^-$$

请同学们注意这里的反应方程式和初中学过的中和反应方程式的区别。

（2）脱氨反应　氨基酸在强氧化剂或氧化酶的作用下脱去氨基，放出氨气，并氧化生成酮酸，这是生物体内氨基酸分解的重要途径之一。

$$R—CH(NH_2)—COOH \xrightarrow{[O]} R—C(=O)—COOH + NH_3\uparrow$$

除脯氨酸外，氨基酸的*α*-氨基都能与亚硝酸反应，产生相应的羟基化合物并放出氮气（N_2）。

$$\underset{\underset{NH_2}{|}}{R-CH}-COOH+HNO_2 \longrightarrow \underset{\underset{OH}{|}}{R-CH}-COOH+N_2\uparrow+H_2O$$

羟基酸

（3）与甲醛的反应　在中性pH条件下，氨基酸中的α-氨基可与甲醛生成羟甲基衍生物。

$$\underset{\underset{NH_2}{|}}{R-CH}-COOH+2HCHO \longrightarrow \underset{\underset{HOH_2C-N-CH_2OH}{|}}{R-CH}-COOH$$

这时，氨基酸中的羧基就可以和普通脂肪酸的羧基一样解离，充分显示出它的酸性，而氨基上的氢被羟甲基取代，使其碱性减弱。

在食品检测中常用氨基酸的这个性质来定量测定食品中氨基酸的含量，如酱油中的氨基酸就是用此法测定的。

3. α-羧基的反应

（1）与碱反应　由于氨基酸的酸性，使得它在碱性溶液环境中能与碱发生中和反应。例如：

$$R\overset{\overset{NH_2}{|}}{C}HCOOH+NaOH \longrightarrow [R\overset{\overset{NH_2}{|}}{C}HCOO^-]Na^++H_2O$$

（2）脱羧反应　食品中的氨基酸经高温或细菌作用发生脱羧反应而生成相应的胺，并放出二氧化碳。

$$R-\overset{\overset{NH_2}{|}}{C}HCOOH \xrightarrow{\text{脱羧酶}} \underset{\text{胺}}{R-CH_2-NH_2}+CO_2\uparrow$$

这是食品中胺的主要来源，特别是腐胺、尸胺等有毒性和臭味的胺类的产生，是食品腐败的标志。

4. α-氨基和α-羧基之间的反应——成肽反应

一个α-氨基酸分子中的氨基与另一个α-氨基酸分子中的羧基脱水缩合，形成的化合物称肽（peptide）。

$$HOOC-\underset{\underset{R}{|}}{CH}-\overset{\overset{H}{|}}{N}-H+HO-\underset{\underset{O}{\|}}{C}-\underset{\underset{R}{|}}{CH}-NH_2 \longrightarrow HOOC-\underset{\underset{R}{|}}{CH}-\overset{\overset{H}{|}}{N}-\underset{\underset{O}{\|}}{C}-\underset{\underset{R}{|}}{CH}-NH_2+H_2O$$

氨基酸分子之间的这种结合方式称为肽键。

由两个氨基酸分子缩合形成的肽称为二肽，由不超过十个氨基酸分子缩合形成的肽称为低肽，由十个以上氨基酸分子缩合形成的肽称为多肽。多肽通常呈线状，相对分子质量一般在10^4以下，每条肽链的两端分别有一个羧基和氨基。

低肽的性质和氨基酸有些相似，多肽的性质和蛋白质有些相似。低肽和多肽的性质和生理功能有较大区别。

许多相对分子质量较小的肽以游离态存在，这些肽有的是激素，例如，促甲状腺素释放激素（TRH）为下丘脑分泌的多肽类激素，主要作用为促进脑垂体分泌促甲状腺素；加压素是由脑垂体前叶分泌的九肽，能促进血管收缩，升高血压。有的是抗生素，具有特殊的生理功能，常称为活性肽。例如，谷胱甘肽（GSH）广泛存在于生物细胞中，在生物体内发生的氧化还原反应中起着重要作用；脑啡肽是高等动物中枢神经系统产生的一类活性肽，这些活性肽与大脑的吗啡受体具有很强的亲和力，具有与吗啡相似的镇痛作用。

四、氨基酸在食品加工中的应用

氨基酸在食品加工中的作用有多种，这里仅以氨基酸的“味”举例说明。

某些氨基酸本身呈现出味感，而且它们的味感能够改善食品的滋味。例如，色氨酸无毒且甜度强，它及其衍生物是很有发展前途的甜味剂。谷氨酸具有酸味和鲜味两种味，其中以酸味为主。谷氨酸加碱适当中和后生成谷氨酸一钠盐：

$$\begin{array}{c} \qquad\qquad\quad NH_2 \\ \qquad\qquad\quad | \\ HOOCCH_2CH_2CHCOONa \end{array}$$

生成上面的盐以后，谷氨酸的酸味消失，鲜味增强，谷氨酸钠是目前广泛使用的鲜味剂味精的主要成分。

某些氨基酸还会加热分解生成某些风味物质，所以这些氨基酸是某些风味的前体物质。大家可以通过复习“糖类”一章中的“羰氨反应”来理解这一说法。

由氨基酸形成的某些低分子肽也有味感，属于风味物质，在食品中起着一定的风味作用。如牛肉中的低肽是其风味的重要成分之一。

值得注意的是，某些氨基酸在细菌的分解下会产生具有异味的物质。

第二节 蛋白质的组成、分类、结构

一、蛋白质的组成

和氨基酸一样，蛋白质主要由C、H、O、N等元素组成，而一般的糖类和脂肪中是不含有氮元素的，所以，氮元素是蛋白质区别于糖类和脂肪的特征。

蛋白质分子的大小可相差几千倍，但它们含氮的百分率相当恒定，100g各种蛋白质中的氮含量都约是16g，即100∶16。根据这一比值，当测出一定质量（一般以g为单位）的某一食物中氮的含量时，即可求出该食物中的蛋白质含量（%，质量分数）。

食物中蛋白质的含量（%）=每克食物中的含氮量（g）×6.25×100%

应当注意，有些特殊蛋白质还含有S、P、Cu、Fe、Zn、Mg、Ca等元素。

二、蛋白质的分类

【思考与讨论】

“食物中蛋白质含量（%）”的计算公式是如何推导出来的?

天然存在的蛋白质种类繁多且结构复杂，分类方法有以下几种。

1. 根据分子形状分类

根据蛋白质的分子形状将蛋白质分为球状蛋白质和纤维状蛋白质两大类。

（1）球状蛋白质（球蛋白）（globulin）　分子接近球状，较易溶于水。在动物和植物体内都含有大量球蛋白。

（2）纤维状蛋白质（fibrous protein）　分子呈细棒或纤维状，在动物体内广泛存在。

2. 根据分子组成和溶解性分类

根据蛋白质分子的化学组成和溶解特性，将其分为单纯蛋白质和结合蛋白质（表5-3）。

（1）单纯蛋白质（simple protein）　单纯蛋白质是分子中只含α-氨基酸的一类蛋白质，自然界中许多蛋白质属于这一类。按溶解性又将其分为清蛋白等七类。

①清蛋白（albumin）：能溶于水、稀盐、稀酸和稀碱溶液，加热凝固。清蛋白普遍存在于动、植物组织中，如蛋清蛋白、乳清蛋白、血清蛋白、豌豆中的豆清蛋白和小麦中的麦清蛋白等。

②球蛋白（globulin）：能溶于稀盐、稀酸和稀碱溶液，但不溶于水。球蛋白普遍存在于动、植物组织中，如血清球蛋白、肌球蛋白、乳球蛋白、棉籽球蛋白、大豆球蛋白、豌豆球蛋白等。

③组蛋白（histone）：能溶于水、稀酸和稀碱，不溶于稀的氨水，分子中含有大量的碱性氨基酸。组蛋白是动物性蛋白质，如从胸腺和胰腺中可分离得到组蛋白。

④硬蛋白（scleroprotein）：在各类蛋白质中它的溶解度最低，一般不溶于水、盐溶液、稀酸、稀碱以及乙醇。硬蛋白是动物性蛋白质，是动物体中作为结缔组织和保护功能的蛋白质。如毛发、指甲、蹄、角中的角蛋白，皮肤、骨骼中的胶原蛋白等。

⑤谷蛋白（glutelin）：能溶于稀酸和稀碱溶液中，但不溶于水和稀盐溶液。此类蛋白仅存在于植物组织中，如小麦中的麦谷蛋白和大米中的米谷蛋白等。

表5-3 根据分子组成和溶解性对蛋白质分类及各类蛋白质的特点与存在

类别		特点与存在	典型蛋白质
单纯蛋白质	清蛋白	溶于水，需饱和硫酸铵才能沉淀。广泛分布于一切生物体中	血清清蛋白、乳清蛋白
	球蛋白	不溶于水，溶于稀盐溶液，需要半饱和硫酸铵沉淀。分布普遍	血清球蛋白、肌球蛋白、大豆球蛋白等
	组蛋白	溶于水及稀酸，不溶于稀氨水，碱性蛋白，含Arg、Lys多	小牛胸腺组蛋白
	硬蛋白	不溶于水、盐、稀酸或稀碱溶液。分布于动物体内的结缔组织、毛发、蹄、角、甲壳、蚕丝等	角蛋白、胶原蛋白、弹性蛋白、丝蛋白
	谷蛋白	不溶于水、醇及中性盐溶液，易溶于稀酸或稀碱。各种谷物中均含有	米谷蛋白、麦谷蛋白
	醇溶谷蛋白	不溶于水及无水乙醇，溶于70%～80%的乙醇中	玉米醇溶谷蛋白
	精蛋白	溶于水及稀酸，不溶于氨水，碱性蛋白，含His、Arg多	蛙精蛋白
结合蛋白质	金属蛋白	与金属元素直接结合	铁蛋白、乙醇脱氢酶（含锌）、黄嘌呤氧化酶（含钼、铁）
	磷蛋白	由蛋白质与磷酸组成。卵黄中的卵黄磷蛋白、乳中的酪蛋白都是典型的磷蛋白	酪蛋白、软黄蛋白
	脂蛋白	与脂类结合而成，广泛分布于一切细胞中	卵黄蛋白、血清-β-脂蛋白、细胞中的许多膜蛋白
	糖蛋白	与糖类结合而成	黏蛋白、γ-球蛋白、细胞表面的许多膜蛋白等
	核蛋白	辅基是核酸，存在于一切细胞中	核糖体、脱氧核糖核蛋白体
	血红素蛋白	辅基为血红素。存在于一切生物体中	血红蛋白、细胞色素、叶绿蛋白等
	黄素蛋白	辅基为黄素腺嘌呤二核苷酸或磷酸核黄素。存在于一切生物体中	琥珀酸脱氢酶、氨基酸氧化酶等

⑥醇溶谷蛋白（prolamine）：能溶于50%～80%的乙醇中，但不溶于水、无水乙醇。醇溶谷蛋白仅存在于植物组织中，如小麦醇溶谷蛋白、玉米醇溶谷蛋白、大麦醇溶谷蛋白、麦芽醇溶谷蛋白等。

⑦精蛋白（protamine）：能溶于水和稀酸，不溶于氨水。精蛋白是高度碱性的蛋白质，加热不凝结，分子中碱性氨基酸的比例比组蛋白更高，可达总氨基酸量的70%～80%。精蛋白也是动物性蛋白质，存在于鱼精、鱼卵和胸腺等组织中。

（2）结合蛋白质（conjugated protein） 结合蛋白质由蛋白质分子与非蛋白质分子结合而成，比较重要的有核蛋白、脂蛋白、色蛋白。

①核蛋白（nucleoprotein）：由蛋白质与核酸构成。核蛋白中的蛋白质主要是精蛋白及组蛋白，通过静电引力与核酸联结在一起。核蛋白在一切生物中都有，在生物体内有着重要意义。

②脂蛋白（lipoprotein）：由蛋白质与脂类组成。脂蛋白不溶于乙醚而溶于水，因此，在血液中由脂蛋白来运输脂类物质。在血、蛋黄、乳、脑、神经及细胞膜中多见。

③色蛋白（chromoprotein）：由蛋白质与色素物质组成。在植物中含镁原子的叶绿素与蛋白质结合而成的叶绿蛋白，人体及动物血液中含铁原子的血红素与蛋白质结合而成的血红蛋白和肌肉中的肌红蛋白等，都属于色蛋白，它们在生物体内都有重要的作用。

3. 根据营养学分类

在营养学中，根据蛋白质中所含氨基酸的种类和数量把蛋白质分为完全蛋白质、半完全蛋白质和不完全蛋白质三类。

（1）完全蛋白质（complete protein） 该类蛋白质含有人体所有的必需氨基酸，并且所含的必需氨基酸数量充足、比例合适，能维持人体的生命健康，并能促进儿童的生长发育。多数动物蛋白质如肉类和鱼类蛋白以及乳类的酪蛋白，蛋类中的卵白蛋白和卵黄蛋白等都是完全蛋白质。

（2）不完全蛋白质（incomplete protein） 该类蛋白质所含的必需氨基酸种类不全，若用作唯一蛋白质来源时，既不能促进生长发育也不能维持生命。玉米中的玉米胶蛋白、动物结缔组织中的胶原蛋白和豌豆中的豆球蛋白等属于不完全蛋白质。

【思考与讨论】

根据完全蛋白质和不完全蛋白质的特点，大家能否说出半完全蛋白质的特点？

4. 根据生物功能分类

按照蛋白质的生物功能，将蛋白质分为活性蛋白质和非活性蛋白质。活性蛋白质包括生命过程中一切有生理活性的蛋白质或它们的前体，如酶、酶原、激素蛋白、运动蛋白、防御蛋白和病毒外壳蛋白、受体蛋白、控制生长与分化的蛋白质等类型。非活性蛋白质主要包括一大类起保护和支持作用的蛋白质，如胶原蛋白、角蛋白、弹性蛋白等。

三、蛋白质的结构

简单地讲，蛋白质是由氨基酸分子通过肽键连接而成的生物大分子。但事实上蛋白质分子的结构非常复杂，需要分层次描述，即所谓的一级、二级、三级甚至四级结构。

1. 一级结构

很多氨基酸分子依次通过肽键连接而成的链状结构称为多肽链。多肽链就是蛋白质分子一级结构的基本结构形式。可见，一级结构即肽链中的氨基酸顺序，它是蛋白质的初级结构或称基本化学结构。

有些蛋白质分子的一级结构是一条多肽链，有些蛋白质分子的一级结构是由两条以上的肽链组成的。如胰凝乳蛋白酶、胰岛素等。

胰岛素（insulin）是世界上第一个被测定一级结构的蛋白质，它的结构如图5-1所示。

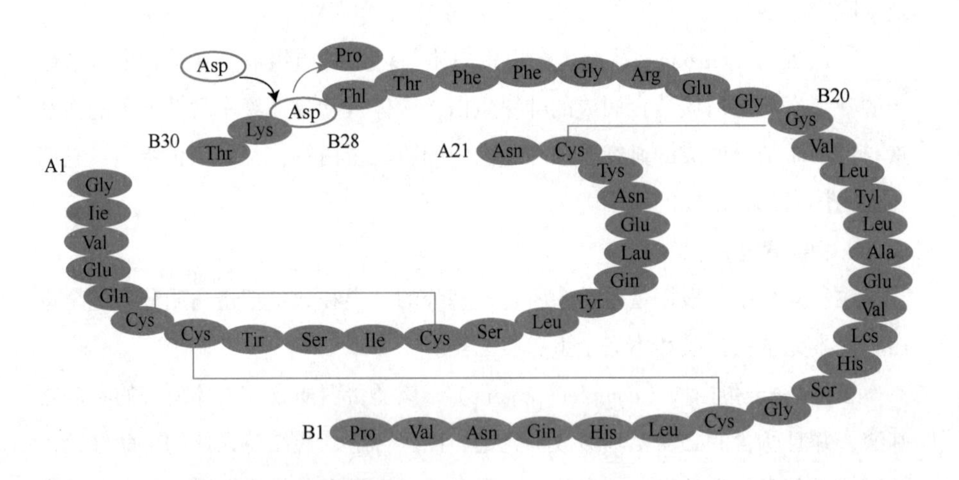

图5-1 牛胰岛素原分子的氨基酸顺序示意

2. 蛋白质分子的空间结构

（1）二级结构　蛋白质分子的二级结构是指肽链主链有规则的盘曲折叠所形成的结构。

（2）三级结构　球状蛋白质分子在一级、二级结构的基础上，再进行立体空间的多向性盘曲折叠，形成特定的近似球状的结构，称为蛋白质分子三级结构。三级结构包括蛋白质分子主链和侧链的空间排布关系。例如，第一个被阐明三级结构的蛋白质分子——肌红蛋白分子的三级结构示意图见图5-2。

（3）四级结构　有些蛋白质分子，三级结构是其最高结构形式，有些蛋

图5-2　肌红蛋白分子的三级结构示意

白质分子还需要由两个以上的三级结构单位缔合在一起，才成为具有完整生物功能的蛋白质分子，这就是所谓的四级结构。

有些球状蛋白质分子是由两个或两个以上的三级结构单位缔合而组成的，通常称为寡聚蛋白。寡聚蛋白分子中的每个三级结构单位称为一个亚基（或亚单位）。所谓蛋白质分子的四级结构就是指寡聚蛋白质分子中亚基与亚基间的立体排布及相互作用关系。例如，人体内的血红蛋白由四个亚基构成，分别为两个α亚基和两个β亚基，在与人体环境相似的电解质溶液中血红蛋白的四个亚基可以自动组装成$\alpha2\beta2$的形态。血红蛋白的每个亚基由一条肽链和一个血红素分子构成，肽链在生理条件下会盘绕折叠成球形，把血红素分子抱在里面，这条肽链盘绕成的球形结构又被称为珠蛋白。血红蛋白分子结构如图5-3所示。

图5-3　血红蛋白分子结构示意

第三节　蛋白质在食品原料中的存在

一、动物性食品原料中的蛋白质

1. 肉类蛋白质

食用肉类蛋白质主要指猪、牛、羊、鸡等畜禽类的肌肉蛋白。肌肉中蛋白质含量在18%左右。肌肉蛋白质成分基本相同，其中人体所需的必需氨基酸含量丰富，而且必需氨基酸的比例适当，属于完全蛋白质，是人类优质蛋白质的主要来源。肌肉中的蛋白质，因其生物化学性质或在肌肉组织中的存在部位不同，可以区分为肌浆蛋白质、肌原纤维蛋白质和基质蛋白质、间质蛋白质等。

（1）肌浆蛋白质（sarcoplasmic　protein）　通常可以把由新鲜的肌肉中压榨出的含有可溶性蛋白质的液体称为肌浆。肌浆的含量因饲养管理、动物品种、肌肉类型以及抽提的方法而异，一般在肌肉中约占6%，约占肉蛋白质总量的20%～30%。

肌浆蛋白黏度低，常称为肌肉的可溶性蛋白质，主要参与肌肉纤维中的物质代谢。

肌浆中的蛋白质包括肌溶蛋白、肌粒中的蛋白质和肌红蛋白。肌溶蛋白可溶于水，加热至52℃时即凝固；肌粒中的蛋白质含多种酶，与肌肉收缩功能有关；肌红蛋白是含铁色蛋白，使肌肉呈红色，依动物种类和年龄不同而含量不同，一般运动量大的肌肉含量多且色深。

（2）肌原纤维蛋白质（myofibrillar）　肌原纤维由细丝状的蛋白质凝胶组成，这些细丝平行排列成束，直接参与收缩过程，若去掉这种蛋白质，肌纤维的形状和组织将遭到破坏，所以常被称为肌肉的结构蛋白质或肌肉的不溶性蛋白质。肌原纤维中的物质与肉的某些重要品质特性（如嫩度）密切相关。

肌原纤维蛋白质的含量随肌肉活动而增加，并因静止或萎缩而减少。肌原纤维蛋白质占肌肉蛋白质总量的40%～60%，它主要包括肌球蛋白、肌动蛋白、肌动球蛋白，此外尚有原肌球蛋白和两三种调节性结构蛋白质。

肌球蛋白的相对分子质量约4.9×10^5，在生理盐水浓度下可生成肌球蛋白分子聚合体，若提高盐浓度，则会分散为单分子而溶解。在制造肉制品时加盐腌渍可提高黏着性与肌球蛋白的这一性质有关。肌球蛋白易生成凝胶，对热不稳定。

肌动蛋白有球状和纤维状，球状肌动蛋白是直径为5.5nm的球状物，聚合可形成纤维状肌动蛋白，两根链形成螺旋长丝状，细丝中嵌有肌钙蛋白和原肌球蛋白，肌钙蛋白和原肌球蛋白具有调节肌肉收缩、松弛的功能。

肌动球蛋白是由肌动蛋白与肌球蛋白形成的复合物，它能反映肌肉的收缩与松弛。在NaCl（KCl）溶液中，当NaCl（KCl）的浓度在0.3mol/L以上时，则肌球蛋白溶解，肌动球蛋白就成为液状，显示出高的黏度。高浓度时易于形成凝胶。变性温度是45～50℃。

知识拓展

胶原和明胶

胶原是皮、骨和结缔组织中的主要蛋白质。胶原的氨基酸组成有以下特征：脯氨酸、羟脯氨酸和甘氨酸含量高，甲硫氨酸含量少，不含色氨酸或胱氨酸，因此胶原是不完全蛋白质。许多胶原分子横向结合成胶原纤维而存在于结缔组织中。

胶原纤维具有高度的结晶性，当加热到一定温度时会发生突然收缩。例如，牛肌肉中的胶原纤维在65℃即发生这一变化，其原因可能是胶原纤维结晶区域的“熔化”造成的。

明胶是胶原分子热分解的产物。工业生产明胶就是把胶原含量高的组织如皮、骨于加碱或加酸的热水中长时间的提取而制得。明胶不溶于冷水而溶于热水中，冷却时凝固成富有弹性的凝胶。凝胶具有热可逆性，加热时熔化，冷却时凝固。其溶胶是典型的亲水胶体。明胶在紫外线及某些有机试剂的作用下会失去溶解性和凝胶性。由于明胶与凝胶具有热可逆性，故大量应用于食品工业特别是糖果制造中。

2. 蛋类蛋白质

蛋类蛋白质在蛋中的含量约为蛋类总质量的13%～15%，而且蛋类蛋白质所含各种氨基酸的组成比例与人体组织蛋白质中氨基酸的比例最为接近，因此蛋类蛋白质的生理营养价值最高。

蛋黄蛋白质中，低密度脂蛋白（LDL）含量最高，约占蛋黄蛋白的65%，低密度脂蛋白中含脂量高达89%，还含有少量的糖类；高密度脂蛋白（卵黄脂磷蛋白，HDL）含脂量较少，且多分布于分子内部，也含有少量的糖类；卵黄高磷蛋白含有卵黄总磷量的69%，还含有较多的糖类，具有酸性；与核黄素结合的蛋白质是蛋黄黄色的主要来源。此外，蛋黄蛋白质中还含有卵黄球蛋白。由上可见，蛋黄蛋白质是复合蛋白质，且大部分是脂蛋白。由于脂蛋白具有很好的乳化性质，因此蛋黄广泛应用于食品加工中。

蛋白中存在9种以上的蛋白质，如卵白蛋白、半白蛋白、类卵黏蛋白、卵球蛋白（三种）、卵白素、卵黏蛋白、黄素蛋白等。其中，卵白蛋白是蛋白中的主要蛋白质，是由三种不同成分组成的混合物。

值得注意的是蛋白中含有的抗生物素蛋白和抗胰蛋白酶，前者能够在肠道内与生物素结合成人体难以吸收的化合物，而后者能够抑制胰蛋白酶的活力，从而妨碍蛋白质的消化吸收，因此生食鸡蛋对人体没有好处。

3. 乳蛋白质

乳蛋白质是乳汁中重要的组成成分，它是一种完全蛋白质。乳蛋白质的成分随品种而变化。牛乳的乳蛋白质主要包括80%左右的酪蛋白和20%左右的乳清蛋白，此外还有少量的脂肪球膜蛋白质。

（1）酪蛋白（casein） 酪蛋白是乳蛋白质中含量最丰富的一类蛋白质。它含有胱氨酸和蛋氨酸这两种含硫氨基酸。在酪蛋白中还含磷，因此它是典型的磷蛋白。在牛乳中，酪蛋白主要以酪蛋白酸钙-磷酸钙的配合物形式存在，称为酪蛋白胶粒。

酪蛋白胶粒在牛乳中比较稳定，但经冻结或加热等处理，也会发生凝胶现象。在130℃加热数分钟，酪蛋白变性而凝固沉淀。在酸或凝乳酶的作用下，酪蛋白胶粒的稳定性被破坏而凝固。干酪就是利用凝乳酶对酪蛋白的凝固作用制成的。

（2）乳清蛋白（lactalbumin，lactoalbumin） 脱脂牛乳中的酪蛋白沉淀下来以后，保留在其上的清液即为乳清，存在于乳清中的蛋白质称为乳清蛋白质。其主要成分是β-乳清蛋白和α-乳清蛋白，另外还有少量的血清白蛋白和免疫球蛋白、酶等。其中，β-乳清蛋白属于单纯蛋白质，约占乳清蛋白质的50%左右。β-乳清蛋白含有游离的巯基（—SH），牛乳加热后的气味与之有关，加热、增加钙离子浓度或pH超过8.6都能使其变性，它是牛乳中最易加热变性的蛋白质。α-乳清蛋白也属于单纯蛋白质，在乳清蛋白中占25%左右。α-乳清蛋白性质较稳定，不含游离的巯基。

知识拓展

脂肪球膜蛋白质

在乳脂肪球周围的薄膜中吸附着少量的蛋白质（每100g脂肪吸附蛋白质不到1g），称为脂肪球膜蛋白质。它是磷脂蛋白质。乳脂肪球膜除含有脂肪球膜蛋白质外，还含有许多酶类和糖。乳脂肪球膜具有保持乳浊液稳定的作用，它使脂肪球稳定地分散于乳中。

4. 鱼类蛋白质

鱼类中纯蛋白质的含量为15%～20%，其中带鱼、白鲢和黄鱼等含量较高，在18%以上，其他如虾、蟹类含量也较多。

鱼肉可食部分由横纹肌组成，肉质细嫩，是许多比较细的肌纤维蛋白的聚合体。

一般来说，鱼在僵直前或僵直中的新鲜状态下，具有强的黏性形成能力，这与肌动球蛋白（肌动蛋白和肌球蛋白）的含量有关。肌动球蛋白的含量依鱼种不同而异，有的鱼死后肌动球蛋白迅速发生变化，持水力下降，黏性降低，鱼肉pH显著下降，如鲭鱼、沙丁鱼等红肉鱼类和冷水性的狭鳕鱼等。另一方面，也有不易发生肌动球蛋白变性、长期冷藏也能保持黏性形成能力的鱼类，如石首鱼类、鲨鱼类等。

鱼肉组织比畜肉组织软，其原因是鱼肉肌质蛋白中的胶原和弹性蛋白少，如硬骨鱼约为3%，软骨鱼（如鲨鱼）不到10%，而牛肉则有15%。

鱼类蛋白质的氨基酸组成与食用畜禽肉的组成较相似，生理营养价值较高，是优质的蛋白质食物，尤其是含有较多的必需氨基酸如赖氨酸，对以谷类为主食的人们来说，补充赖氨酸的不足更显出其重要性。

二、植物性食品原料中的蛋白质

1. 大豆蛋白质

大豆中的蛋白质含量随大豆品种和栽培地域的不同而变化，一般占大豆总成分含量的35%～45%。大豆蛋白质含有人体必需的8种氨基酸，而且必需氨基酸的含量接近或高于FAO/WHO建议的理想构成，所以属于优质蛋白质，是目前最重要的植物蛋白质来源。

大豆蛋白质可分为储藏蛋白质和生物活性蛋白质两类。其中，储藏蛋白质是主体，约占总蛋白质的70%左右，它与大豆的加工性关系密切。生物活性蛋白质包括的种类较多，如胰蛋白酶抑制剂、淀粉酶、血球凝集素、脂肪氧化酶等，它们在总蛋白质中所占比例虽不多，但是对大豆制品的质量却有重要的影响。

从营养观点来看，大豆蛋白质中含有丰富的赖氨酸，但缺乏甲硫氨酸（棉籽蛋白缺乏赖氨酸；花生除缺乏甲硫氨酸、赖氨酸外，还缺乏苏氨酸）。

人们将大豆蛋白质“质构化”，使蛋白质具有类似肉的质地和结构，生产大量的植物肉（人造肉）。

大豆蛋白质还用于加工糕点、香肠和食品的营养强化等。

知识拓展

大豆蛋白质的提取

用乙醇水溶液去掉大豆粉粕中的糖分和小分子的肽，残余物中蛋白质含量以干物质计可达70%以上，称为“大豆蛋白质浓缩物”。如果要得到纯度更高的蛋白质，可先用稀碱提取，然后在pH4.0～4.5条件下沉淀，这样可以得到很纯的大豆蛋白质，此法可以分离大豆粉粕中2/3以上的蛋白质。

2. 花生蛋白质

花生中的蛋白质含量为25%～30%，仅次于大豆而高于芝麻、油菜和棉籽。花生蛋白含有人体必需的八种氨基酸，精氨酸含量高于其他坚果。

花生中可溶性蛋白质含量高，作为辅料添加能起到改善食品品质、强化食品营养和改善风味的作用，是乳、肉食物的优质替代品。

3. 小麦蛋白质

小麦制粉后，保留在面粉中的蛋白质主要是麦胶蛋白（gliadin）和麦谷蛋白（glutenin），二者在面粉中的含量大致相等。麦胶蛋白质不溶于水、无水乙醇及其他中性溶剂，但溶于60%～80%的酒精溶液中，所以麦胶蛋白质又称麦醇溶蛋白。麦谷蛋白质不溶于水及其他中性溶液，但能溶于稀酸或稀碱溶液中。在热的稀酒精中可以稍稍溶解，但遇热易变性。麦谷蛋白质在pH为6～8的溶液中，其溶解度、黏度、渗透压、膨胀性能等物理性能指标都变小。麦胶蛋白和麦谷蛋白是构成面筋的主要成分，约占面粉蛋白质的85%，所以又称为面筋蛋白质，它决定面团的特性。

此外，小麦中还含有清蛋白（albumin）和球蛋白（globin），二者一起约占小麦胚乳蛋白含量的10%～15%。清蛋白的相对分子质量较低，约在1.2×10^4～2.6×10^4范围，球蛋白的相对分子质量可达10^5，但多数低于4.0×10^4。

4. 大米蛋白质

大米蛋白质含量根据品种、栽培条件的不同而异。以干物计，在8.21%～15.2%范围内。米蛋白的组分以溶于稀碱的谷蛋白为主。从氨基酸组成来看，色氨酸、赖氨酸、苏氨酸、甲硫氨酸比动物性蛋白少，但是比其他植物性蛋白质的赖氨酸、含硫氨基酸多。

5. 玉米蛋白质

玉米籽粒中的蛋白质含量偏低且品质欠佳，如赖氨酸、色氨酸和蛋氨酸的含量与人体的需求相比严重不足，各种氨基酸含量也不平衡。但是，玉米籽粒中含有一种长寿因子——谷胱甘肽，它在硒的参与下，生成谷胱甘肽氧化酶，具有恢复青春、延缓衰老的功能。此外，其含有的谷氨酸有一定健脑功能。

6. 海藻中的蛋白质

除紫菜外，海藻中蛋白质的含量均比较低。由于和大量的多糖分离困难，故研究不多。由氨基酸组成来看，其特点是精氨酸最多，其他氨基酸组成和陆上植物的叶菜类相仿。此外海藻中还含有鸟氨酸、瓜氨酸、碘酪氨酸等。

在海藻提取液中，含有各种游离氨基酸。例如，自古以来海带的谷氨酸分离物就是典型的呈味成分。

知识拓展

叶蛋白

蔬菜、水果中蛋白质、脂肪含量一般很少，但是下面介绍的叶蛋白大家应当注意。叶蛋白又称绿色蛋白浓缩物（LPC），是以新鲜牧草或其他青绿植物为原料，经压榨后，从其汁液中提取的浓缩粗蛋白质产品。目前在生产实践中应用最多的是苜蓿，它不仅叶蛋白产量高，而且凝聚颗粒大，容易分离，品质好。许多国家种植苜蓿以生产叶蛋白，主要用于饲料，纯品可用于食品。

三、食用菌中的蛋白质

食用菌中，蛋白质含量约占其鲜重的4%，占其干重的20%～30%，是一般蔬菜的3～6倍，一般水果的4倍左右。

食用菌中的蛋白质在国际上被公认为是高档蛋白质，是“素中之荤”。食用菌中的蛋白质所含氨基酸的种类很多，无论是蘑菇、香菇，还是草菇、单肚菌、木耳等，所含氨基酸的种类都有十七八种之多。除亮氨酸、甲硫氨酸稍低以外，其余的与面包、牛乳、鱼粉中所含的氨基酸相似。

食用菌中的含氮物质蛋白质、氨基酸、酰胺等，对食用菌加工品的色、香、味和工艺过程有一定影响，如含酪氨酸的子实体能在各种酚氧化酶的作用下进行氧化，发生酶促褐变产生黑色物质。氨基酸与新鲜食用菌及其制品的风味有密切关系。食用菌中所含的谷氨酸、天冬氨酸能产生特有的鲜味，甘氨酸具有独有的甜味。此外，氨基酸还可以与醇反应生成酯，它们是食用菌香味的来源之一。

由于蛋白质的存在，在加工食用菌进行液体培养时常发生泡沫、凝固、沉淀等现象，影响产品质量。

知识拓展

单细胞蛋白质

单细胞蛋白质(singlecellprotein，SCP)主要由某些酵母、真菌与细菌等食用微生物和藻类提供。以单细胞蛋白作为补充人类膳食蛋白质的来源，早已得到诸多研究者的肯定。近几十年来，对单细胞蛋白的生产利用取得了相当进展。

以单细胞蛋白解决人类部分蛋白质的来源，主要是从以下几个方面考虑：单细胞蛋白质的营养价值高，氨基酸的种类齐全，赖氨酸等必需氨基酸的含量较高，微生物蛋白的必需氨基酸略高于大豆蛋白质，是较优质的蛋白质。同时还含有丰富的维生素。另外，单细胞蛋白质在开发上有很多优势。如它可以利用含糖类的废液进行工业化连续生产，不受气候、地理条件限制，并且节约土地使用面积，生产速度快、投资少。据估计，一头体重500kg的乳牛一天只能在其体内增加0.5kg的蛋白质，而细菌却在同样长的时间内增重为初重的1000倍。

单细胞蛋白中核蛋白的含量很高，可达蛋白质总量的50%。由于核酸的代谢产物尿酸在体内积累过多会引起“尿结石”和在小关节处积累引起“痛风症”，因此单细胞蛋白用于人类食用时，应限制其核酸含量。单细胞蛋白质目前主要供饲用。

第四节 蛋白质的性质及其应用

蛋白质的有些性质和氨基酸的性质密切相关，如两性电离和等电点等。但由于蛋白质是高分子化合物，相对分子质量很大，所以有些性质又与氨基酸不同。由于蛋白质结构的复杂性，它表现出的许多性质难以单纯地划分为物理性质、化学性质或者生物化学性质，所以不再对蛋白质的性质分类，而是大致按照物理性质、化学性质、生物化学性质的顺序讲解。同学们学习以后，可以在教师指导下根据物理性质、化学性质、生物化学性质的基本特征，结合每一条性质的主要特点，尝试对所学蛋白质的性质进行基本分类。

一、蛋白质的溶解性

复习与回顾

根据蛋白质的溶解性质可将它们分成几类？

蛋白质在低盐（盐的浓度小）溶液中溶解度较大，称为盐溶。这是因为当盐溶液浓度较低时，蛋白质颗粒上吸附盐离子，使蛋白质颗粒带有同种电荷而相互排斥，并加强了与水分子的作用，溶解度增加。如炒肉丝时，先用少量食盐拌一拌，炒肉的口感较嫩，就是利用了蛋白质在低盐溶液中溶解度较大的道理。

蛋白质的溶解性往往影响它们的增稠、起泡、乳化和胶凝作用。

不溶性蛋白质在食品中的应用是非常有限的。

二、蛋白质溶胶与凝胶

1. 蛋白质溶胶（protein sol）

由于蛋白质分子体积较大，所以溶于水的蛋白质能形成稳定的亲水胶体，统称为蛋白质溶胶。常见的豆浆、蛋清、牛乳、肉汤等都是蛋白质溶胶。

蛋白质分子的体积本来就大，而且由于水化作用使蛋白质分子表面带有水化层，更增大了其分子的体积，使得蛋白质溶胶的流动阻力很大，黏度比一般小分子溶液大得多，且随着相对分子质量的增加黏度增大。此外，蛋白质溶胶的黏度除了与浓度有关外，还与蛋白质分子的形状和表面状况有关：球形分子蛋白质的溶胶黏度一般低于纤维状分子蛋白质溶胶。如果蛋白质分子带有电荷，增加了水化层的厚度，则溶胶黏度变得更大。还要说明的是，蛋白质的浓度与黏度成正比，而温度却与黏度成反比关系。

蛋白质溶胶有较大的吸附能力。

2. 蛋白质凝胶（protein gel）

食品中许多蛋白质以凝胶状态存在，如新鲜的鱼肉、禽畜瘦肉，动物皮、筋，豆腐制品及面筋制品等，均可看成水分子分散在蛋白质凝胶的网络结构中，它们有一定的弹性、韧性和可加工性。

新鲜的蛋白质失水干燥、体积缩小，就成为具有弹性的干凝胶，如干海参、鱼翅、干贝等。它们可在碱性和加热的条件下吸水溶胀，逐渐回复到原来的凝胶状态，使体积复原、变软，利于加工。

3. 蛋白质溶胶与凝胶的相互关系

蛋白质在生物体内常以溶胶和凝胶两种状态存在，例如，蛋清是蛋白质溶胶、蛋黄是蛋白质凝胶。又如动物体肌肉中肌肉纤维为蛋白质凝胶，而肉浆内的蛋白质为溶胶状态。

蛋白质溶胶在酶、氧气、温度、酸、碱等因素作用下可与凝胶相互转化。如血液属于蛋白质溶胶，在空气中遇氧，在酶的作用下会慢慢凝固成凝胶；豆浆蛋白在水中成溶胶，加热后加入盐类又成为凝胶。

三、蛋白质的水化与持水性

1. 蛋白质的水化

干燥蛋白质遇水逐步水化，在其不同的水化阶段表现出不同的功能特性。

影响蛋白质水化的因素首先是蛋白质自身的状况，如蛋白质形状、表面积大小及蛋白质粒子的微观结构是否多孔等。其次，环境因素如pH、温度等也会影响蛋白质水化的程度。对蛋白质适度加热，往往不会损害蛋白质的水化能力，而高温较长时间的加热会损害蛋白质的水化能力。另外，低浓度的盐往往增加蛋白质的水化程度，即发生上面所述的蛋白质的盐溶，而在高浓度的盐中，由于盐与水的相互作用大于蛋白质与水的相互作用，使蛋白质发生脱水，即发生下面要讲到的盐析。

如果蛋白质分子间有较多的相互交联，这样的蛋白质水化后，往往以不溶性的充分溶胀的固态蛋白质块存在，如水化后的大豆蛋白肉等。

2. 蛋白质的持水性

蛋白质的持水性是指水化了的蛋白质将水保留在蛋白质组织中而不丢失的能力。蛋白质保留水的能力与许多食品的质量，特别是肉类菜肴的质量有重要关系。加工过程中肌肉蛋白质持水性越好，意味着肌肉中水的含量较高，制作出的食品口感鲜嫩。要做到这一点，除了避免使用老龄的动物肌肉外，还要注意使肌肉蛋白质处于最佳的水化状态。比较有实际意义的操作方法是尽量使肌肉远离等电点，如用经过排酸的肌肉进行加工，这时肌肉的pH较高。使用食盐也能使肌肉蛋白质充分水化。另外，在加工过程中还要避免蛋白质受热过度导致的流失，要做到这一点，可以在肌肉的表面裹上一层保护性物质，或采用在较低油温中滑熟的方法处理。

知识基础

肉的排酸

动物屠宰后，肉中的热还没有完全散失，肉柔软具有较小的弹性，经过一定时间，肉的伸展性消失，肉体变为僵硬状态。此时的肉加热食用是较硬的，而且持水性也差，加热后质量损失较大，因此不适宜加工。如果继续储藏，经过自身解僵，肉又变得柔软起来，同时持水性增加，风味提高，此过程称为肉的成熟，工业上也称为肉的排酸。在本书第八章会对肉的排酸进行比较深入的学习。

四、蛋白质的乳化性与发泡性

1. 乳化性

一般来说，蛋白质的溶解度越高就越容易形成良好的乳状液。可溶性蛋白的乳化能力高于不溶性蛋白的乳化能力。能够提高蛋白质溶解度的方法有助于提高蛋白质的乳化能力。例如，在肉制品加工中，向肉糜中加入0.5～1.0mol/L的氯化钠，能提高肌纤维蛋白的乳化能力。

大多数蛋白质在远离其等电点的pH条件下乳化作用更好。这时，蛋白质有高的溶解度并且蛋白质带有电荷，有助于形成稳定的乳状液，这类蛋白有大豆蛋白、花生蛋白、酪蛋白、乳清蛋白及肌纤维蛋白。还有少数蛋白质在等电点时具有良好的乳化作用，同时蛋白质与脂肪的相互作用增强，这样的蛋白有明胶和蛋清蛋白。

要形成良好的蛋白质乳状液，液体中的蛋白质必须达到一定的浓度，只有这样，蛋白质才能在界面上形成足够厚度及有一定弹性的膜。通常蛋白质的浓度要达到0.5%～5%。

对蛋白质乳状液进行加热处理，通常会损害蛋白质的乳化能力。但对那些已高度水化的蛋白质和水之间的界面上的蛋白质膜，适度加热产生的凝胶作用提高了蛋白质表面的黏度和硬度，阻碍了油滴相互聚集，反而会稳定乳状液。

由蛋白质稳定的食品乳状液体系很多，如乳、奶油等。

2. 发泡性

简单来讲，食品泡沫是指气泡（空气、二氧化碳等气体）分散在连续液态或半固体中形成的分散体系。常见的食品泡沫有打搅发泡的蛋糕生料、蛋糕的顶端饰料、冰淇淋、啤酒泡沫等。

对蛋白质泡沫的评价主要涉及蛋白质的起泡能力和蛋白质泡沫的稳定性。蛋白质泡沫的稳定性可通过泡沫排水时间、在一定时间内泡沫体积减小的量等来进行评价。

蛋白质尤其是蛋清和明胶蛋白，在食品泡沫中可以形成具有一定机械强度的薄膜，起到稳定气泡的作用，使泡沫的稳定性提高。

提高泡沫中主要的液体物质的黏度，一方面有利于气泡的稳定，但同时也会抑制气泡的膨胀。所以，在打擦加蛋白的泡沫时，糖应在打擦起泡后加入。脂类会损害蛋白质的起泡性，所以，在打擦蛋白时，应避免接触到油脂。

泡沫形成前对蛋白质溶液进行适度的热处理可以改进蛋白质的起泡性能，过度的热处理会损害蛋白质的起泡能力。对已形成的泡沫加热，泡沫中的空气膨胀，往往导致气泡破裂及泡沫解体。只有蛋清蛋白在加热时能维持泡沫结构，可见蛋清蛋白具有良好的发泡能力。蛋清蛋白的发泡能力常用作比较各种蛋白起泡能力的参照物。

五、蛋白质的膨润

蛋白质的膨润是指蛋白质吸水后不溶解，在保持水分的同时赋予制品以强度和黏度的一种重要特性。加工中有大量蛋白质膨润的实例，如以干凝胶形式保存的鱿鱼、海参、蹄筋的发制等。

由于吸附了大量的水，膨润后的凝胶体积膨大。干凝胶发制时的膨化度越大，出品率越高。干蛋白质凝胶的膨润与凝胶干制过程中蛋白质的变性程度有关。在干制脱水过程中，蛋白质变性程度越低，发制时的膨润速度越快，复水性越好，更接近新鲜时的状态。真空冷冻干燥得到的干制品对蛋白质的变性作用最低，所以，复水后的产品质量最好。

膨润过程中的pH大小对干制品的膨润及膨化度的影响也非常大。通过前面的学习知道，蛋白质在远离其等电点的情况下水化作用较大，基于这样的原理，许多原料用碱发制。

还有一些干货原料，用水或碱液浸泡都不易涨发，这就需要先进行油发或盐发。用热油（120℃左右）及热盐处理，蛋白质受热后水分蒸发使制品膨大多孔，利于蛋白质与水发生相互作用而水化。

六、蛋白质的变性

1. 可逆变性与不可逆变性

蛋白质分子的天然状态是在生理条件下最稳定的状态，当蛋白质分子所处的环境如温度、辐射、pH等变化到一定程度时，会迫使蛋白质分子的结构发生变化，从而导致某些性质的变化，这种现象称为蛋白质的变性。

变性后的蛋白质，除去变性因素以后，在适当的条件下蛋白质结构如果可以由变性态恢复到天然态，这种变性称为可逆变性。蛋白质由变性态恢复到天然态的性能，称为蛋白质的复性。例如，血红蛋白用某些方法变性以后，可以设法使其恢复到天然状态，这种逆转的血红蛋白，其溶解度、结晶性质等许多指标都与天然血红蛋白一样。

应该说明：有些变性因素导致的蛋白质变性是可逆的，而许多变性因素导致的蛋白质变性是不可逆的。除去变性因素以后，蛋白质空间结构不能由变性态恢复到天然态的变性，称为不可逆变性。蛋白质发生不可逆变性以后，不仅不再具有溶解性，而且丧失了原有的生理活性。

2. 物理因素与变性

（1）热变性　在食品加工和保藏过程中热处理是最常用的加工方法，提高温度对天然蛋白质最重要的影响是促使它们的结构发生变化。当一种蛋白质溶液逐渐地受热并超过一定温度时，它产生了从天然状态至变性状态的剧烈转变，而且这种转变是不可逆的。

一般认为，温度越低，蛋白质的稳定性愈高，然而实际情况并非总是如此，各种蛋白质都有它的变性温度（表5-4）。

表5-4　一些与食品相关的蛋白质的热变性温度

蛋白质	热变性温度/℃	蛋白质	热变性温度/℃
牛血清白蛋白	6	α-乳清蛋白	83
血红蛋白	67	β-乳球蛋白	83
鸡蛋白蛋白	76	大豆球蛋白	92
肌红蛋白	79	燕麦球蛋白	108

应当注意的是，水能促进蛋白质的热变性。这是因为，在干燥状态下蛋白质具有静止的结构，或者说多肽链段的移动受到了限制。但当水分含量增加时，水合作用和水渗透至蛋白质结构的空洞，导致蛋白质的肿胀，蛋白质的肿胀提高了多肽链的移动性和柔性，造成较低的变性温度（表5-5）。

表5-5　几种与食品相关的蛋白质在不同水分含量时的热变性温度

蛋白质	水分含量/%	热变性温度/℃	蛋白质	水分含量/%	热变性温度/℃
肌红蛋白	2.3	122	大豆粉	10	115
	9.5	89		20	109
	15.6	82		30	102
	20.6	79		40	97
	35.2	75		50	89

（2）辐射变性　如果射线（如紫外线、γ射线）的能量足够高，也会导致蛋白质结构的转变，从而导致蛋白质的变性。辐射导致的蛋白质变性是不可逆的。

分析研究证明，在许多适合的条件下，辐射不会对蛋白质的营养质量产生明显的损害作用。然而，有些食品对辐射非常敏感，例如，在辐射剂量低于无菌所需的水平时就能导致牛乳产生不良风味。

（3）运动变性　由振动、捏合、打擦、剪切等产生的机械运动会破坏蛋白质分子的结构，从而使蛋白质变性。例如，在“打”蛋糕时，就是通过强烈快速的搅拌，使鸡蛋蛋白质分子由复杂的空间结构变成多肽链，多肽链在继续搅拌下形成球状小液滴，由于大量空气的冲入，使鸡蛋体积大大增加。

蛋白质发生的一般的运动变性是可逆的，但是在外力强烈持续作用下发生的蛋白质变性是不可逆的。

（4）高压变性　由于蛋白质的柔性及可压缩性，高压也可使其发生变性。压力变性不同于热加工和辐射变性，它不会损害蛋白质中必需氨基酸的天然色泽和风味，也不会导致有毒化合物的形成。

一般来说，压力诱导的蛋白质变性是可逆的，但是，高压（如200~700MPa的静水压）则不可逆地破坏细胞膜和导致微生物中细胞器的离体，会使生长的微生物死亡。鉴于此，科学家正在研究将高静水压应用于食品的灭菌。

3. 化学因素与变性

（1）pH与变性　蛋白质在其等电点的pH时比在其他pH时更加稳定。然而，在极端pH下蛋白质也能变性，其中，在极端碱性pH时的变性程度高于在极端酸性pH时的变性程度。pH诱导的蛋白质变性多数是可逆的，但在少数情况下，肽键的水解能导致蛋白质的不可逆变性。

（2）金属离子与变性　元素周期表中第一主族（俗称碱金属）元素的离子如Na^{+}和K^{+}只能有限度地与蛋白质起作用而使蛋白质变性；第二主族（俗称碱土金属）元素的离子如Ca^{2+}、Mg^{2+}可比较容易地使蛋白质变性；副族和第八族（俗称过渡金属）元素的离子如Cu^{2+}、Fe^{3+}、Hg^{2+}和Ag^{+}等都能很容易与蛋白质发生作用使蛋白质变性。金属离子导致的蛋白质变性是不可逆的。

（3）有机溶剂、有机溶质与变性　大多数有机溶剂被认为是蛋白质的变性剂。有机溶质中，尿素和盐酸胍［$HN{=}C(CH_2)_2 \cdot HCl$，GuHCl］诱导的蛋白质变性是值得注意的。由于GuHCl具有离子的性质，因此比起尿素来它是更强的变性剂。许多球状蛋白质即使在8mol/L尿素中仍然不会完全变性，而在8mol/L GuHCl中它们通常已经完全变性。尿素或GuHCl诱导的蛋白质变性在除去变性剂后可以逆转。但是如果一部分尿素转变成氰酸盐和氨，由于氰酸盐能与蛋白质中的氨基发生反应，所以此时尿素诱导的蛋白质变性要实现完全可逆是困难的。

（4）表面活性剂与变性　表面活性剂（食品添加剂的一种）如十二烷基硫酸钠（SDS），是强有力的变性剂，浓度为3～8mol/L就能使大多数球状蛋白质变性。SDS诱导的蛋白质变性是不可逆的。

除了以上化学变性因素以外，还有某些化学试剂也能引起蛋白质变性，而且这种变性是不可逆的。例如，用二氧化氯漂白面粉会破坏面筋蛋白，腌制肉类时加入的亚硝酸盐会破坏赖氨酸等。

4. 蛋白质的不可逆变性对其结构和功能的影响

蛋白质的不可逆变性对其结构和功能的影响主要包括以下几个方面：溶解度降低；改变对水结合的能力；失去生物活性（如酶或免疫活性）；增加对酶水解的敏感性；特征黏度增大；不能结晶。

蛋白质变性以后，在其溶液或者溶胶中会凝聚沉淀下来。但是，有些情况下蛋白质不发生变性也能在其溶液或溶胶中沉淀下来。下面把蛋白质的沉淀列专题学习。

七、蛋白质的沉淀作用

1. 盐析

向蛋白质溶液中加入某些浓的无机盐如NaCl、KCl、$(NH_4)_2SO_4$、Na_2SO_4等，当溶液中的盐浓度提高到一定的饱和度时，蛋白质的溶解度逐渐降低，蛋白质分子发生絮结，成沉淀析出，这种现象称为盐析。这样析出的蛋白质不发生变性，仍然可以溶解于水中，不影响原来蛋白质的性质，因此，盐析是一个可逆的过程。利用这一性质可以采取多次盐析的方法来分离、提纯蛋白质。

2. 热凝固沉淀

蛋白质受热变性后，再有少量盐类存在或将pH调至等电点，则很容易发生凝固沉淀。我国传统的做豆腐工艺，是将豆浆煮沸，点入少量盐卤或石膏，或者点入酸浆或葡萄糖酸内酯将pH调至等电点，热变性的大豆蛋白便很快絮结凝固，最后过滤成型。这是蛋白质热变性凝固沉淀实际应用的一个很好的例子。

3. 重金属盐沉淀

当蛋白质溶液或溶胶pH大于等电点时，其中的OH^-比H^+多，蛋白质颗粒带负电荷，易与重金属离子Hg^{2+}、Pb^{2+}、Cu^{2+}、Ag^+等结合，生成不溶性盐类，变性沉淀析出。例如，误服重金属盐的病人，大量口服牛乳、豆浆或蛋清能够解毒，就是因为这些食物中的蛋白质与重金属离子形成了不溶性盐，后者经催吐剂催吐排出体外，则可达到解毒的目的。

【思考与讨论】
重金属是指哪类金属？为什么当蛋白质溶液或溶胶pH大于等电点时，其中的OH^-比H^+多？

4. 有机溶剂沉淀

水溶性有机溶剂如丙酮、乙醇等，与水的亲和力大，能以任何比例与水相溶。当向蛋白质水溶液中加入适量这类溶剂时，能导致蛋白质分子聚集絮结沉淀。

在对蛋白质的影响方面，与盐析法不同的是，有机溶剂长时间作用于蛋白质会引起变性。

5. 生物碱试剂沉淀

当蛋白质溶液或溶胶pH小于等电点时，其中的H^+比OH^-多，蛋白质颗粒带正电荷，易与生物碱试剂作用，生成不溶性盐沉淀，并伴随发生蛋白质分子变性。

八、蛋白质的水解与分解

蛋白质能在酸、碱、酶的作用下发生水解作用，在加热时也能发生水解。变性了的蛋白质更易发生水解反应。蛋白质的水解产物随着反应程度和蛋白质的组成不同而变化。单纯蛋白质水解的最终产物是α-氨基酸；结合蛋白质水解的最终产物除了α-氨基酸外，还有相应的非蛋白物质，如糖类、色素、脂肪等。不论是单纯蛋白质还是结合蛋白质，在生成氨基酸之前都生成一些小分子肽即低肽。水解生成的低肽和氨基酸增加了食品的风味，同时肽和氨基酸与食物中的其他成分反应，进一步形成了各种风味物质，所以蛋白质也属于原料中的风味前体物质之一。

蛋白质在高温下变性后易水解，也易发生分解，形成一定的风味物质。所以蛋白质的加热过程不仅是变性成熟过程，也是水解、分解产生风味物质的过程。但是过度加热可使蛋白质分解产生有害物质，甚至产生致癌物质，有害人体健康。

蛋白质还能在腐败菌作用下发生分解，产生对人体有害的NH_3、H_2S、胺类、含氮杂环化合物、含硫有机物及低级酸等物质，这些物质有的有毒，有的具有强烈的臭味，使食物失去营养和食用价值。例如，鸡蛋变臭、鱼肉的腐败，都是细菌作用于蛋白质造成的。

九、蛋白质的呈色反应

蛋白质分子可与某些试剂作用产生相应的显色反应，这些显色反应可用于蛋白质的定性、定量检测。

1. 双缩脲反应

在加热时，两分子尿素缩合生成双缩脲并放出一分子氨，这一反应称为双缩脲反应。双缩脲在碱性溶液中能与硫酸铜反应产生紫红色物质。碱性硫酸铜溶液称为双缩脲试剂。

$$2H_2N-\underset{\underset{O}{\|}}{C}-NH_2 \longrightarrow H_2N-\underset{\underset{O}{\|}}{C}-NH-\underset{\underset{O}{\|}}{C}-NH_2+NH_3\uparrow$$

双缩脲

蛋白质分子中含有与双缩脲结构相似的肽键，因此蛋白质分子也能发生双缩脲反应，在碱性溶液中也能与硫酸铜反应产生紫红色物质。该反应可用于蛋白质和多肽的定性、定量测定，也可用于蛋白质水解程度的测定。

2. 酚试剂反应

酚试剂（磷钼酸-磷钨酸混合物）又称福林（Folin）试剂或福林-酚试剂。由酪氨酸参与组成的蛋白质分子在碱性条件下与酚试剂作用，生成蓝色物质。该反应可用于蛋白质的定性、定量分析，其灵敏度比双缩脲反应高100倍。

3. 茚三酮反应

蛋白质与氨基酸一样，在溶液中加入水合茚三酮并加热至沸腾则显蓝紫色，常用来检验蛋白质的存在。

4. 黄色反应

由芳香族氨基酸，特别是由酪氨酸和色氨酸参与组成的蛋白质在溶液中遇到硝酸后，先产生白色沉淀，加热则变黄，再加碱颜色加深为橙黄色。皮肤、毛发、指甲遇浓硝酸都会变黄，就是这一原因。

5. 米伦反应

由酪氨酸参与组成的蛋白质与米伦试剂（由硝酸汞、硝酸亚汞、硝酸配制而成）混合，先产生白色沉淀，加热后沉淀变成砖红色。

十、蛋白质与风味化合物的结合

蛋白质本身是没有气味的，然而它们能结合风味化合物，于是影响了食品的感官品质。一些蛋白质，尤其是油料种子蛋白质和乳清浓缩蛋白质，能结合不期望的风味物，限制了它们在食品中的应用价值。这些不良风味物主要是不饱和脂肪酸经氧化生成的醛、酮类化合物。一旦形成，这些羰基化合物就与蛋白质结合，从而影响它们的风味特性。例如，大豆蛋白质制剂的豆腥味和青草味被归之于己醛的存在。

蛋白质结合风味物质的性质也有有利的一面。在制作食品时，蛋白质可以用作风味物的载体和改良剂，如在加工含植物蛋白质的仿真肉制品时，蛋白质的这个性质特别有用，成功地模仿肉类风味是这类产品能使消费者接受的关键。

蛋白质的风味结合受到以下因素的影响：pH对蛋白质风味结合的影响是通常在碱性pH下更能促进风味结合，这是由于蛋白质在碱性pH下比在酸性pH可经受更广泛的变性；盐对蛋白质风味结合性质的影响与它们的盐溶和盐析性质有关，盐溶类型的盐可降低蛋白质的风味结合，而盐析类型的盐则可提高蛋白质的风味结合，此外，蛋白质与亚硫酸盐结合通常会提高蛋白质风味结合的能力；热变性蛋白质显示较高的结合风味物的能力，然而通常低于天然蛋白质；化学改性会改变蛋白质的风味结合性质；蛋白质经酶催化水解后会降低蛋白质的风味结合能力；温度对蛋白质的风味结合的影响很小。

【思考与讨论】
将上述蛋白质的性质进行分类，并指出哪些属于蛋白质的功能性质。

第五节 蛋白质的代谢及几类物质代谢之间的关系

一、蛋白质的消化与吸收

蛋白质只有通过消化分解生成氨基酸以后，才能被吸收。

就人和动物而言，食物中的蛋白质、组织蛋白质都必须通过酶促降解，才能生成氨基酸。水解蛋白质的酶包括肽链内切酶和肽链外切酶（也称肽链端切酶、肽链端解酶）。肽链内切酶作用于蛋白质分子多肽链中部的肽键，催化多肽链中间部分的水解，将长多肽链分解为较短的肽链。如胰蛋白酶、胃蛋白酶、肛凝乳蛋白酶（糜蛋白酶）等蛋白酶都属于肽链内切酶。蛋白质在这一系列肽链内切酶的作用下生成相对分子质量不等的小肽。肽链外切酶从多肽链的游离羧基端或游离氨基端逐一地将肽链水解成氨基酸。其中，作用于羧基端的水解酶称为羧肽酶。可见，蛋白质被水解成单个氨基酸是在肽链内切酶和肽链端解酶的共同作用下完成的。

食物蛋白经过消化吸收后，以氨基酸的形式通过血液循环运送到全身的各个组织部位，这种来源的氨基酸称为外源性氨基酸。此外，还有机体各种组织的蛋白质在组织酶的作用下不断分解形成的氨基酸，以及机体合成的部分氨基酸（非必需氨基酸），这两种来源的氨基酸称为内源性氨基酸。外源性氨基酸和内源性氨基酸之间没有本质区别。

二、蛋白质的中间代谢

氨基酸被吸收以后，主要进行以下代谢。

1. 合成新的蛋白质

人体利用食物中的蛋白质分解以后形成的氨基酸合成的蛋白质，包括组织蛋白质和具有一定生理功能的特殊蛋白质。

生物体内蛋白质分子的合成是一个复杂的过程，整个过程可以划分为“转录”和“翻译”两个阶段，这里只是简要说明。

（1）转录　在细胞核中，以DNA分子的一条链为模板合成信息RNA(mRNA)，mRNA就得到了DNA上的全部遗传信息，这个过程称作转录。

（2）翻译　mRNA携带转录来的遗传信息进入细胞质中，与核糖体RNA（rRNA）结合。不同的转运RNA（tRNA）搬运能与之匹配的不同氨基酸，按照mRNA的密码顺序，放置在mRNA要求的位置上。被搬运来摆在mRNA链处的氨基酸在酶的催化作用下形成多肽链，再在mRNA所携带遗传信息的指导下进一步折叠、卷曲等，就基本形成了具有一定立体结构的蛋白质分子。

蛋白质分子在核糖体上的这个合成过程，是mRNA完全根据DNA的遗传要求进行的，所以称为翻译。

由上可见，蛋白质的合成是在DNA指导下，由mRNA、tRNA、rRNA和核糖体共同协调作用的结果。这一过程是在多种酶的催化作用下进行的，并且是需要消耗能量的极其复杂的过程。

2. 转氨基作用——转变为新的氨基酸

在转氨酶催化下，α-氨基酸的氨基可以转移给另一个α-酮酸，生成新的相应的α-酮酸和一种新的α-氨基酸。

参与蛋白质合成的20种α-氨基酸中，除甘氨酸、赖氨酸、苏氨酸和脯氨酸不参加氨基转移（称为转氨基）作用，其余均可由特异的转氨酶催化参加氨基转移作用。

转氨基作用最重要的氨基受体是α-酮戊二酸，产生谷氨酸作为新生成的氨基酸：

$$氨基酸+\alpha\text{-}酮戊二酸\longrightarrow 谷氨酸+\alpha\text{-}酮酸$$

将谷氨酸中的氨基转给草酰乙酸，又可生成α-酮戊二酸和天冬氨酸，或转给丙酮酸，生成α-酮戊二酸和丙氨酸。可见，通过第二次转氨反应，再生成α-酮戊二酸用来进行循环。

3. 脱氨基作用——转变成尿素、释放能量、合成糖和脂肪

要完成上述三个过程，氨基酸首先需要经过脱氨基作用。

脱氨基作用是指氨基酸在酶的催化下脱去氨基生成α-酮酸的过程。这是氨基酸在体内分解的主要方式。参与人体蛋白质合成的氨基酸共有20种，它们的结构不同，脱氨基的方式也不同。

通过脱氨基作用，氨基酸分解为含氮部分（氨基）和不含氮部分。氨基可

以转变成尿素而排出体外，不含氮部分可以氧化分解成二氧化碳和水同时释放能量，也可以参加糖和脂肪的合成。

4. 生成相应的胺——脱羧基作用

部分氨基酸可在氨基酸脱羧酶催化下进行脱羧基作用，生成相应的胺。从量上讲，脱羧基作用不是体内氨基酸分解的主要方式，但可生成有重要生理功能的胺。如组胺，它由组氨酸脱羧生成，主要由肥大细胞产生并储存，在乳腺、肺、肝、肌肉及胃黏膜中含量较高。组胺是一种强烈的血管舒张剂，并能增加毛细血管的通透性，可引起血压下降和局部水肿。组胺的释放与过敏反应症状密切相关。组胺可刺激胃蛋白酶和胃酸的分泌，所以常用它做胃分泌功能的研究。

图5-4为蛋白质代谢基本过程。

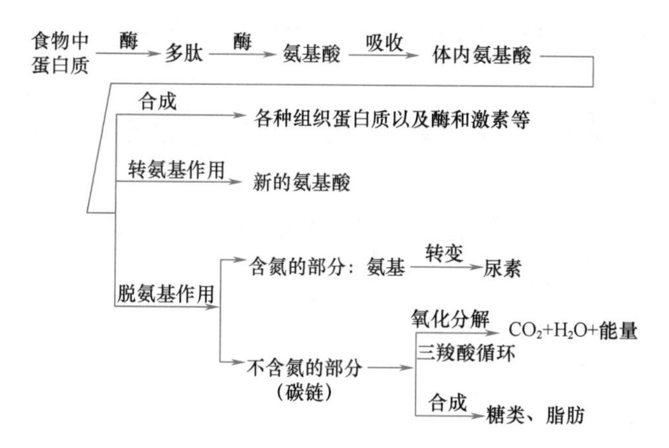

图5-4　蛋白质代谢基本过程示意

知识拓展

氮平衡

正常情况下，成年人体内蛋白质含量是稳定的。一般认为，人体内全部蛋白质每天约有3%左右进行更新，这个过程正如上面讲的那样：人体每天摄入的蛋白质首先分解成氨基酸，氨基酸被吸收后大部分又重新合成蛋白质，其中有小部分分解成尿素及其他代谢产物排出体外，造成氮的损失。因此，为维持成年人正常的生命活动，每天必须从膳食中补充蛋白质，维持人体内蛋白质总量的动态平衡。由于蛋白质的组成特征是氮元素，所以，上述平衡又叫氮平衡。具体地说，氮平衡指一个人每日摄入的氮量与排出的氮量相等时的状态。氮平衡说明组织蛋白质的分解与合成处于动态平衡状态。

氮平衡的公式：

摄入氮=尿氮+粪氮+其他氮损失（皮肤及其他途径排出的N）

对于婴儿、儿童和少年、孕妇乳母以及恢复期病人，出现的是正氮平衡，即摄入氮量多于排出氮量。一般慢性消耗性病变、组织损伤及蛋白质摄入量过少时，出现负氮平衡，即摄入的氮量少于排出的氮量。

三、糖类、脂类、蛋白质代谢之间的关系

在生物体内，糖类、脂类和蛋白质这三类物质的代谢是同时进行的，它们之间既相互联系，又相互制约，形成一个协调统一的过程。

1. 糖类代谢与蛋白质代谢的关系

（1）糖类代谢的中间产物可以转变成非必需氨基酸　糖类在分解过程中产生的一些中间产物如丙酮酸，可以通过氨基转换作用产生相应的非必需氨基酸，但由于糖类分解时不能产生与必需氨基酸相对应的中间产物，因而糖类不能转化成必需氨基酸。

（2）蛋白质可以转化成糖类　几乎所有组成蛋白质的天然氨基酸都可以转变成糖类。

$$\text{蛋白质}\xrightarrow{\text{分解}}\text{氨基酸}\xrightarrow{\text{脱氨基作用}}\text{不含氮部分}\longrightarrow\text{糖类}$$

2. 糖类代谢与脂类代谢的关系

（1）糖类转变成脂类

糖类代谢的中间产物 → 甘油、脂肪酸 → 脂肪

（2）脂类转变成糖类　脂类分解产生的甘油和脂肪酸能够转变成糖类。

3. 蛋白质代谢与脂类代谢的关系

一般来说，动物体内不容易利用脂肪合成氨基酸，植物和微生物可由脂肪酸和氮源生成氨基酸；某些氨基酸通过不同途径可转变成甘油和脂肪酸。

4. 糖类、脂类、蛋白质代谢之间的关系小结

（1）糖类、脂类和蛋白质之间相互转化的关系如图5-5所示。

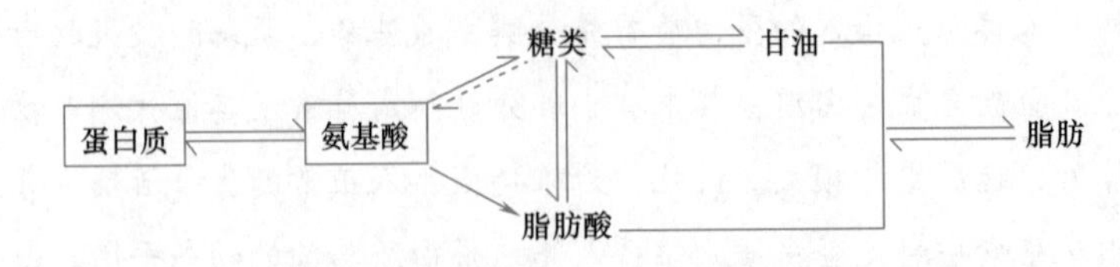

图5-5　糖类、脂类和蛋白质之间相互转化的关系

（2）糖类、脂类和蛋白质之间的转化是有条件的　例如，只有在糖类供应充足的情况下，糖类才有可能大量转化为脂类。此外，各种代谢之间的转化程度也是有明显差异的，例如，糖类可以大量转化成脂肪，而脂肪却不能大量转化成糖类。

（3）糖类、脂类和蛋白质之间的转化是相互制约的　在正常情况下，人和动物体所需要的能量主要由糖类氧化供给，只有当糖类代谢发生障碍，引起供能不足时，才由脂肪和蛋白质氧化分解供给能量，保证机体的能量需要。当糖类和脂肪的摄入量都不足时，体内蛋白质的分解就会增加，而当大量摄入糖类和脂肪时，体内蛋白质的分解就会减少。

四、核酸代谢与糖类、脂类、蛋白质代谢之间的关系

核酸在生物的遗传过程中是非常重要的物质，核酸能控制蛋白质生物合成，进而影响到细胞的组成成分和代谢类型。核酸的降解产物核苷酸在代谢中有极其重要的作用。此外，在许多代谢中的重要辅酶都是腺嘌呤核苷酸衍生物。另一方面，核酸的代谢也依赖其他代谢并受其他代谢的制约。例如，核酸本身的合成需要糖类代谢提供核糖，也需要蛋白质代谢提供α-甘氨酸，天冬氨酸和谷氨酰胺参加嘌呤和嘧啶的合成。

总的来讲，脂类、糖类、蛋白质和核酸等物质在代谢过程中彼此都有相互密切的联系，其中糖的酵解途径（EMP途径）和三羧酸循环（TCA循环）更是沟通各代谢之间的重要环节，所以EMP途径和TCA循环又被称之为中心代谢途径。

知识拓展

物质代谢之间相互关系的案例——氨基酸的合成

植物和大部分细菌能合成全部20种氨基酸，而人和其他哺乳类动物只能合成部分氨基酸（非必需氨基酸）。不同氨基酸的生物合成途径不同，但它们都不是以CO_2和H_2O为起始原料从头合成的，而是起始于三羧酸循环、糖酵解途径、磷酸戊糖途径的中间代谢物。根据起始物的不同，可将氨基酸的合成类型分为以下五种：第一，α-酮戊二酸衍生类型。某些氨基酸是由三羧酸循环的中间产物α-酮戊二酸衍生来的，如谷氨酸、谷氨酰胺、脯氨酸、精氨酸。第二，草酰乙酸衍生类型。某些氨基酸是由草酰乙酸衍生而来的，如天冬氨酸、天冬酰胺、甲硫氨酸、苏氨酸、赖氨酸、异亮氨酸。第三，丙酮酸衍生类型。由丙酮酸衍生而来的氨基酸主要有丙氨酸、缬氨酸、亮氨酸。第四，3-磷酸甘油醛衍生类型。属于这种类型的氨基酸有丝氨酸、甘氨酸、半胱氨酸。第五，磷酸烯醇式丙酮酸和4-磷酸赤藓糖衍生类型。三种芳香族氨基酸——酪氨酸、苯丙氨酸、色氨酸都属于此种类型，它们的合成起始于磷酸戊糖途径的中间产物4-磷酸赤藓糖和酵解途径的中间产物磷酸烯醇式丙酮酸。

第六节　蛋白质与食品的加工和储藏

一、蛋白质在食品加工和储藏过程中的变化

从加工、储藏到消费者食用的整个过程中，食品原料及其产品中的蛋白质会经受各种处理，如加热、冷冻、干燥、辐射及酸碱处理等。在这些处理过程中，蛋白质会发生程度不同的变化。了解这些变化有助于人们选择更好的手段和条件来加工和储藏含有蛋白质的食品。

1. 加热处理

食品经过热加工，一般可以改善其食用品质。蛋白质遇热变性，维持蛋白质立体结构的作用力被破坏，原来折叠部分的肽链变得松弛，容易被酶水解，从而提高消化率。对植物蛋白质而言，在适宜的加热条件下可破坏胰蛋白酶和其他抗营养的抑制素。此外，米面等粮食制品焙烤时，色氨酸等会与糖类发生羰氨反应，产生诱人的香味和金黄色。

但是，蛋白质加热到一定程度，具有各种生物活性的蛋白质（如各种酶、某些激素等）将失活，蛋白质的物理化学特性会发生变化，如纤维性蛋白质失去弹性和柔软性，球状蛋白质的黏性、渗透压、溶解性等发生变化，而且过度加热会使蛋白质分解、氨基酸氧化，使食品风味变劣，甚至产生有害物质。组成蛋白质的氨基酸中以胱氨酸对热最为敏感，加热温度过高，时间过长，胱氨酸会发生分解，放出硫化氢。所以，选择适宜的热处理条件是食品加工工艺的关键。此外，生产中为了提高肉的保水性，减轻由于蛋白质受热变性失水引起的肉质变硬，有些制品在加工工艺过程中采用低温腌、按摩滚揉等技术措施，使凝胶状态的肌原纤维蛋白质变为溶胶状态，并形成良好的空间结构，一经加热就能形成封闭式立体网络结构，从而减少了肉汁流失，使制品的嫩度、风味、出品率都得到提高。

结缔组织中的蛋白质主要是胶原蛋白和弹性蛋白，一般加热条件下弹性蛋白的变化不明显，主要是胶原蛋白的变化。在70℃以下的温度加热时，结缔组织蛋白质主要发生的变化是收缩变性，使肌肉硬度增加，肉汁流失。随着温度的升高和加热时间的延长，变性后的胶原蛋白又会降解为明胶，明胶吸水后膨胀成胶冻状，从而使肉的硬度下降，嫩度提高。

2. 冷藏和冷冻

对食品进行冷藏和冷冻加工能抑制微生物的繁殖、酶活性及化学变化，从而延缓或防止蛋白质的腐败，有利于食品的保存。冷冻会引起食品中蛋白质变性，造成食物性状的改变，所以冰结晶形成的速度和蛋白质变性的程度有很大关系：若慢慢降温，会形成较大的冰晶，对食品原组织破坏较大；若快速冷冻

则多形成细小结晶，对食品质量影响较小。根据这个原理，食品加工都采用快速冷冻以避免蛋白质变性，保持食品原有的风味。如把豆腐冻结、冷藏时，会得到具有多孔结构并具有一定黏弹性的冻豆腐，这时大豆球蛋白发生了部分变性。

肉和鱼在冻结的条件下其蛋白质有不同程度的变性，如肌肉蛋白质的球状蛋白呈纤维状，不溶于水和盐水。而白蛋白类的肌浆蛋白成为球状，也变得不溶，使肉组织变得粗硬，肌肉的持水力降低。

知识拓展

解冻对蛋白质的影响

解冻也可造成蛋白质的变性。冷冻肉类时，肉组织会受到一定程度的破坏。解冻时间过长，会引起相当量的蛋白质降解，而且水与蛋白质结合的状态被破坏，代之以蛋白质与蛋白质之间的相互作用，形成不可逆的蛋白质变性。这些变化导致蛋白质的持水力丧失。例如，解冻以后的鱼体变得既干又韧，风味变差。再如把牛乳冻结，解冻时会发生乳中物质的分离，不可能恢复到原先的均一状态。

3. 脱水与干燥

食品经过脱水干燥，有利于储藏和运输。但过度脱水或干燥时温度过高、时间过长，蛋白质中的结合水受到破坏，则引起蛋白质的变性，特别是过度脱水时蛋白质受到热、光和空气中氧的影响，会发生氧化等作用，因而食品的复水性降低、硬度增加、风味变劣。

冷冻真空干燥能使蛋白质分子外层的水化膜和蛋白质分子间的自由水先结冰，后在真空条件下升华蒸发，达到干燥的目的。这样，不仅蛋白质分子变性少，而且还能保持食品的色、香、味。

4. 碱处理

蛋白质经过碱处理会发生许多变化，在碱度不高的情况下能改善其溶解度和口味，但长时间在较强碱性环境中加热时，更多的是产生不利影响，如会形成新的氨基酸。易发生变化的氨基酸是胱氨酸、丝氨酸、赖氨酸、精氨酸。如大豆蛋白在pH为12.2、40℃条件下加热4h后，胱氨酸、赖氨酸逐渐减少，并有赖氨基丙氨酸的生成，赖氨基丙氨酸人体很难吸收。

碱处理还可使精氨酸、胱氨酸、色氨酸、丝氨酸和赖氨酸等发生构型变化，由天然的L-氨基酸转化为D-氨基酸，而D-氨基酸不利于人体内酶的作用，人体也难以吸收，从而导致必需氨基酸损失，蛋白质消化吸收率降低。此外，碱发膨润过度会导致制品丧失应有的黏弹性和咀嚼性，而且碱性蛋白质容易产生有毒物质，因此，在食品加工中应避免强碱性条件，而且碱发过程中要注意品质控制，主要是要对碱发的时间及碱的浓度都要进行控制，并在发制完成后充分地漂洗。

5. 氧化

食品在加工储藏过程中，蛋白质常与空气中的氧、脂类过氧化物和氧化剂发生氧化反应。如为了杀菌、漂白、除去残留农药等，常常使用一定量的氧化剂，各种氧化剂会导致蛋白质中的氨基酸残基发生氧化反应。最易被氧化的是蛋氨酸、半胱氨酸、胱氨酸、色氨酸等，在较高温度下或脂质自动氧化过度时几乎所有的氨基酸均可遭受破坏。为防止这类反应的发生，可加抗氧化剂、采用真空或充氮包装储存等措施防止蛋白质被氧化。

6. 机械加工

食品在加工过程中，如果受到机械的挤压，也会发生蛋白质变性。例如，油料种子在进行轧胚时，因受到轧辊的挤压会引起原料中蛋白质的立体结构遭到破坏，从而发生变性，这种变性对于油脂制取是有利的。

二、功能蛋白质在食品加工中的作用

各种蛋白质都有不同的功能性质，在食品加工过程中发挥出不同的功能。根据其功能性质不同，选定适宜的蛋白质，确定剂量，加入到食品中，使之与其他成分如糖类、脂肪和水反应，可加工成理想的成品，这一做法在食品加工中得到广泛的应用。

1. 以乳蛋白作为功能蛋白质

在生产冰淇淋和发泡奶油点心的过程中，乳蛋白起着发泡剂和泡沫稳定剂的作用。乳蛋白冰淇淋还有保香作用。

在焙烤食品中加入脱脂乳粉，可以改善面团的吸水能力，增大体积，阻止水分蒸发，控制气体逸散速度，加强结构性。

乳清中的各种蛋白质，具有较强的耐搅打性，可用作西式点心的顶端配料，稳定泡沫。脱脂乳粉可以作为乳化剂添加到肉糜中去，以增加其保湿性。

2. 以卵类蛋白作为功能蛋白质

卵类蛋白主要由蛋清蛋白和蛋黄蛋白组成。卵清蛋白的主要功能是促进食品的凝结、胶凝、发泡和成形。

在搅打适当黏度的卵类蛋白质的水分散系时，其中的蛋清蛋白重叠的分子部分伸展开，捕捉并且滞留住气体，形成泡沫。卵类蛋白对泡沫有稳定作用。

用鸡蛋作为揉制糕饼面团混合料时，蛋白质在气-液界面上形成弹性膜，这时已有部分蛋白质凝结，把空气滞留在面团中，有利于发酵，防止气体逸散，面团体积加大，稳定蜂窝结构和外形。

蛋黄蛋白的主要功能是乳化及乳化稳定性。它常吸附在油水分界面上，促进产生并稳定水包油型乳状液。卵类蛋白能促进油脂在其他成分中的扩散，从而加强食品的黏稠度。

鸡蛋在调味汁和牛乳糊中不但起增稠作用，还可作为粘结剂和涂料，把易碎食品粘联在一起，使它们在加工时不致散裂。

3. 以肌肉蛋白作为功能蛋白质

肌肉蛋白的保水性是影响鲜肉滋味、嫩度和颜色的重要功能性质，也是影响肉类加工质量的决定因素。肌肉中的水溶性肌浆蛋白和盐溶性肌纤蛋白的乳化性，对大批量肉类的加工质量影响极大。肌肉蛋白的溶解性、溶胀性、黏着性和胶凝性，在食品加工中也很重要。如其胶凝性可以提高产品强度、韧性和组织性；蛋白的吸水、保水和保油性能，可使食品在加工时减少油水的流失量，阻止食品收缩；蛋白的黏着性有促进肉糜结合、免用黏着剂的作用。

4. 以大豆蛋白作为功能蛋白质

大豆蛋白质具有广泛的功能性质，如溶解性、吸水和保水性、黏着性、胶凝性、弹性、乳化性和发泡性等，每一种性质都给食品加工过程带来特定的效果。如将大豆蛋白加入咖啡乳内，是利用其乳化性；涂在冰淇淋表面，是利用其发泡性；用于肉类加工，是利用它的保水性、乳化性和胶凝性；加在富有含水量脂肪的香肠、大红肠和午餐肉中，是利用它的乳化性、提高肉糜间的黏性，如此等。因其价廉，故应用得非常广泛。

表5-6列出了多种含有不同功能蛋白质的食品。

表5-6 含有不同功能蛋白质的食品

蛋白质	食品
乳清蛋白	饮料
明胶	汤、肉汁、色拉调味料、甜食
肌肉蛋白、鸡蛋蛋白	肉、香肠、蛋糕、面包
肌肉蛋白、鸡蛋和乳蛋白	肉、凝胶、蛋糕、焙烤食品、奶酪
肌肉蛋白、谷物蛋白	肉、焙烤食品
肌肉蛋白、鸡蛋蛋白、乳清蛋白	肉、香肠、面条、焙烤食品
肌肉蛋白、鸡蛋蛋白、乳蛋白	香肠、大红肠、汤、蛋糕、调味料
鸡蛋蛋白、乳蛋白	搅打起泡的浇头、冰淇淋、蛋糕
乳蛋白、鸡蛋蛋白、谷物蛋白	低脂焙烤食品

知识拓展

蛋白质工程

蛋白质工程是根据蛋白质的精细结构和功能之间的关系，利用基因工程的手段，按照人类的需要，定向改造天然蛋白质，甚至创造出自然界根本不存在的蛋白质分子的一门科学技术。蛋白质工程自诞生之日起，就与基因工程密不可分，因此，它是基因工程的延伸，被人们称为第二代基因工程。

为什么要对蛋白质进行改造呢?天然存在的蛋白质往往有许多不尽人意的地方。例如，能够治疗癌症和多种病毒感染的特效药干扰素，即使在-70℃的条件下保存也相当困难；如果将干扰素分子上的两个半胱氨酸更换成丝氨酸，那么在-70℃的条件下，可以保存半年。又如，植物在进行光合作用时，需要固定空气中的二氧化碳。但在光照条件下，又会消耗氧和释放二氧化碳，这一过程称为光呼吸。植物在光呼吸过程中会消耗一部分已合成的有机物。上述这两个反应过程都是由1，5-二磷酸羧化酶来催化的。如果通过蛋白质工程的手段改造这个酶，就可以促进固定二氧化碳的作用，降低光呼吸的强度，从而提高光合作用的效率。目前，人们已经弄清楚了这个酶的晶体结构，许多科学家都积极地投入到这一课题的研究中，这将为农业生产带来难以估量的巨大效益。

目前，蛋白质工程方面取得的进展已向人们展示出诱人的前景。

思考与练习

一、填空题（在下列各题的括号中填上正确答案）

1. 一般地说，蛋白质主要由（　　）氨基酸组成，这些氨基酸称为（　　），由于它们的分子结构中氨基和离（　　）基最近的碳原子相连，所以，又称它们为（　　）-氨基酸。
2. 组成和结构最简单的氨基酸是（　　）。
3. 在20种基本氨基酸中，含硫氨基酸有（　　）和（　　）两种。
4. 生物体中氨基酸脱氨反应的方程式是（　　）。
5. 食品中胺的主要来源——氨基酸的脱羧反应的方程式是（　　）。
6. 成肽反应的方程式是（　　）。
7. 被称为“素中之荤”的蛋白质是（　　）中的蛋白质。
8. 组成蛋白质的氨基酸中，（　　）对热最为敏感，过度受热它容易分解放出（　　）。

9. 水解蛋白质的酶包括（　　）和（　　）两种。

10. 食物中的氨基酸在体内转变为新的氨基酸时主要发生的反应有（　　）、（　　）、（　　）。

二、判断题（指出下列各题的正误，对于错误说法要指出原因）

1. 对于所有人群来说，必需氨基酸都只有8种。
2. 所有氨基酸都溶于强酸、强碱溶液中。
3. 氨基酸本身没有鲜味，具有鲜味的往往是氨基酸的盐，如谷氨酸钠。
4. 某种物质的等电点，就是该物质的溶液呈现中性时的pH的大小。
5. 是否含有氮元素，是从组成上区别蛋白质、糖类、脂肪的主要标准。
6. DNA、RNA、蛋白质都具有四级结构。
7. 肉中的蛋白质主要是肌原纤维蛋白质，乳中的蛋白质主要是酪蛋白。
8. 大豆蛋白和花生蛋白中都含有人体必需的八种氨基酸，是优质植物蛋白。
9. 人体内某些蛋白质可以转化为糖类，某些糖类也能转化为蛋白质。
10. 人体内的糖类可以转化为脂肪，但是脂肪不能转化为糖类。

三、简答题

1. 在稀盐酸和稀氢氧化钠溶液中，氨基乙酸分别发生哪种电离？为什么？
2. 比较下列有关蛋白质性质的几组概念：盐溶与盐析、溶胶与凝胶、水化与持水性、变性与复性。
3. 需要冷冻储藏的食品为什么快速冷冻最好？
4. 指出蛋白质碱处理的弊端。
5. 结合上一章学习的DNA和RNA的功能以及本章学习的蛋白质的合成，进一步理解“转录”“翻译”的含义、DNA和RNA的功能尤其是三种RNA的作用。

实操训练

实训八　从牛乳中制取酪蛋白

一、实训目的

1. 了解从牛乳中制取酪蛋白的原理。
2. 学习从牛乳中制备酪蛋白的方法。

二、实训原理

牛乳中主要的蛋白质是酪蛋白，含量约为3.5g/100mL。酪蛋白是含磷蛋白质的混合物，相对密度1.25～1.31，不溶于水、醇、有机溶剂，等电点为4.7。利用等电点时溶解度最低的原理，将牛乳的pH调至4.7时，酪蛋白就沉淀出来。用乙醇洗涤沉淀物，除去脂质杂质后便可得到纯的酪蛋白。

三、实训用品

1. 原料与器材

鲜牛乳、恒温水浴锅、台式离心机、抽滤装置。

2. 试剂

（1）95％乙醇。

（2）无水乙醚。

（3）0.2mol/L的醋酸-醋酸钠缓冲液

A液（0.2mol/L的醋酸钠溶液）：称取NaAc·3H_2O 54.44g，定容至2000mL。

B液（0.2mol/L的醋酸溶液）：称取优级纯醋酸（含量大于99.8％）12.0g，定容至1000mL。

取A液1770mL与B液1230mL混合，即得pH为4.7的醋酸-醋酸钠缓冲溶液3000mL。

（4）乙醇-乙醚混合液　乙醇：乙醚＝1：1（体积比）。

四、实训步骤

（1）将50mL牛乳置于150mL烧杯中，在水浴中加热至40℃，在搅拌下慢慢加入预热至40℃、pH为4.7的醋酸缓冲溶液50mL，用精密pH试纸或者酸度计调pH至4.7（用1％NaOH或10％醋酸溶液进行调整）。观察牛乳开始有蛋白质絮状沉淀出现后，保温一定时间。

将上述悬浮液冷却至室温。离心分离15min（2000r/min），弃去上层清液，得到酪蛋白粗制品。

（2）用蒸馏水洗涤沉淀3次，离心10min（3000r/min），弃去上层清液。

（3）在沉淀中加入30mL95％的乙醇，搅拌片刻，将全部悬浊液转移至布氏漏斗中抽滤。用乙醇-乙醚混合液洗涤沉淀2次。最后用乙醚洗沉淀2次，抽干。

（4）将沉淀摊开在表面皿上风干，得酪蛋白精制品。

五、思考与讨论

为什么调整溶液的pH可将酪蛋白沉淀出来？

第六章 酶、激素

学习目标

1. 明确酶的概念（主要是化学组成）和类别。
2. 明确酶的习惯命名法，理解酶的系统命名法中某种酶具体名称的含义。
3. 了解酶的结构特点。
4. 理解酶的催化作用特点。
5. 明确影响酶催化作用的因素种类，理解这些因素对有关生物化学反应的影响。
6. 了解酶对物质代谢的调节与控制。
7. 了解食品加工中重要的酶及其作用，明确酶制剂、固定化酶的概念及其特点，了解其应用。
8. 明确重要的动植物激素及其作用，了解激素对物质代谢调节与控制。

本章导言

在上一章学习了蛋白质的基础上，本章学习主要由蛋白质形成的酶（enzyme），包括酶的概念、分类、命名和结构；酶的生物催化作用特点和影响酶催化作用的因素；酶对物质代谢的调节和控制；酶与食品加工。此外，学习与生物的新陈代谢、生长发育有关的激素（hormone）的知识，诸如激素的概念、分类、作用，重要的动植物激素等。

第一节　酶的概念、分类、命名、结构

一、酶的概念

酶是由生物体活细胞产生的，催化特定生物化学反应的一类生物催化剂。在生物化学中，常把由酶催化进行的反应称为酶促反应，在酶促反应中，发生化学变化的物质称为底物，反应后生成的物质称为产物。

对于酶的概念，需要明确以下几点：第一，酶是生物体活细胞产生的，但在许多情况下，细胞内生成的酶可以分泌到细胞外或转移到其他组织器官中发挥作用。通常把由细胞内产生并在细胞内部起作用的酶称为胞内酶，而把由细胞内产生后分泌到细胞外面起作用的酶称为胞外酶。第二，绝大多数酶都是由蛋白质组成的。例如，酶分子具有一级、二级、三级、四级结构；酶受某些物理因素（如加热、紫外线照射等）、化学因素（如酸、碱、有机溶剂等）的作用会变性或沉淀，丧失其活性；酶水解后，生成的最终产物也为氨基酸。但是应当注意，不能说所有蛋白质都是酶，只是具有催化作用的蛋白质才称为酶。

值得提出的是，正如“核酸”一章中已经讲过的那样，一些核糖核酸物质也表现有一定的催化活性。目前，对于此类有催化活性的核糖核酸，英文定名为ribozyme，国内译为“核酶”或“类酶核酸”。

本章主要讨论蛋白酶。

知识拓展

酶的发现

1773年，意大利科学家帕兰札尼（L.Spallanzani，1729～1799）设计了一个巧妙的实验：将肉块放入小巧的金属笼内，然后让鹰把小笼子吞下去，这样肉块就可以不受胃的物理性消化的影响，而胃液却可以流入笼内。过了一段时间后，他把小笼子取出来，发现笼内的肉块消失了。于是他推断胃液中一定含有消化肉块的物质。这个实验说明胃具有化学性消化的作用。那么胃液中究竟是什么物质将肉块消化了呢?当时并不清楚。直到1836年，德国科学家施旺（T.Schwann，1810～1882）从胃液中提取出了消化蛋白质的物质（后来知道这就是胃蛋白酶），这才解开胃的消化之谜。

1926年，美国科学家萨姆纳（J.B.Sumner，1887～1955）从刀豆种子中提取出脲酶的结晶，并且通过化学实验证实脲酶是一种蛋白质。到了20世纪30年代，科学家们相继提取出多种酶的蛋白质结晶，

并且发现酶是一类具有生物催化作用的蛋白质。

20世纪80年代以来，美国科学家切赫（T.R.Cech，1947～）和奥特曼（S.Altman，1939～）发现少数RNA也具有生物催化作用。

【思考与讨论】

有人认为：酶是微生物，您认为这种说法对不对？

二、酶的分类

1. 根据酶的化学组成分类

（1）单纯蛋白酶（simple protease）　这类酶本身就是具有催化活性的单纯蛋白质分子，如脲酶、胰蛋白酶等都属于单纯蛋白质酶。

（2）结合蛋白酶（with protease）　这类酶的组成中，除蛋白质外还含有非蛋白质部分，蛋白质部分称为酶蛋白，非蛋白质部分称为辅助因子。酶蛋白与辅助因子单独存在时均无催化活性，只有这两部分结合起来组成复合物才能显示催化活性，此复合物称为全酶。

全酶=酶蛋白+辅助因子

有些酶的辅助因子是金属离子，金属离子在酶分子中或是作为酶活性部位的组成成分，或是帮助形成酶活性中心所必需的结构，或是在酶与底物（酶所催化的反应物）分子间起桥梁作用。

有些酶的辅助因子是有机小分子，在这些有机小分子中，凡与酶蛋白结合紧密的称为辅基；与酶蛋白结合得比较松弛，用透析法等可将其与酶蛋白分开者则称为辅酶。但是，辅基与辅酶之间并没有严格界限。

生物体内酶的种类繁多，但辅酶的种类却较少。同一种辅酶往往能与多种不同的酶蛋白结合，组成催化功能不同的多种全酶。如辅酶Ⅰ（全称见“维生素类”一章）可作为许多脱氢酶（乳酸脱氢酶、3-磷酸甘油醛脱氢酶等）的辅酶。但每一种酶蛋白只能与特定的辅酶结合成一种全酶。

2. 根据酶蛋白质的结构特点分类

（1）单体酶（monomeric enzyme）　只有一条多肽链的酶称为单体酶，它们不能解离为更小的单位。属于这类酶的为数不多，而且大多是促进底物发生水解反应的酶，即水解酶，如溶菌酶、蛋白酶及核糖核酸酶等。

（2）寡聚酶（oligomeric enzyme）　由几个或多个亚基组成的酶称为寡聚酶。寡聚酶中的亚基可以是相同的，也可以是不同的。亚基间容易为酸、碱、高浓度的盐或其他的变性剂分离。如3-磷酸甘油醛脱氢酶等。

（3）多酶复合体（multienzyme system）　由几个酶彼此嵌合形成的复合体称为多酶复合体。多酶复合体有利于细胞中一系列反应的连续进行，以提高酶的催化效率，同时便于机体对酶的调控。如丙酮酸脱氢酶系和脂肪酸合成酶复合体都是多酶体系。

3. 根据酶促反应的类型分类

（1）氧化还原酶类（oxidoreductase） 催化氧化还原反应的酶类。乳酸脱氢酶、琥珀酸脱氢酶、细胞色素氧化酶、过氧化氢酶，都属于氧化还原酶。

（2）转移酶类（transferase） 转移酶类催化分子间基团的转移反应。反应通式：

$$AB+C \rightleftharpoons A+BC$$

转氨酶、转甲基酶都属于转移酶。

（3）水解酶类（hydrolase） 水解酶类催化水解反应。反应通式：

$$AB+HOH \rightleftharpoons AOH+BH$$

唾液淀粉酶、胃蛋白酶、核酸酶、脂酶，都属于水解酶。

（4）裂解酶类（lyase） 裂解酶类催化从底物上移去一个基团的非水解反应或其逆反应。反应通式：

$$AB \rightleftharpoons A+B$$

（5）异构酶类（isomerase） 异构酶类催化各种同分异构体的相互转变。反应通式：

$$A \rightleftharpoons B$$

（6）合成酶类（或称连接酶类）（ligase） 合成酶类催化几种分子合成一种分子的反应，合成过程中伴有ATP分解。反应通式：

$$A+B+ATP \rightleftharpoons AB+ADP+Pi$$

如谷氨酰胺合成酶、谷胱甘肽合成酶、CTP合成酶等都属于这类酶。

【思考与讨论】
列出酶的分类表。

三、酶的命名

酶的命名有习惯命名法和系统命名法两种方法。

1. 习惯命名法

（1）绝大多数酶是根据其所催化的底物命名的 如催化水解淀粉的酶称为淀粉酶，催化水解蛋白质的酶称为蛋白酶等。

（2）某些酶根据其所催化的反应性质来命名 如水解酶、脱氢酶、氧化酶、转移酶、异构酶等。

（3）有的酶结合上述两个原则来命名 如琥珀酸脱氢酶是根据其作用底物是琥珀酸和所催化的反应为脱氢反应而命名的。

（4）在上述命名的基础上有时还加上酶的来源和其他特点以区别同一类酶，如转移蛋白酶和胰蛋白酶，指明其来源不同；碱性磷酸酶和酸性磷酸酶则指出这两种磷酸酶所要求的酸碱度不同等。

习惯命名法比较简单，应用历史较长，但缺乏系统性，随着被认识的酶的数目日益增多，而出现许多问题。如一酶数名或一名数酶，也有些酶命名不甚合理。

2. 系统命名法

国际酶学委员会（International Enzyme Committee，IEC，在酶的系统命名法中缩写为EC）于1961年提出了一套新的系统命名的方案。按照国际系统命名法原则，每一种酶都有一个名称，酶的名称包括酶的系统名称及四个数字的分类编号。

酶的系统名称中应包括底物的名称及反应的类型，若有两种底物，它们的名称均应列出，并用冒号“：”隔开，若底物之一为水则可略去。另外，底物的名称必须确切，若有不同构型时，则须注明L-型、D-型或α-型、β-型等。当总反应包括两个不同的化学反应时，可以将第一个化学反应放在前面，第二个反应放在后面的括号中。系统命名法举例如下。

例6-1　乳酸脱氢酶的系统命名

乳酸脱氢反应：

$$\text{L-乳酸}+NAD^+ \overset{\text{乳酸脱氢酶}}{\rightleftharpoons} \text{丙酮酸}+NADH+H^+$$

催化上述反应的乳酸脱氢酶的系统名称为L-乳酸：NAD^+氧化还原酶，分类编号为EC1.1.1.27。其中，EC为国际酶学委员会的缩写，前三个数字分别表示所属大类、亚类、亚亚类（也称次亚类），根据这三个标码可判断酶的催化类型和催化性质，第四个数值则表示该酶在亚亚类中占有的位置（也称系列码），根据这四个数字可以确定具体的酶。

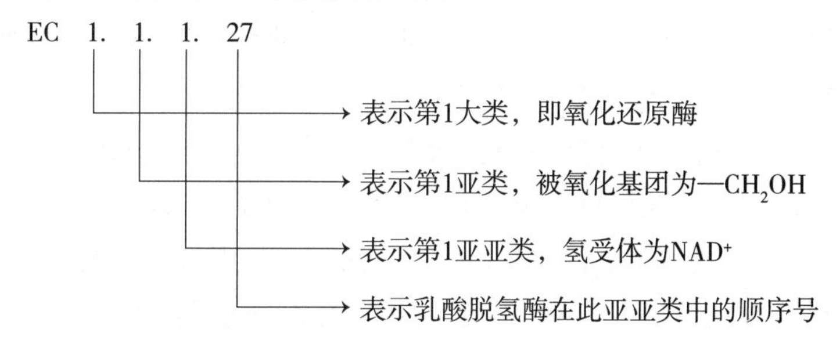

例6-2　抗坏血酸氧化酶的系统命名

$$\text{L-抗坏血酸}+1/2O_2 \xrightarrow{\text{抗坏血酸氧化酶}} \text{L-脱氢抗坏血酸}+H_2O$$

催化上述反应的抗坏血酸氧化酶的系统名称为L-抗坏血酸：氧　氧化还原酶，编号为EC1.10.3.3。编号中各代码的含义：EC代表酶学委员会；1为大类码，表示氧化还原酶；10为亚类码，表示电子供体为抗坏血酸；3为亚亚类码，表示电子受体为O_2；第二个3为抗坏血酸氧化酶在上述亚亚类中的位置，表示这种酶最初来源于黄瓜。

系统命名法根据酶的催化反应的特点命名，每一种酶都有一个名称，不至于混淆不清，但名称烦琐，使用不便，故在工作中及相当多的文献中仍沿用习惯命名法，一般在国际杂志、文献及索引中采用系统命名法。

注意：在《酶学手册》或某些专著中均列有酶的一览表，表中包括酶的编号、系统名、习惯名、反应式、酶的性质等各项内容，可供查阅。

四、酶分子的结构

1. 酶分子的结构特点

酶分子都具有球状蛋白质分子所共有的一级、二级、三级结构，许多酶还具有四级结构或更高级的结构式。以一个独立三级结构为完整生物功能分子最高结构形式的酶，称为单体酶，以四级结构作为完整生物功能分子结构形式的酶，称为寡聚酶。

酶的高效率、高度专一性和酶活性的可调节等催化特性，都与酶蛋白本身的结构直接相关。酶蛋白的一级结构决定酶的空间结构，而酶的特定空间结构是其生物功能的结构基础。

2. 酶分子的活性中心

为了弄清酶的分子结构与其催化功能的关系，有人做了水解木瓜蛋白酶的实验。发现当将木瓜蛋白酶的180个氨基酸残基水解掉120个以后，该酶仍保持全部活性。这说明此酶的活力只与剩下的60个氨基酸残基直接相关。可见酶的活性部位并不是整个分子，而只能是有限的部分。

酶蛋白中只有少数特定的氨基酸残基的侧链基团和酶的催化活性直接有关，这些官能团称为酶的必需基团。在酶分子的三级结构中，由少数必需基团组成的能与底物分子结合并完成特定催化反应的空间小区域，称为酶的活性中心（酶活中心）。构成酶活性中心的必需基团，主要是某些氨基酸残基的侧链基团。有的必需基团负责与底物分子结合，称之为催化基团或催化部位。有些酶活中心，结合基团和催化基团并非都有严格的分工，常是两种功能兼而有之。研究发现，在酶活中心出现频率最高的氨基酸残基有：丝氨酸、组氨酸、半胱氨酸、酪氨酸、天冬氨酸、谷氨酸和赖氨酸。它们的极性侧链基团，常是酶活性中心的必需基团。

3. 酶原和酶原激活

某些酶，尤其是蛋白酶，在细胞内合成或初分泌时，并无催化活性，经一些酶或酸的激活，才能变成具有活性的酶。这些无催化活性的酶分子前体称为酶原，使酶原转变为具有活性的酶的作用称为酶原激活或活化作用。酶原激活过程的本质是酶原分子中肽链的局部水解，部分肽段断裂并伴随有空间结构的变化。例如，胰蛋白酶原，在肠激酶的作用下，水解掉一个六肽，使肽链螺旋度增加，导致含有必需基团的组氨酸、丝氨酸、缬氨酸及亮氨酸聚集在一起，形成活性中心，于是胰蛋白酶原就变成了胰蛋白酶。

第二节　酶的生物催化作用

一、酶作为生物催化剂的特点

酶的催化作用与一般催化剂相比，表现出特有的特征。

1. 催化效率极高

在相同的条件下，无机催化剂需要数月甚至一年才能完成的反应，酶只要数秒钟就可以完成。例如，铁离子和过氧化氢酶都能够催化H_2O_2分解为H_2O和O_2，但是铁离子的催化效率是6×10^{-4}mol H_2O_2/（mol Fe·s），而过氧化氢酶的催化效率为5×10^{6}mol　H_2O_2/（mol酶·s）。可见，酶的催化效率比一般无机催化剂高10^5~10^{13}倍。此外，催化效率极高，还表现为极少量的酶就可使大量的物质很快地发生化学反应。

知识拓展

酶具有高催化效率的简单解释

要使化学反应迅速进行，必须增加反应的活化分子数，催化剂就是起了降低活化能——一般分子成为能参加化学反应的活化分子所需要的能量，从而增加活化分子数的作用。

例如，过氧化氢的分解，当无催化剂时，每摩尔的活化能为75.3kJ，有过氧化氢酶存在时，每摩尔的活化能仅为8.36kJ，反应速度可提高10^8倍。酶作为生物催化剂，可以大大降低反应的活化能，其降低幅度比无机催化剂要大许多倍，因而催化的反应速度也就更快。

酶是怎样降低反应的活化能来加快反应速度的呢？目前比较易接受的是中间产物学说。其基本论点是：首先酶（E）与底物（S）结合，生成不稳定的中间产物（ES），然后中间产物再分解成产物（P），并释放出酶（E）。

$$E+S\rightarrow ES\rightarrow P+E$$

根据中间产物学说，酶促反应分两步进行，而每一步反应的活化能均很低。假设进行非酶催化反应时，由S→P所需的活化能为a，而酶促反应时，由S+E→ES，活化能为b，再由SE→P+E，所需活化能为c，则b和c均比a小得多，且$b+c$的和仍然比a小得多，所以酶促反应比非酶催化反应需要的活化能要小得多，这就大大加快了反应的进行。

事实上，许多实验已经证实，中间产物确实存在。

2. 催化作用具有高度的专一性

所谓酶作用的专一性，是指酶对反应底物的选择性，也称为酶的底物专一性。具体来讲，它是指一种酶仅仅能催化一种或某一类物质发生一种或一类化学反应，生成一定的产物。例如，蛋白酶只能催化蛋白质水解，产生小肽或氨基酸；同样，淀粉酶只能水解淀粉类分子，而不能作用于其他物质。所以说酶的催化反应产物比较单一，副产物少，甚至往往可以从比较复杂的原料中有选择地加工制备某些需要的物质，或除去其他不必要的成分。酶作用上的专一性从根本上保证了生物体内为数众多的各种各样的化学反应能有条不紊地协调进行。

根据各种酶对底物选择性的严格程度不同，将酶的专一性分成以下几种类型：

第一，绝对专一性。一种酶只能作用于特定的底物，发生特定性质的反应，对其他任何物质都没有作用，这种酶选择性的严格程度极高。例如，脲酶只能催化尿素水解：

$$H_2N-\overset{\overset{\displaystyle O}{\|}}{C}-NH_2+H_2O \xrightarrow{\text{脲酶}} 2NH_3+CO_2$$

第二，相对专一性。有些酶的专一性程度较低，对具有类似结构或相同基团的底物，都具有催化性能，这称为相对专一性。例如，羧酸酯酶对凡是由羧酸所成的酯都可以水解。

第三，立体异构专一性。几乎所有的酶对立体异构物的作用都具有高度专一性。例如，L-氨基酸氧化酶只对L-型氨基酸起氧化作用，对D-型氨基酸无作用（L、D代表同种氨基酸中不同的两种立体异构体）。

3. 反应条件温和

酶来源于生物细胞，对高压、高温或强酸、强碱等剧烈条件非常敏感。所以，一般酶的催化反应都是在常温、常压和近中性pH条件下进行的。因此，酶作为工业催化剂时，不用耐高温、高压的设备，也不需要耐酸、耐碱的容器，生产安全、快速，有利于改善劳动条件，也有利于环境保护。例如，用盐酸水解淀粉生产葡萄糖，需在约0.15MPa和140℃的操作条件下进行，需要耐酸碱的设备，若用α-淀粉酶和糖化酶水解，则可用一般设备在常压下进行。

4. 催化活性是受调节和控制的

与化学催化剂相比，酶催化作用的另一个特征是其催化活性可以自动地调控。生物体内进行的化学反应，虽然种类繁多，但非常协调有序。底物浓度、产物浓度以及环境条件的改变，都有可能影响酶的催化活性，从而控制生化反应协调有序地进行。任何一种生化反应的错乱与失调，必将使生物体产生疾病，严重时甚至死亡。生物体为适应环境的变化，保持正常的生命活动，在漫长的进化过程中，形成了自动调控酶活性的系统。

总之，酶催化的高效性、专一性以及温和的作用条件使酶在生物体新陈代谢中发挥着强有力的作用，酶活性的调控使生命活动中各个反应得以有条不紊地进行。

二、影响酶催化作用的因素

1. 温度

温度是酶促反应的重要影响因素之一。主要表现为两方面：一方面是由于温度的升高，使反应的活化分子数增加，所以在一定的温度范围内，温度升高，酶促反应速率增大。当升到某一温度时，反应速率达到最大。另一方面，当温度升高到一定值时，若继续升高温度，酶促反应速率则不再提高，反而降低，这是由于酶蛋白的热变性使酶变性失活，使得酶促反应速率迅速下降。

温度对酶促反应速率的影响可用图6-1表示。

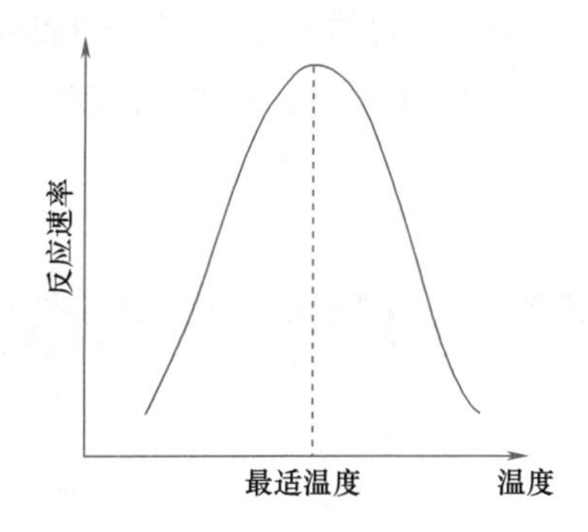

图6-1　温度对酶促反应速率的影响

各种酶在一定条件下都有其最适温度。一般讲，动物细胞内的酶最适温度在35～40℃；植物细胞中的酶最适温度稍高，通常在40~50℃之间；微生物中的酶最适温度差别较大。

低温也可使酶的活性降低，但不破坏酶。当温度回升时，酶的催化活性又可随之恢复。例如，在8～12min内将活鱼速冻至-50℃后运到较远的市场，售卖时解冻复活，这就从根本上保证了鱼的鲜活度，使人们随时吃到活鱼。这就是应用了低温不破坏酶活性的原理。而酶热变性以后，一般不会再恢复活性。食品生产中的巴氏消毒、煮沸、高压蒸汽灭菌、烹饪加工中蔬菜的焯水处理等，都是利用高温使食品或原料内的酶或微生物酶受热变性，从而达到食物加工的目的。

2. pH

酶促反应速率与体系的pH关系密切。在一定pH下，酶反应具有最大速率，高于或低于此值，反应速率下降，通常将酶表现最大活力时的pH称为酶反应的最适pH。

酶反应的最适pH如图6-2所示。

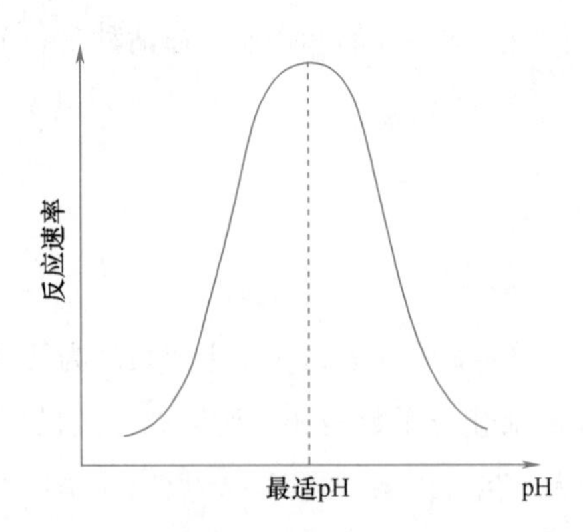

图6-2 pH对酶促反应速率的影响

各种酶在一定条件下都有它的最适pH，这是酶的特征之一。多数酶的最适pH一般在4.0～8.0之间，动物体内的酶最适pH多在6.5～8.0之间，植物及微生物的酶多在4.5～6.5之间。但也有例外，如胃蛋白酶为1.5，精氨酸酶（肝脏中）为9.7（表6-1）。

表6-1 一些酶的最适pH

酶	最适pH	酶	最适pH
胃蛋白酶	1.5	果胶酶（植物）	7.0
组织蛋白酶（肝）	3.5~5	胰蛋白酶	7.7
凝乳酶（牛胃）	3.5	过氧化物酶（动物）	7.6
β-淀粉酶（麦芽）	5.2	蛋白酶（栖土曲霉）	8.5~9.0
α-淀粉酶（细菌）	5.2	精氨酸酶	9.7

与酶的最适温度一样，酶的最适pH也不是一个固定常数，它受到许多因素的影响，如底物种类和浓度不同、缓冲液种类不同等都会影响最适pH的数值，因此最适pH只有在一定条件下才有意义。

3. 酶浓度

当底物足量，其他条件固定，在反应系统中不含有抑制酶活性的物质，以及无其他不利于酶发挥作用的因素时，酶促反应的速率和酶浓度成正比。

图6-3表示酶浓度与反应速率成直线关系。

4. 底物浓度

所有的利用酶促进反应速率的反应（即酶促反应），如果其他条件恒定，则反应速度决定于酶浓度和底物浓度。如果酶浓度保持不变，当底物浓度增加时，反应速率随之增加并最终达到最大速率（图6-4）。

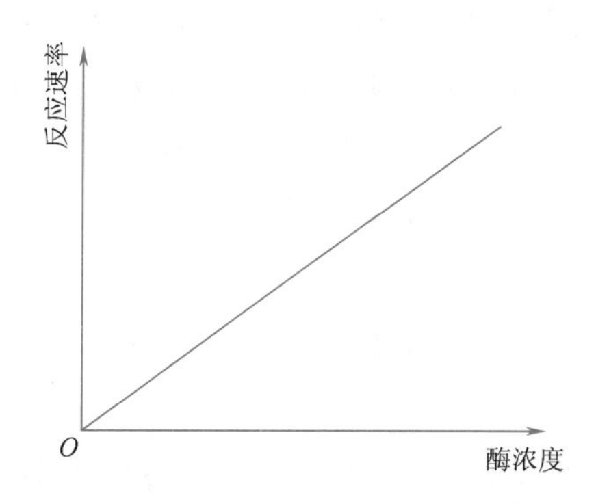

图6-3 酶浓度对酶促反应速率的影响

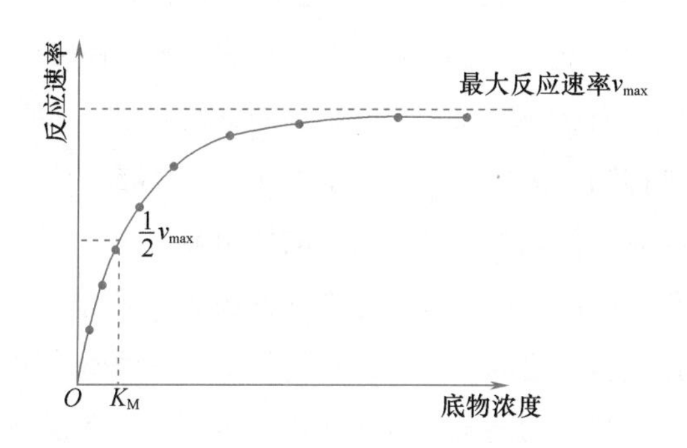

图6-4 底物浓度对酶促反应速率的影响

从图6-4可以看出：当底物的浓度很低时，反应速率与底物浓度基本呈直线关系，这时，随着底物浓度的增加，反应速率迅速加快。当底物浓度增加到一定程度后，虽然酶促反应速率仍随底物浓度的增加而不断地加大，但加大的程度呈逐渐减弱的趋势。当底物的浓度增加到足够大的时候，反应速率值便达到一个极限，此后，反应速率不再受底物浓度的影响。反应速率的极限值，称为酶的最大反应速率，以v_{max}表示。

5. 激活剂和抑制剂

凡是能提高酶活性的物质都称为酶的激活剂。激活剂对酶的作用具有一定的选择性，有时一种激活剂对某种酶能起激活作用，而对另一种酶则可能不起作用。酶的激活剂多为无机离子或简单有机化合物。如无机离子K^+、Na^+、Mg^{2+}、Zn^{2+}、Fe^{2+}、Ca^{2+}、Cl^-、I^-、Br^-、NO_3^-等。其中，Cl^-能使唾液淀粉酶的活力增强，它是唾液淀粉酶的激活剂，Mg^{2+}是多种激酶和合成酶的激活剂。简单的有机化合物有抗坏血酸、半胱氨酸、谷胱甘肽等，对某些酶也有一定的激活作用。

激活剂不是酶的组成成分，它只能起提高酶活性的作用，这一点与酶的辅助因子不同。

许多化合物能与一定的酶进行结合，使酶的催化作用受到抑制。凡是能降低酶活性的物质，称之为抑制剂。酶的抑制剂多种多样，如重金属离子（Ag^+、Hg^{2+}、Cu^{2+}等）、一氧化碳、硫化氢、氰化物、碘乙酸、砷化物、氟化物、生物碱、染料、有机磷农药以及麻醉剂等都是抑制剂。另外某些动物组织（如胰脏、肺）和某些植物（如大麦、燕麦、大豆、蚕豆、绿豆等）都能产生蛋白酶的抑制剂。

抑制作用不同于失活作用，通常把由于酶蛋白变性而引起酶活力丧失的作用称为失活作用。

根据抑制剂与酶的作用方式，可将抑制作用分为可逆抑制作用与不可逆抑制作用两大类。不可逆抑制作用中抑制剂与酶的结合是不可逆反应。抑制剂与酶结合后很难自发分解，不能用透析、过滤等物理方法解除抑制而恢复酶活性，必须通过其他化学反应，才能将抑制剂从酶分子上移去。这类抑制作用随着抑制剂浓度的增加而逐渐增加，当抑制剂的量达到足以和所有的酶结合时，酶的活性就完全被抑制。例如，二异丙基氟磷酸、1605、敌百虫等有机磷化合物对胆碱酯酶的抑制，氰化物对氧化酶类的抑制等。

可逆的抑制作用可用透析、过滤等物理方法除去抑制剂而恢复酶的活力。

酶的抑制作用是很重要的。有机体往往只要有一种酶被抑制，就会使代谢不正常，导致疾病，严重的甚至使机体死亡。对生物有剧毒的物质大都是酶的抑制剂，如氰化物抑制细胞色素氧化酶，毒扁豆碱抑制胆碱酯酶。

6. 水分活度

降低酶制剂的水分活度有可能提高它们的稳定性，这是由于在较低水分活度下酶蛋白变性速度会显著减缓，而且能有效地防止微生物的生长。对于大多数酶制剂，在接近中性的pH和较低温度下将水分活度降到0.30以下，能防止因酶蛋白变性和微生物生长而引起的变质，从而保存较多的酶活力。例如，大麦卵磷脂水解酶在30℃和水分活度0.35的条件下，至少在48d内能保持酶的活力。

不同的酶，其最适水分活度是不同的，这从有关手册中能够查到。

7. 其他物理因素

在食品加工过程的剪切、高压、离子辐射、溶剂作用等物理过程中酶都有可能失活。例如，一般地讲，与水不能互溶的溶剂通过置换水而稳定酶，而与水互溶的溶剂在浓度超过5%～10%时一般会使酶失活。根据这一现象，采用乙醇处理的方法，能十分有效地杀死谷物和豆类种子表面的微生物。但是，并非所有上述过程都会造成酶的立即失活或完全失活。例如，凝乳酶在剪切值［剪切速率/（s^{-1}）×剪切时间/（s）］大于10^4时就会失活，但当剪切作用停止后又会重新活化；很高的压力通常也能使酶失活，然而使酶失活所必需的压力比在食品中一般能遇到的压力要大得多；离子辐射使酶完全失活所需的剂量比破坏微生物所需要的剂量大10倍。

第三节 酶对物质代谢的调节与控制

作为生物催化剂，对相应的生物化学反应起催化作用是酶的典型特征。在发生催化作用的过程中，如果改变酶的分布、酶的含量、酶的活性等因素，酶的催化作用也就随之发生改变，从而调节与控制相应的生物化学反应的进行。

一、酶的分布对物质代谢的调节与控制

有关的酶常组成一个酶体系，分布在细胞的某一组分中。例如，糖酵解酶系和糖原合成与分解酶系存在于胞液中；三羧酸循环酶系和脂肪酸β-氧化酶系定位于线粒体；核酸合成的酶系则绝大部分集中在细胞核内。这样的酶的隔离分布使某些调节因素可以较为专一地影响某一细胞组分中的酶的活性，而不致影响其他组分中的酶的活性，从而保证了整体反应的有序性。一些代谢物或离子在各细胞组分间的穿梭移动也可以改变细胞中某些组分的代谢速度。例如，在胞液中生成的脂酰辅酶A主要用于合成脂肪，但在肉毒碱的作用下，经肉毒碱脂酰转移酶的催化，脂酰辅酶A可进入线粒体，参与β-氧化的过程。又如，Ca^{2+}从细胞线粒体中出来，可以促进胞液中的糖原分解，Ca^{2+}进入线粒体则有利于糖原合成。

二、酶的含量对物质代谢的调节与控制

生物体可通过改变酶的合成或降解速度以控制酶的绝对含量来调节代谢。要升高或降低某种酶的浓度，除调节酶蛋白合成的诱导和阻遏过程外，还必须同时控制酶降解的速度。

1. 酶蛋白合成的诱导和阻遏

酶的底物或产物、激素以及药物等都可以影响酶的合成。一般将加强酶合成的化合物称为诱导剂，减少酶合成的化合物称为阻遏剂。诱导剂和阻遏剂可在转录水平或翻译水平影响蛋白质的合成，但以影响转录过程较为常见。这种调节作用要通过一系列蛋白质生物合成的环节，故调节效应出现较迟缓。但一旦酶被诱导合成，即使除去诱导剂，酶仍能保持活性，直至酶蛋白降解完毕。因此，这种调节的效应持续时间较长。

2. 酶分子降解的调节

细胞内酶的含量也可通过改变酶分子的降解速度来调节。饥饿情况下，精氨酸酶的活性增加，主要是由于酶蛋白降解的速度减慢所致。饥饿也可使乙酰辅酶A羧化酶浓度降低，这除了与酶蛋白合成减少有关外，还与酶分子的降解

速度加强有关。

三、酶的活性对物质代谢的调节与控制

物质代谢实质上是一系列的酶促反应，代谢速度的改变并不是由于代谢途径中全部酶活性的改变，而常常只取决于某些甚至某一个关键酶活性的变化。此酶通常是整条通路中催化最慢一个反应的酶，称为限速酶。它的活性改变不但可以影响整个酶体系催化反应的总速度，甚至还可以改变代谢反应的方向。例如，细胞中ATP/AMP的比值增加，可以抑制磷酸果糖激酶和丙酮酸激酶的活性，这不但减慢了糖酵解的速度，还可以通过激活果糖-1，6-二磷酸酶而使糖代谢方向倾向于糖异生。因此，改变某些关键酶的活性是体内代谢调节的一种重要方式。

知识拓展

改变酶的活性的途径

第一，变构调节。某些物质能与酶分子上的非催化部位特异地结合，引起酶蛋白的分子结构发生改变，从而改变酶的活性，这种现象称为酶的变构调节或称别位调节。变构效应在酶的快速调节中占有特别重要的地位。

代谢速度的改变，常常是由于影响了整条代谢通路中催化第一步反应的酶或整条代谢反应中限速酶的活性而引起的。这些酶往往受到一些代谢物的抑制或激活，这些抑制或激活作用大多是通过变构效应来实现的。这对机体的自身代谢调控具有重要的意义。例如，变构酶对于人体能量代谢的调节具有重要意义，通过变构调节，使体内ATP的生成不致过多或过少，保证了机体的能源被有效利用。

第二，酶分子化学修饰调节。酶分子肽链上的某些基团可在另一种酶的催化下发生可逆的修饰，从而引起酶活性的改变，这个过程称为酶的酶促化学修饰。如磷酸化和脱磷酸，乙酰化和去乙酰化，腺苷化和去腺苷化，甲基化和去甲基化以及—SH基和—S—S—基互变等，其中磷酸化和脱磷酸作用在物质代谢调节中最为常见。

细胞内存在着多种蛋白激酶，它们可以将ATP分子中的γ-磷酸基团转移至特定的蛋白分子底物上，使后者磷酸化。磷酸化反应可以发生在丝氨酸、苏氨酸或酪氨酸残基上。催化丝氨酸或苏氨酸残基磷酸化的酶统称为蛋白丝氨酸/苏氨酸激酶，催化酪氨酸残基磷酸化的酶统称为蛋白酪氨酸激酶。与此相对应的，细胞内亦存在着多种蛋白丝氨酸/苏氨酸磷酸酶和蛋白酪氨酸磷酸酶，它们可将相应的磷酸基

团移去。酶的化学修饰如变构调节一样，也是机体物质代谢中快速调节的一种重要方式。

对某一种酶来说，它可以同时受这两种方式的调节。例如，糖原磷酸化酶受化学修饰的同时也是一种变构酶，其二聚体的每个亚基都有催化部位和调节部位。它可由AMP激活，并受ATP抑制，这属于变构调节。变构调节是细胞的一种基本调节机制，它对于维持代谢物和能量平衡具有重要作用，但当效应剂浓度过低，不足以与全部酶分子的调节部位结合时，就不能动员所有的酶发挥作用，故难以应急。当在应激等情况下，若有少量肾上腺素释放，即可通过cAMP启动一系列的酶促化学修饰反应，快速转变磷酸化酶的活性，加速糖原的分解，迅速有效地满足机体的急需。

第四节　酶与食品加工

食品加工是以生物材料作为原料的，而所有的生物体中都含有许多种类的酶，有些酶的作用对食品加工有益，有些酶的作用则是有害的，有些酶在原料加工期间，甚至在加工过程完成后的产品保藏期间仍然具有活性。所以，在食品加工和保藏过程中，除了使用不同种类的外源酶以提高食品的产量和质量外，合理利用和控制食品加工原料中的内源酶同样非常重要。本节就酶在食品加工中重要的应用做简单介绍。

一、食品加工中重要的酶

需要说明的是，由于酶的分类方法不同，酶的种类也有很多。本节介绍的同一种酶，根据不同的分类方法可以属于不同的种类。

1. 糖类酶（糖酶：saccharidase）

糖类酶的作用是将多糖水解成较小的糖分子，此外，它还能催化糖结构的重排，形成新的糖。

（1）淀粉酶（amylase）　淀粉酶在食品加工中主要用于淀粉的液化和糖化，用于酿造、发酵制淀粉糖，也用于面包工业以改进面包质量。

①α-淀粉酶（α-amylase）：α-淀粉酶广泛存在于动植物组织及微生物中，在发芽的种子、人的唾液、动物的胰脏中含量尤其高。现在，工业上已经能利用枯草杆菌、米曲酶、黑曲酶等微生物制备高纯度的α-淀粉酶。不同来源的α-淀粉酶的最适宜温度也不同，一般在55～70℃，但也有少数细菌α-淀粉酶的最适宜温度很高，如被广泛应用于食品加工业的地衣型芽孢杆菌α-淀粉酶，最适温度为92℃，当淀粉质量分数为30%～40%时，甚至在110℃条件

下仍具有短时的催化能力。使用淀粉酶在较高温度下进行催化反应时，一般需加入一定量的Ca^{2+}。不同来源α-淀粉酶的最适宜pH一般不同，但大多在4.5～7.0之间。

α-淀粉酶的用途广泛。它能够水解淀粉、糖原、环糊精。如在酿造工业中水解淀粉，为酵母提供可发酵的糖，把较低糖度的淀粉转变成为高度可发酵的糖浆。此外，α-淀粉酶对以淀粉为主要成分的食品的黏度有重要的影响，如布丁、奶油汤等。在制造面包时，面粉中的α-淀粉酶为酵母提供糖分以改善产气能力，改善面团结构，延缓陈化时间。在制造啤酒时，除去啤酒中由于残存淀粉所引起的雾状混浊。α-淀粉酶还影响粮食的食用质量，陈米煮的饭不如新米煮的饭好吃，其主要原因之一是因为陈米中的α-淀粉酶丧失了活性。此外，唾液和胰脏α-淀粉酶对食品中淀粉的消化具有非常重要的作用。

②β-淀粉酶（β-amylase）：β-淀粉酶主要存在于大豆、小麦、大麦、甘薯等植物的种子中，少数细菌与霉菌中也含有此种酶。植物来源的β-淀粉酶的最适pH为5～6。与α-淀粉酶相比，β-淀粉酶的热稳定性较差，大麦和甘薯β-淀粉酶的最适温度为50～55℃，大豆β-淀粉酶的最适温度为60～65℃，一般细菌β-淀粉酶的最适温度在50℃以下。

β-淀粉酶是一种溶解酶，它能将直链淀粉水解成100%的麦芽糖，但是单独使用β-淀粉酶仅能将支链淀粉水解至一个有限的程度。

β-淀粉酶对食品质量有很大的影响，如烤面包、发酵馒头，都需要面粉中含有一定量的β-淀粉酶。此外，β-淀粉酶和α-淀粉酶一起起作用在酿造工业中也非常重要，这两种酶一起作用于淀粉产生的麦芽糖，能被酵母快速地转变为葡萄糖，进而为酿造微生物进一步利用。

③葡萄糖淀粉酶（glucoamylase）：葡萄糖淀粉酶是一种糖蛋白，只存在于微生物界，根霉、黑曲霉等真菌及其变异菌株均可产生此种酶。该酶的最适温度为40～60℃，最适pH为4.0～5.0。

葡萄糖淀粉酶作用于直链淀粉或者支链淀粉时，最终产物均是葡萄糖。工业上大量用葡萄糖淀粉酶来作淀粉的糖化剂，并习惯地称之为糖化酶。在实际应用中，葡萄糖淀粉酶总是和α-淀粉酶一起使用，此时水解生淀粉的能力比单纯使用葡萄糖淀粉酶提高3倍，此法广泛用于各种酒的生产，可增加出酒率，节约粮食，降低成本。此法也用于葡萄糖及果葡糖浆的制造。

④脱支酶（clebranching enzyme）：脱支酶广泛存在于动植物和微生物中，它能催化水解支链淀粉、糖原分子中支链上的某种化学键。根据脱支酶的作用方式将它们分为直接脱支酶和间接脱支酶。直接脱支酶又分为支链淀粉酶和异淀粉酶，异淀粉酶又称淀粉解支酶，该酶能使支链淀粉变为直链淀粉，存在于马铃薯、酵母、某些细菌和霉菌中，生产上用此酶制造糯米纸和饴糖。

脱支酶与β-淀粉酶一起使用制造麦芽糖，可使麦芽糖的得率由50%～60%提高到90%以上，与糖化酶一起使用可将淀粉转化为葡萄糖的得率提高到98%。

（2）纤维素酶（cellulase）　纤维素酶是降解纤维素生成葡萄糖的一组酶的总称，是起协同作用的多组分酶系。霉菌、纤维杆菌、纤维放线菌等微生物可产生纤维素酶。

纤维素酶作用于纤维素可使植物性食品原料中的纤维素增溶和糖化，这对食品工业具有重要意义。从长远观点来看，纤维素酶有可能在工业化规模上将富含纤维素的废物转变成食品原料，因此培育高效性的纤维素酶的菌种是目前科学家致力研究的重要课题。

（3）果胶酶（pectase）　在高等植物的细胞壁和细胞间层中，存在一些胶态的聚合糖类，如原果胶、果胶、果胶酸等，果胶酶就是水解这些物质的一类酶的总称。它广泛存在于高等植物和微生物中，根据其作用的底物不同，可以分为三种类型。

①果胶酯酶（pectinesterase）：果胶酯酶存在于霉菌、细菌和植物中，柑橘类水果和番茄中果胶酯酶含量较高。不同来源的果胶酯酶，最适宜的pH范围不同，霉菌来源的果胶酯酶最适宜的pH在酸性范围；细菌来源的果胶酯酶最适宜的pH在碱性范围（7.8~8）；植物来源的果胶酯酶最适宜的pH在中性附近。不同来源的果胶酯酶对热的稳定性也有差异。例如，霉菌来源的果胶酯酶在pH为3.5时，50℃加热30min，酶的活力无损失，当温度提高到62℃，酶的活力基本全部失去；番茄和柑橘果胶酯酶在pH 6.1、70℃时加热1h，酶的活力也只损失一半。

在含有果胶酯酶的果蔬中，天然存在的果胶酯酶有保护果蔬质构的作用，但如果处理不当，果胶酯酶在环境影响下被激活，会催化果胶生成果胶酸和甲醇。例如，在果酒的酿造中，由于果胶酯酶的作用，会引起甲醇的含量超标。甲醇对人体的视神经有毒害作用而且特别敏感，所以，果酒的酿造，应当先预热处理水果，使果胶酯酶失活，以控制酒中的甲醇含量。

②聚半乳糖醛酸酶（polygalacturonase）：聚半乳糖醛酸酶是降解果胶和果胶酸的酶，多存在于高等植物、霉菌、细菌以及某些酵母和昆虫肠道中。聚半乳糖醛酸酶的来源不同，其作用的最适宜pH范围也不同，一般在4~5范围内。

除了以上两种果胶酶以外，还有果胶裂解酶，它主要存在于霉菌中，植物中还没有发现。

生产上使用的果胶酶主要来自霉菌，它们往往是几种果胶酶特别是果胶酯酶和半乳糖醛酸酶的混合物。在果汁加工工艺过程中，添加果胶酶制剂可提高出汁率，加速果汁澄清，使成品果汁有较好的稳定性。在果酒制备过程中使用果胶酶制剂，不仅酒易于压榨、澄清和过滤，而且酒的收率和成品酒的稳定性均有提高。此外，果胶酶还可用于橘子脱囊衣、莲子去内皮、大蒜去内膜、麻料脱胶等生产中。

（4）葡萄糖氧化酶（glucose oxidase） 很多霉菌都能产生葡萄糖氧化酶，它对β-D-葡萄糖具有很高的专一性，在有氧的条件下，它能催化β-D-葡萄糖氧化。

葡萄糖氧化酶最适宜的pH范围为4.8~6.2，其最适宜的温度在30~50℃。

采用葡萄糖氧化酶可以有效去除食品和容器中的氧，从而防止食品的变质。目前，这种方法已经应用于罐装啤酒、饮料、果酒的生产中。此外，还在食品加工和生产生化材料时用作检测葡萄糖的试剂等。

工业上使用的葡萄糖氧化酶主要来源于金黄色青霉和点青霉。

（5）葡萄糖异构酶（glucose isomerase） 该酶又名木糖异构酶，它可将葡萄糖、木糖、核糖等醛糖转化为相应的酮糖（这种糖的结构发生改变的现象称为糖的异构化）。它必须在Mg^{2+}、Co^{2+}等作用下才表现出较好的对热稳定性及较高的催化活性，但Co^{2+}对人体有害，应避免使用。甘露醇、木糖醇、山梨糖醇、阿拉伯糖及糖醇、戊糖等对它具有强烈抑制作用，Hg^{2+}、Ag^{+}、Pb^{2+}、Zn^{2+}、Cu^{2+}、Al^{3+}、Ca^{2+}、Fe^{2+}等金属离子对其活力也有不同程度的抑制。

葡萄糖异构酶对热稳定，最适温度为65 ~ 80℃，多数葡萄糖异构酶在碱性条件下稳定，最适pH为6.5 ~ 8.0。

葡萄糖异构酶在食品工业上有较重要的应用，主要用于生产果葡糖浆。果葡糖浆的甜度及营养价值高，我国为解决食糖供应不足，已开始利用粮食和野生淀粉资源生产果葡糖浆。

2. 脂肪酶类（fatty enzymes）

（1）脂肪水解酶（body fat hydrolase） 脂肪水解酶又称脂肪酶，简称脂酶。脂酶是一种糖蛋白，存在于动物胰腺、牛羊的胃组织、高等植物的种子以及米曲霉、黑曲霉中，它能把脂肪水解为脂肪酸和甘油。

脂肪酶的最适温度为30~40℃，最适pH一般在8~9，微生物分泌的脂肪酶的最适pH在5.6~8.5。

脂肪酶只能催化乳化状态的脂肪水解，不能催化未乳化的脂肪。任何一种促进脂肪乳化的措施，都可增强脂酶的活力。此外，盐对脂肪酶的活性也有一定的影响，对脂肪具有乳化作用的胆酸盐能提高酶的活力，Ca^{2+}也能活化脂肪酶并且可以提高其热稳定性，而一般重金属盐对脂肪酶具有抑制作用。

脂肪酶对一些含脂食品的品质有很大的影响。在食品加工中，由于脂肪酶的作用释放出一些短链脂肪酸（丁酸、己酸等），当它们的浓度低于一定水平时，会产生好的风味和香气，但超过一定浓度，会产生陈腐的气味、苦味或者膻气味。例如，当牛乳和干酪的酸度值（ADV）——中和每克脂肪中游离的脂肪酸所需要的氢氧化钾的质量（mg），分别为1.5和2.5时，产品会有好的气味，但大于5时则会产生上述消极影响。据此，可以利用控制酸度值的方法控制或改善有关食品的风味。例如，在奶酪加工中，利用微生物脂肪酶促进和改善奶酪的风味。牛奶、奶油、干果等产生的不良风味，主要来自脂肪酶作用而产生的水解产物，此过程称为水解酸败，水解酸败又能促进氧化酸败。粮油中含有脂肪酶，常使一定量的脂肪被催化水解而使游离脂肪酸含量升高，从而导致粮油变质变味，品质下降。在原料中，脂肪酶与其作用底物在细胞中各有固定的位置，彼此不易发生反应，但制成成品后，使两者有了接触的机会，因此原料比成品更易于储存。

在人体消化道中含有胃脂肪酶、胰脂肪酶等脂肪水解酶，对脂肪的消化起着很重要的作用。

（2）脂肪氧化酶（lipoxygenase）　脂肪氧化酶简称脂氧化酶，又称脂肪氧合酶、脂氧合酶，广泛存在于大豆、绿豆、菜豆、花生等豆类和小麦、玉米等谷类中，特别是豆科植物的种子中含量丰富，尤其在大豆中的含量最高。在梨、苹果等水果中以及动物体内也有存在。

脂氧化酶对底物具有高度的特异性，能被脂氧化酶利用的是必需脂肪酸中的亚油酸、亚麻酸、花生四烯酸。所以，它能使食品中的必需脂肪酸如亚油酸、亚麻酸和花生四烯酸遭受氧化性破坏。

脂氧化酶的最适pH为6.5左右，耐受低温的能力强，所以，控制食品加工时的温度是使脂氧化酶失活的有效方法。例如，由于脂氧化酶导致食品中的风味变化和香气物质的氧化变质，形成青草味，因此，在低温下储藏的青豆、大豆、蚕豆等最好能够经热烫处理，使脂氧化酶钝化，否则易造成质量变劣。在加工豆奶时，将未浸泡的脱壳大豆在80~100℃的热水中研磨，可以有效防止脂氧化酶作用产生豆腥味。此外，脂氧化酶还能破坏叶绿素和胡萝卜素，导致食品中的维生素和蛋白质等化合物的氧化性破坏。但是，脂氧化酶的作用也有其积极的方面，例如，在制作面团时，它有利于面筋网络的形成，改善面团的质量。

3. 蛋白酶类（proteases）

凡是能水解蛋白质或多肽的酶都可称为蛋白酶，它们的功能是水解蛋白质成为多肽或氨基酸。蛋白酶的种类很多，分类也比较复杂。例如，可以根据蛋白酶最适宜的pH的不同，将其分为酸性蛋白酶、碱性蛋白酶、中性蛋白酶。也可以根据蛋白酶的来源将其分为动物蛋白酶、植物蛋白酶、微生物蛋白酶。本书就根据蛋白酶来源的分类对其进行介绍。

（1）动物蛋白酶（animal protease）　动物蛋白酶存在于动物体的组织细

胞内，在肌肉中的含量比在其他组织中的含量低。

人和哺乳动物的消化道中存在多种蛋白酶，有些书中直接将其称为消化道蛋白酶。

消化道蛋白酶主要是胃蛋白酶、胰蛋白酶、胰糜蛋白酶、凝乳酶等，它们都可将蛋白质水解为低相对分子质量的片段。

胃蛋白酶（pepsin）存在于哺乳动物的胃液中，前体为胃蛋白酶原，在氢离子或胃蛋白酶作用下激活，最适pH为1~4（其他的酶在这样的条件下则会变性失活），温度高于70℃即失活。胃蛋白酶主要水解蛋白质中由芳香族氨基酸形成的肽键。

胰腺分泌的胰蛋白酶原，在肠激酶或已有活性的胰蛋白酶作用下，成为有活性的胰蛋白酶（trypsinase），其最适pH为7~9。它只能水解赖氨酸和精氨酸的羧基参与生成的肽键。生物界中有一些天然的胰蛋白酶抑制剂，其中最常见的是大豆胰蛋白酶抑制剂，故大豆煮熟后才能食用。

胰腺分泌的胰糜蛋白酶原，在胰蛋白酶或已有活性的胰糜蛋白酶的作用下，成为有活性的胰糜蛋白酶（pancreatic chymotrypsin），其最适pH也是7 ~ 9。

凝乳酶（rennet）主要存在于幼小的哺乳动物的胃液中，食品加工中用于干酪制作。

组织蛋白酶在肉类嫩化中可以起到重要作用。在动物组织细胞的溶酶体中有一种组织蛋白酶，最适宜的pH为5.5，这种酶在动物死亡后随着组织的破坏和pH的降低从而被激活（Ca^{2+}激活组织蛋白酶），产生催化作用从而使肌肉变得柔软多汁。因此说，肉的食用质量与这种酶有密切的关系。

动物蛋白酶由于来源少，价格贵，所以在食品工业中的应用不是很广泛。

（2）植物蛋白酶（plant protease）　蛋白酶在植物中的存在也比较广泛。

木瓜蛋白酶（papain）主要从番木瓜胶乳中得到。在pH为5时稳定性很好，pH低于3和高于11时，该酶都会很快失活。最适宜的pH因底物的不同而有所不同，但一般在5~7之间。与其他蛋白酶相比，该酶具有较高的热稳定性，最适温度60~65℃。无花果蛋白酶（fig protease）主要从无花果乳液中提取，菠萝蛋白酶（baltic protease）主要从菠萝汁中提取，二者在pH为6~8时较稳定，但其最适宜的pH也会因为底物的不同而有所不同。

以上三种植物蛋白酶在食品加工中可用作肉类嫩化剂，对禽畜的肌肉纤维和结缔组织进行适度水解。它们还可用于啤酒澄清，可使啤酒不会因低温生成蛋白质与单宁的复合物而产生混浊。在医药上它们用作助消化剂等。这些酶对底物的专一性较宽，人的皮肤也易受其腐蚀，食品加工中应当加以注意。

（3）微生物蛋白酶（microbial protease）　细菌、酵母菌、霉菌等微生物中都含有多种蛋白酶，是蛋白酶制剂的重要来源。我国目前生产的微生物蛋白酶及菌种主要有：用枯草芽孢杆菌1398和栖土曲霉3952生产中性蛋白酶，用地衣芽孢杆菌2709生产碱性蛋白酶等。生产用于食品和药物的微生物蛋白酶，其菌种目前主要限于枯草芽孢杆菌、黑曲菌、米曲霉三种。

随着酶科学和食品科学研究的深入发展，微生物蛋白酶在食品加工中的用途越来越广。例如，在面包制造中添加微生物蛋白酶可分解面筋以改良面团。在肉类的嫩化尤其是牛肉的嫩化中运用微生物蛋白酶代替价格较贵的木瓜蛋白酶。特别是近年来已发展将蛋白酶溶液注射到血液系统内进行屠宰前的肉嫩化，不过这种肉在食用前需放于冰箱中保存，否则会过度嫩化。微生物蛋白酶被广泛运用于啤酒制造上，以节约麦芽用量且可改良风味（但啤酒的澄清仍以木瓜蛋白酶更好，因为它有很高的耐热性，经巴氏杀菌后，酶活力仍有残存的可能）。在生产酱油或豆酱时，利用蛋白酶催化大豆蛋白质水解，可缩短生产周期，提高蛋白质的利用率，改善风味等。

4. 多酚氧化酶（polyphenol oxidase）

多酚氧化酶经常被称为酪氨酸酶、多酚酶、甲酚酶、酚酶、儿茶酚氧化酶、儿茶酚酶，广泛存在于动物和植物、微生物（尤其是霉菌）中。

多酚氧化酶的最适宜pH一般在4~7之间，最适宜温度一般在20~35℃。应当注意，低温时该酶的失活是可逆的。此外，阳离子洗涤剂、Ca^{2+}等能活化多酚氧化酶，抗坏血酸、二氧化硫、亚硫酸盐、柠檬酸盐等都对多酚氧化酶有抑制作用。

许多蔬菜、水果的酶促褐变都因酚酶而引起。例如，新切开的苹果、马铃薯、芹菜、芦笋的表面，以及新榨出的葡萄汁等水果汁的褐变反应均由此酶作用所致，这种褐变影响食品外观。茶叶、可可豆等饮料的色泽形成也与酚酶有关。某些粮食在加工中的变色现象，如甘薯粉、荞麦面蒸煮变黑、糯米粉蒸煮变红等，也与酚酶有关。

在食品加工中为防止酶促褐变，从酶方面着手，可采取加热、用酚酶的抑制剂二氧化硫或亚硫酸钠处理、调节pH等措施，使酶失活或活性降低来解决。

5. 过氧化物酶（peroxydase）

过氧化物酶广泛存在于所有高等植物中，另外也存在于牛乳中。

过氧化物酶是一个非常耐热的酶，经热处理的过氧化物酶在常温的保藏过程中其活力可部分恢复，即过氧化物酶可以部分地再生。这一现象在蔬菜的高温瞬时热处理中特别明显，在热处理后的几小时或者几天甚至在冷冻保藏几个月后，都会出现过氧化物酶活力的再生。为了使蔬菜中过氧化物酶完全失活，并且防止其在随后的加工和保藏中再生，需要提高热处理的温度，但这往往会对产品的质量产生不良影响。因此，确定蔬菜热处理的温度时要二者兼顾。另外，过氧化物酶能使维生素C氧化而破坏其生理功能，能催化不饱和脂肪酸的裂解，不仅产生挥发性或不良气味的羰基化合物，而且裂解产生的产物可进一步破坏食品中的成分。如果食品中不存在不饱和脂肪酸，则过氧化物酶能催化胡萝卜素类漂白和花青素脱色，从而破坏食品的颜色。

重要的过氧化物酶有过氧化氢酶。这是一种含铁的结合酶，催化H_2O_2分解生成水和氧气的反应，在麸皮、大豆及牛乳中均含有。过氧化氢酶主要用于去除乳和蛋白低温消毒后的残余过氧化氢，除去葡萄糖氧化酶作用而产生的过氧化氢，也可作为测定粮食类食品质量的一项指标。

6. 抗坏血酸氧化酶（ascorbic acid oxidase）

抗坏血酸氧化酶是一种含铜盐，存在于瓜类、谷物和水果蔬菜中，它能氧化抗坏血酸形成水和脱氢抗坏血酸。

在柑橘加工中，抗坏血酸氧化酶对抗坏血酸的氧化作用可在很大程度上影响产品质量。这是因为，在完整柑橘中，氧化酶和还原酶处于平衡状态，但在提取果汁时，还原酶由于不稳定而受到很大的破坏，此时抗坏血酸氧化酶的活性显露出来，使得产品质量下降。如果在加工过程中能做到在低温下工作，快速榨汁、抽气，最后进行巴氏消毒使酶失活，则可以减少抗坏血酸成分的损失。

【思考与讨论】
按照类别，以表格的形式列出上述食品加工中酶的名称。

二、酶制剂

酶制剂是指从动物、植物、微生物中提取的具有酶活力的生化制品，分为液体和固体两大类。它们是食品添加剂的一个类别。

人们最早是从动植物的器官和组织中提取酶的。例如，从胰脏中提取蛋白酶，从麦芽中提取淀粉酶。现在，生产酶制剂所需要的酶大多来自微生物，因为同动植物相比，微生物具有容易培养、繁殖速度快和便于大规模生产等优点。目前最有发展前途的酶制剂就是固定化酶制剂。

目前，酶制剂的应用主要还是指天然酶制剂的应用，包括四个方面：治疗疾病、加工和生产某些产品、化验诊断和检测水质、用于生物工程的其他分支领域如基因工程。

尽管目前业已发现和鉴定的酶约有8000多种，但大规模生产和应用的商品酶只有数十种。天然酶在工业应用上受到限制的原因主要有：大多数酶脱离其生理环境后极不稳定，而酶在生产和应用过程中的条件往往与其生理环境相去甚远；酶的分离纯化工艺复杂；酶制剂成本较高。

三、固定化酶与食品加工

通常酶促反应是将酶溶于溶液中进行的，由于水溶性酶稳定性差，反应后即使还有活力，但无法回收，耗酶量大，也不能连续操作，又因酶制品会带入杂质，所以影响产品质量。为了克服这些弊端，人们研制成功了固定化酶。

1. 固定化酶及其特点

固定化酶是将分离纯化得到的水溶性酶用物理或化学方法处理，使酶与一惰性载体连接起来或将酶包起来做成一种不溶于水的酶。这样的酶在固相状态下作用于底物，故又称水不溶酶或固相酶。

固定化酶有很多显著的优点：酶经固定化后，能和反应物分开，因此，有可能较好地控制生产过程。如将固相酶装入柱中，可使反应连续化、自动化和管道化，简化操作步骤；当酶被固定后，不仅仍具有酶催化特性，而且对酸碱、温度、变性剂、抑制剂的稳定性有明显增加；同一批固定化酶能在工艺流程中多次重复使用，提高了酶的使用率；由于能充分洗涤，去掉可溶性杂质，使产物质量大大提高。

2. 固定化酶在食品加工中的应用

目前在工业上规模化使用的固定化酶还不算多，这里仅举两例。

例6-3 用固定化葡萄糖异构酶生产糖浆

能成功地应用于食品加工的固定化酶，首推固定化葡萄糖异构酶。此酶能将葡萄糖异构成果糖，因而被用来生产高果糖玉米糖浆。葡萄糖异构成果糖以后，不仅消除了在运输和保藏中遇到的结晶问题，而且增加了糖浆的甜味。

例6-4 用固定化木瓜蛋白酶澄清啤酒

啤酒中所含有的多肽和多酚物质发生聚合反应，是啤酒在长期放置过程中变混浊的主要原因。为了防止出现混浊，目前主要是采用向长期贮存的啤酒中添加木瓜蛋白酶等蛋白酶，来水解啤酒中的蛋白质和多肽。但是，如果水解作用过度，会影响啤酒泡沫的持久性。为了克服蛋白酶的这个特点又要防止啤酒的混浊，可用固定化木瓜蛋白酶来处理啤酒。

用戊二醛交联把木瓜蛋白酶固定化，连续水解啤酒中的多肽，将经预过滤的啤酒在-1~0℃的温度及二氧化碳压力下，通过木瓜蛋白酶的反应柱，所得到的啤酒在长期贮存中可保持稳定。

知识拓展

酶工程

具体地说，酶工程是在一定生物反应装置中利用酶的催化性质，将相应原料转化成有用物质的科学技术，它是酶学、微生物学的基本原理与化学工程有机结合而产生的交叉科学技术，主要由酶制剂的生产和应用两个方面组成。

根据研究和解决上述问题的手段不同把酶工程分为化学酶工程

和生物酶工程。前者指天然酶、化学修饰酶、固定化酶及化学人工酶的研究和应用，后者则是酶学和以基因重组技术为主的现代分子生物学技术相结合的产物，主要包括3个方面：用基因工程技术大量生产酶（克隆酶），修饰酶基因产生遗传修饰酶（突变酶），设计新的酶基因，合成自然界不曾有的、性能稳定、催化效率更高的新酶。

发酵工程

发酵工程是和酶工程有密切关系的生物工程，它是采用现代工程技术手段，利用微生物的某些特定功能，为人类生产有用的产品，或者直接把微生物应用于工业生产过程的一种生物工程。有关发酵工程的详细内容，会在“微生物及其实验技术”一门课程中深入学习。

生物工程各分支领域之间的关系

大家是否知道我们学习了几种生物工程？

生物工程的各分支之间有着错综复杂的关联，通常是由彼此合作来实现的。人们按照自己的愿望改造物种，往往要采用基因工程或细胞工程的方法。基因工程能够从分子水平上改造物种，细胞工程则是以细胞这个生命活动的基本单位为基础的，但是归根结底也是实现了基因的改变。基因工程和细胞工程的研究成果，目前大多需要通过发酵工程和酶工程来实现产业化。因此，人们通常将基因工程和细胞工程看作生物工程的上游处理技术，将发酵工程和酶工程看作生物工程的下游处理技术。

基因工程、细胞工程和发酵工程中所需要的酶，往往通过酶工程来获得，酶工程中酶的生产，一般要通过微生物发酵的方法来进行。由此可见，生物工程各分支领域之间存在着交叉渗透的现象。随着生物工程的迅猛发展，生物工程各分支领域的界限趋于模糊，相互交叉渗透、高度综合的趋势越来越明显。

第五节　激素

激素是由生物体的特殊组织产生的，调节控制各种生理功能或物质代谢过程的微量有机物质。本节介绍几类重要激素、食品激素成分的作用以及激素对物质代谢过程调节与控制的简单知识。

一、动物激素

1. 氨基酸衍生物类激素

（1）肾上腺素（adrenalin）　肾上腺髓质分泌的激素有肾上腺素及去甲

肾上腺素（即正肾上腺素）。

肾上腺素在生理上对心脏、血管起作用，可使血管收缩，心脏活动加强，血压急剧上升，但它对血管的作用是不持续的。另一方面，肾上腺素是促进分解代谢的重要激素。它对糖类代谢影响最大，可以加强肝糖原分解，迅速升高血糖。这种作用是机体应付意外情况的一种能力。此外，它还具有促进蛋白质、氨基酸及脂肪分解，增强气体代谢，升高体温等作用。

肾上腺素的作用与正肾上腺素相比有所不同，见表6–2。

表6–2 肾上腺素及正肾上腺素作用的比较

激素	生理方面	代谢方面
肾上腺素	对心脏作用大（强心剂，使心跳加速）	对糖类代谢作用很大：升高血糖
正肾上腺素	对血管作用大（加压剂，使血管收缩）	对糖类代谢的作用比肾上腺素弱，只有其作用的1/20

（2）甲状腺素（thyroxine） 甲状腺是体内吸收碘能力最强的组织，能将体内70%~80%的碘浓集于其中。细胞内，在甲状腺过氧化氢酶及过氧化氢的作用下，碘离子被氧化成活性碘：

$$2I^- \xrightarrow{H_2O_2,\ \text{甲状腺过氧化氢酶}} I_2\ \text{（活性碘）}$$

活性碘与酪氨酸作用，产生一碘酪氨酸（MIT），进而产生3，5–二碘酪氨酸（DIT）。两分子DIT相互作用形成甲状腺素。

甲状腺素对动物的生理作用是多样而强烈的。它刺激蛋白质、脂肪和盐的代谢；促进机体生长发育和组织的分化；对中枢神经系统、循环系统、造血过程、肌肉活动等都有显著的作用。总的表现是增强机体新陈代谢，引起耗氧量及生热量的增加，并促进智力与体质的发育。

膳食中缺少碘时，常有甲状腺肿大和甲状腺素分泌不足的症状，服用碘化油、碘化盐和海带有预防作用。

2. 肽和蛋白质激素

脑垂体、胰腺、甲状旁腺、胃黏膜、胎盘、肾脏等腺体或非腺体都能分泌多种肽和蛋白质激素，这里主要介绍生长激素和胰岛素。

（1）生长激素（auxin） 为蛋白质。不同动物的生长激素相对分子质量可以从（2~5）$\times 10^4$不等。人的生长激素相对分子质量为2.15×10^4，含191个氨基酸分子。

生长激素的功能非常广泛，它刺激骨及软骨的生长，促进黏多糖及胶原的合成；影响蛋白质、糖类、脂类的代谢，最终影响体重的增长。未成年人的侏儒症、巨人病和成年人的肢端肥大症都与生长激素分泌不足或过剩有关。

（2）胰岛素（insulin） 是哺乳动物胰脏中的β-细胞分泌的一种蛋白质激素。胰岛素最显著的生理功能：提高组织摄取葡萄糖的能力；促进肝糖原及肌糖原的合成并抑制肝糖原分解；胰岛素有降低血糖含量的作用——在正常情况下，当出现血糖升高的信号时，胰岛素的分泌在短时间内增加，如当饭后血糖升高时，胰岛素的分泌也略有升高，而当出现血糖过低的信号时，则肾上腺素、胰高血糖素（还有糖皮质激素及生长激素）的分泌增多；胰岛素会促进肌肉、肝脏和脂肪组织中的合成代谢，抑制糖原裂解、脂肪酸裂解等分解过程；胰岛素可降低一些酶的浓度，如丙酮酸羧化酶和1，6-二磷酸果糖酶，进而减少糖原异生作用。

3. 固醇类激素（steroid hormones）

（1）肾上腺皮质激素（adrenal cortxcal hormones） 肾上腺皮质占肾上腺全重的三分之一左右，从中可提取出数十种固醇类结晶，其中有7种成分统称为肾上腺皮质激素。其中，糖皮质激素（glucocorticoid）的主要生理功能是抑制糖的氧化，促使蛋白质转化为糖，调节糖代谢，升高血糖，并能利尿，大剂量的糖皮质激素还有减轻炎症及过敏反应的功能。盐皮质激素（salt glucocorticoid）的主要生理功能是促使体内保留钠及排出钾，调节水盐代谢。

（2）性激素（sex hormones） 雌性性激素（female sex hormones）和雄性性激素（male sex hormones）分别简称为雌激素和雄激素。

卵泡在卵成熟前分泌雌三醇（或称求偶素、动情素）等，排卵后卵泡发育成为黄体，黄体分泌孕酮（或称黄体酮、妊娠酮）。可见，卵巢能分泌两类雌激素。胎盘亦能分泌此两类激素，并且是妊娠后期体内孕酮的主要来源。

雌激素的主要生理功能是促进雌性动物性器官的发育，使子宫肥大、动情、发生性欲；促进副性器官（乳腺）的发育及产生；对脑下垂体后叶分泌的催产素有协调作用；与体脂的分布和沉积有关。

睾丸的间质细胞分泌的雄激素称之为睾酮。这是体内最重要的雄激素。肾上腺皮质也分泌一种雄激素，称为肾上腺雄酮。

雄激素的生理功能是促进性器官的发育，促进精子生成和第二性特征的显现。在性成熟后，能刺激动物发情，并维持雄性特征。在畜牧业中，去除雄激素的分泌，可显著地减慢代谢氧化过程，沉着体脂，达到肥育的目的。

4. 脂肪族激素（aliphatic hormones）

在人体和高等动物体中，目前只发现前列腺素（PG）属于这类激素。前列腺素有A、B、C、D、E、F、G、H等几类。哺乳动物的多种细胞都能合成前列腺素，精囊的合成能力更强，其次为肾、肺和胃肠道。

前列腺素具有多种生理功能和药理作用，不同结构的前列腺素，其功能亦不相同，它们与肌肉、心血管、呼吸、生殖、消化、神经系统都有关系，也可引起或治疗某些疾病。

前列腺素对人体也有很多不良作用，可引起炎症、红肿、发烧和使痛觉敏感。

5. 昆虫激素（insect hormones）

昆虫从卵到成虫的几个阶段都是受“返幼激素”和“蜕皮激素”两者协调调节的作用而控制的，它们又都受“脑激素”的控制。

（1）返幼激素（juvenile hormenes）　返幼激素又称保幼激素，由昆虫的咽侧体分泌，主要作用为保持昆虫幼期的特性，防止昆虫内部器官分化与变态，即防止出现成虫的性状。一般快到化蛹时期，昆虫就停止分泌返幼激素。若用返幼激素处理成虫，常产生不孕现象。

（2）蜕皮激素（molting hormenes）　蜕皮激素又称变态蜕皮激素。当返幼激素消失时，它可使幼虫的内部器官分化、变态及蜕皮。成虫不再有蜕皮激素存在。

（3）脑激素（brain hormones）　由前脑神经细胞分泌，促进蜕皮激素分泌，调节返幼激素作用。

有时也把上述几种激素称为昆虫内激素。

昆虫的成虫还会分泌某些激素，分泌后分散在空气中，刺激与引诱同种的异性昆虫，也是一种“性引诱剂”。昆虫分泌的性激素有时也称为昆虫外激素。此外，蜜蜂的蜂王产生的“母蜂物质”也属于昆虫外激素，它通过蜜蜂之间的相互接触，而沾染到幼蜂身上，从而抑制雌性幼蜂的卵巢发育，使这些幼蜂变成工蜂。

二、植物激素

高等植物激素（phytohormone）主要有生长素、赤霉素、细胞分裂素、脱落酸和乙烯五类。

1. 植物生长素（plant growth hormone）

天然植物激素中最普遍存在的植物生长素为吲哚乙酸（IAA）。生长素存在于植物生长旺盛的部位，能促进植物细胞的生长。但不同的器官所需的最适浓度不同，在农业上广泛使用的多为合成的植物生长素，这些生长素包括萘乙酸（NNA），2，4–二氯苯氧乙酸（2，4–D）等。

2. 赤霉素（gibberellin）

目前已发现有40多种赤霉素。在高等植物所有器官和组织中，几乎都能发现有赤霉素活性物质的存在，但赤霉素主要是在幼叶、幼果及根尖中合成。赤霉素能促进植物生长和形态生成，打断种子休眠期，诱导果实生长，形成单性结实等。啤酒生产中制麦芽时使用赤霉素，可提高麦芽中α–淀粉酶的含量。

3. 细胞分裂素（cytokinin）

细胞分裂素或称细胞激动素，泛指具有与激动素有同样生理活性的一类嘌呤衍生物。细胞分裂素能促进细胞分裂和分化，促进细胞横向增粗、打断休眠、促进坐果。主要在植物的根、尖和幼果中合成。

4. 脱落酸（abscisic acid）

脱落酸（ABA）亦称离层酸。年幼的绿色植物组织中同时有脱落酸、赤霉素与细胞分裂素，而在衰老和休眠的器官中，只有脱落酸单独存在。脱落酸是植物生长抑制剂，可促使植物离层细胞成熟，从而引起器官脱落，它与赤霉素有拮抗作用。

5. 乙烯（ethylene；ethene）

乙烯是高等植物体内正常代谢的产物。乙烯有降低生长速度、促进果实成熟、促进细胞径向生长、抑制其纵向生长、诱导种子萌发、促进器官脱落等效应。生产实践上利用2-氯乙基膦（商品名为乙烯利）作为乙烯发生剂进行水果催熟。

【思考与讨论】
按照类别，以表格的形式列出本节学习的动植物激素的名称。

三、激素对物质代谢的调节与控制

激素、二氧化碳、H^+等通过体液的传送，对人体和动物体的生理活动所进行的调节称为体液调节。在体液调节中，激素的调节最为重要，因此，激素调节是体液调节的主要内容。这里主要讨论激素对动物体代谢的调节与控制。

激素产生后，直接分泌到体液中，如动物的血液、淋巴液、脑脊液、肠液。通过体液运送到特定部位，从而引起特殊激动效应——建立组织与组织、器官与器官之间的化学联系，并调节各种化学反应的速度、方向及相互关系，从而使机体保持生理上的平衡。同一激素可以使某些代谢反应加强，而使另一些代谢反应减弱，从而适应整体的需要。可见，激素并不是生物催化剂，而前面学习的酶却是典型的生物催化剂，这也是为什么把二者放在一章讨论的重要原因——便于比较二者的区别。

正常情况下，各种激素的作用是相互平衡的，但任何一种内分泌腺发生亢进或减退，就会破坏这种平衡，扰乱正常代谢及生理功能，从而影响机体的正常发育和健康，甚至引起死亡。

对于每一个细胞来说，激素是外源性调控信号，而对于机体整体而言，它仍然属于内环境的一部分。

通过激素来控制物质代谢是高等动物体内代谢调节的一种重要方式，因为高等动物体内激素的分泌受中枢神经控制，中枢神经通过调节下丘脑的分泌细胞，产生促进或抑制某种激素分泌的激素，其中，有促进作用的称为释放激素（释放因子），有抑制作用的称为抑制激素（抑制因子），这些激素都是肽类。通过这些由神经细胞分泌的神经激素，实现了神经系统对内分泌系统的调节控制。

知识拓展

神经系统调节代谢案例——早期饥饿、饥饿、饱食状态机体代谢调节过程

在早期饥饿时，血糖浓度有下降趋势，这时肾上腺素和糖皮质激素的调节占优势，促进肝糖原分解和肝脏糖异生功能，在短期内维持血糖浓度的恒定，以供给脑组织和红细胞等重要组织对葡萄糖的需求。若饥饿时间继续延长，则肝糖原被消耗殆尽，这时糖皮质激素也参与发挥调节作用，促进肝外组织蛋白分解为氨基酸，便于肝脏利用氨基酸、乳酸和甘油等物质生成葡萄糖，这在一定程度上维持了血糖浓度的恒定。这时，脂动员也加强，分解为甘油和脂肪酸，肝脏将脂肪酸分解生成酮体，酮体在此时是脑组织和肌肉等器官重要的能量来源。在饱食情况下，胰岛素发挥重要作用，它促进肝脏合成糖原和将糖转变为脂肪，抑制糖异生。胰岛素还促进肌肉和脂肪组织的细胞膜对葡萄糖的通透性，使血糖容易进入细胞，并被氧化利用。

四、食品激素成分的作用

在以上所学习的动植物激素中，摄入食品中的激素主要有脑下垂体激素、甲状腺激素、甲状旁腺激素、肾上腺激素、肾脏激素以及性激素。很显然，这些激素都是来自于动物性食品中的特殊组织。其中，甲状腺激素、甲状旁腺激素和肾上腺激素大多为人们对食品原材料的处理不当而出现在食品中，肾脏激素和性激素则是人们有意识主动采选的食品原材料中所含有的目标成分。

除了天然成分外，人工合成激素也可以通过人为添加的方式进入食品中。另外，由于饲养家畜、家禽过程中违法使用激素，也可以造成肉食品中残留饲料激素。

一般来说，正常情况下机体内的激素分泌和存在往往处于一种高度的平衡状态。但当某些因素导致这种激素平衡失调时，就会产生相应的机体病态。经常摄食含激素成分高的食品或使用激素制品，就可能出现这种后果。因为某些激素的生理效应、种属性不强，对动物和人体都可以产生相应的调节控制作用。所以当人们食用含有内分泌腺体或经过特殊处理以后的动物性食品时，就会出现机体内某些具有类似生理效应的激素含量增大的结果。

对于某些不正常状况的机体，如体弱、性功能减退等，原则上来讲，通过摄食相应的食品激素可以弥补机体内分泌的暂时性不足，达到预定的目的。事实上，我国民间传统的一些食补做法，如通过摄食狗鞭、牛鞭类食品来达到补

肾壮阳、增强性功能、恢复体力的目的，被证明是确实可行的。但是，通过食品激素来作用于不正常的机体，往往是很危险的做法。其一，这是一种需要严格加以观察而不断调节摄食量的标准治疗法，没有专业人员的指导很容易出错。其二，长期摄食食品激素，会对机体内的相应分泌起到直接影响，而且这种影响可能是长期的。其三，在摄食量偏高的情况下某些激素可能会产生严重的疾病如癌症。

思考与练习

一、填空题（在下列各题的括号中填上正确答案）

1. 在生物化学中，常把由酶催化的反应称为（　　）反应，发生酶促反应的物质称为底物。

2. 在由蛋白质组成的酶中，根据酶中蛋白质的化学组成将酶分为（　　）酶和（　　）酶。

3. 根据酶所催化的化学反应的类型，将酶分为（　　）、（　　）、（　　）、（　　）、（　　）、（　　）。

4. 酶表现出最大活性时的pH，称为酶促反应的（　　）pH。

5. 凡是能提高酶的活性的物质，称为酶的（　　），它对酶的作用具有一定的选择性。

6. 降低酶制剂的水分活度，可以提高酶的（　　）性。

二、判断题（指出下列说法的正误，对于错误说法，请指出原因）

1. 酶是生物催化剂，生物催化剂就是酶。

2. 酶是微生物。

3. 一种酶只能催化一种物质发生一种化学反应。

4. 之所以酶的催化效率很高，就是因为酶的催化作用是不受调节和控制的。

5. 升高温度会使酶的活性升高，降低温度会使酶的活性降低。

6. 在酶促反应中，反应速率与底物浓度和酶浓度都成正比。

7. 糖皮质激素属于植物激素，细胞分裂素属于动物激素。

三、简答题

1. 指出下列酶所催化的反应的底物名称以及反应类型。

（1）L-乳酸：NAD^+氧化还原酶　　（2）L-抗坏血酸：氧 氧化还原酶

2. 固定化酶有哪些优点？

3. 按照糖酶、脂酶、蛋白酶的类别对下列酶进行归类：

脱支酶、α-淀粉酶、胰蛋白酶、果胶酶、纤维素酶、脂水解酶、亚油酸：氧氧化还原酶。

4.为什么不能把激素看成是生物催化剂？

实操训练

实训九 酶的底物专一性

一、实训目的

学习鉴定酶的专一性的方法并了解其原理。

二、实训原理

酶的专一性是指一种酶只能对一种底物或一类底物（此类底物在结构上通常具有类似性）起催化作用，对其他底物无催化反应。本实验以唾液淀粉酶（内含淀粉酶及少量麦芽糖酶）和蔗糖酶对淀粉及蔗糖的催化作用，观察酶的专一性。

淀粉和蔗糖均无还原性，它们与班氏试剂无呈色反应。唾液淀粉酶水解淀粉生成有还原性的葡萄糖，但不能催化蔗糖水解。蔗糖酶能催化蔗糖水解产生有还原性的葡萄糖和果糖，但不能催化淀粉水解。淀粉的水解产物葡萄糖、蔗糖的水解产物果糖及葡萄糖，这两种己糖可与班氏试剂反应，生成Cu_2O的砖红色沉淀。本实验以班氏试剂检查糖的还原性。

三、实训用品

1. 器材

试管架、试管10支、烧杯（100mL×2，200mL×1）、水浴锅、恒温水浴箱、量筒（100mL×1，10mL×1）、玻璃漏斗、试管夹。

2. 试剂

（1）稀释的新鲜唾液（每位同学进实验室后自己制备） 取唾液1mL（不包括泡沫），用蒸馏水稀释至100mL，棉花过滤备用。唾液可稀释100～400倍甚至更高，稀释倍数因人而异。

（2）糖酶溶液 称取活性干酵母100g置于乳钵中，加入少许蒸馏水及石英砂，研磨提取1h，加蒸馏水使总容积为500mL。

（3）班氏试剂 溶解85g柠檬酸钠（$Na_3C_6H_5O_7 \cdot 11H_2O$）及50g无水碳酸钠于400mL水中，另溶8.5g硫酸铜于50mL热水中。将冷却后的硫酸铜溶液缓缓倾入柠檬酸钠-碳酸钠溶液中，该试剂可以长期使用，如果放置过久，出现沉淀，可以取用其上层清液。

（4）2%蔗糖。

（5）溶于0.3%氯化钠溶液的0.5%的淀粉溶液（新鲜配制） 称取可溶性淀粉0.5g，先用少量0.3% NaCl溶液加热调成糊状，再用热的0.3%NaCl溶液稀释至100L。

四、实训步骤

1. 检查试剂

取3支试管，按下表操作：

试剂处理	试管1	试管2	试管3
0.5%淀粉（0.3%氯化钠）溶液/mL	—	3	—
2%蔗糖溶液/mL	—	—	3
蒸馏水/mL	3	—	—
班氏试剂/mL	2	2	2
沸水浴2~3min			
现象			

2. 淀粉酶的专一性

取3支试管，按下表操作：

试剂处理	试管1	试管2	试管3
稀释100倍唾液/mL	1	1	1
0.5%淀粉（0.3%NaCl）溶液/mL	3	—	—
2%蔗糖溶液/mL	—	3	—
蒸馏水/mL	—	—	3
摇匀，置37℃水浴保温15min			
班氏试剂/mL	2	2	2
沸水浴2~3min			
现象			

3. 蔗糖酶的专一性

取三支试管，按下表操作：

试剂处理	试管1	试管2	试管3
蔗糖酶溶液/mL	1	1	1
0.5%淀粉（0.3%NaCl）溶液/mL	3	—	—
2%蔗糖溶液/mL	—	3	—
蒸馏水/mL	—	—	3
摇匀，置37℃水浴保温15min			
班氏试剂/mL	2	2	2
沸水浴2~3min			
现象			

五、思考与讨论

（1）观察酶专一性为什么要设计这3组实验？每组各有何意义？

（2）若将酶液煮沸10min后，重做（2）、（3）的操作，会有何结果？

（3）在此实验中，为什么要用含NaCl 0.3%的0.5%的淀粉溶液？0.3%NaCl的作用是什么？

实训十　温度对酶活力的影响

一、实训目的

了解温度对酶活力的影响。

二、实训原理

酶的催化作用受温度的影响很大：和一般化学反应一样，提高温度可以增加酶促反应的速度；另一方面，大多数酶是蛋白质，温度过高会引起蛋白质变性，导致酶的失活。因此，反应速度达到最大值以后，随着温度的升高，反而会下降，以至于完全停止反应。反应速度达到最大值时的温度称为酶的最适温度。大多数动物酶的最适温度为37~40℃，大多数植物酶的最适温度为50~60℃。

低温能降低或抑制酶的活力，但不能使酶失活。

淀粉和糊精遇碘呈现不同的颜色，但最简单的糊精和麦芽糖遇碘不呈色。

在不同温度下，唾液淀粉酶对淀粉水解活力的高低，可以通过水解混合物遇碘呈现颜色的不同来判断。

三、实训用品

1. 器材

试管、试管架、恒温水浴锅、冰箱、漏斗、量筒。

2. 试剂

（1）稀释200倍的新鲜唾液。

（2）新配制的溶于0.3% NaCl的0.5%的淀粉溶液。

（3）$KI-I_2$溶液　将KI 20g以及I_2 10g溶于100mL水中，使用前稀释10倍。

四、实训步骤

1. 取试管三支，编号后按下表加入试剂。

试剂/mL	试管编号		
	1	2	3
淀粉溶液	1.5	1.5	1.5
稀释唾液	1.0	1.0	—
煮沸过的稀释唾液	—	—	1.0

2. 比较三支试管发生的反应

摇匀后，将1、3号试管放入37℃恒温水浴中，2号试管放入冰水中。严格控制恒温水浴锅的温度，10min后取出，将2号试管中的液体分为两半，用$KI-I_2$溶液来检验1号、2号、3号试管内淀粉被唾液淀粉酶水解的程度，记录并解释结果。将2号试管剩下的一半溶液放入37℃水浴中继续保温10min，再用$KI-I_2$溶液检验，观察结果。

第七章 维生素类

学习目标

1. 明确维生素的分类和命名的简单方法。
2. 明确维生素在动植物以及食用菌中的存在。
3. 了解维生素在人体内代谢的基本过程。
4. 基本掌握本章所学习的各种重要维生素的存在、性质、功能，了解它们在人体内的代谢特点。
5. 比较深入地了解各种食品加工、储藏过程中维生素类物质的损失。
6. 了解几类重要类维生素的性质、功能。

本章导言

已经知道，维生素（vitamins）是维持机体正常生长和代谢活动所必需的物质，它们要么作为酶组成中的辅助因子，调节和控制人和动物的代谢过程，要么对机体的某些特殊生理功能发挥特殊作用。近年来，人们又发现有些物质虽然不属于维生素，但是却具有维生素的某些生物功能，人们把这类物质称为类维生素。维生素和类维生素统称为维生素类物质，简称维生素类。

除了极少数种类的维生素类在人和某些动物体内可以自行合成以外，大多数维生素类不能在人和动物体内合成，必须从食物中获取，所以，维生素类是食品中不可缺少的成分。本章我们学习：维生素的作用、存在、分类和命名的基本知识；维生素在人体内代谢的基本过程；几种重要的水溶性维生素、脂溶性维生素的有关知识诸如存在、性质、在人体内的代谢特点等；各种食品加工与储藏过程中维生素的损失；几类重要的类维生素。

【思考与讨论】
至此，我们学习了脂类、糖类、维生素类。在脂类中，我们还学习了固醇类、胡萝卜素类，请大家归纳这些“××类”概念的一般含义。

第一节　维生素概述

本节主要学习维生素的分类与命名、维生素在各类食品原料中的存在、维生素的一般代谢过程。

一、维生素的分类与命名

按照维生素的溶解性将其分为两大类：水溶性维生素和脂溶性维生素。

溶于水而不溶于有机溶剂的维生素称为水溶性维生素。水溶性维生素包括B族维生素、维生素C（Vitamin C，其他维生素也可用相同方式表示）。不溶于水而溶于脂类和脂类溶剂的维生素称为脂溶性维生素。如维生素A、维生素D、维生素E、维生素K等。

维生素的命名有几种方法，这也是同一种维生素往往有几种名称的原因。

习惯上按照发现维生素的历史顺序，以对应的英文字母顺序来命名（中文命名则相应的采用甲、乙、丙、丁……），有的维生素在发现时以为是一种，后来证明其实是多种，便又在英语字母下方注1、2、3等数字加以区别，如维生素B_1、维生素B_2、维生素B_6、维生素B_{12}等统称为B族维生素。

现在，由于对绝大多数维生素的化学结构和生理功能已经清楚，所以，有的维生素根据其化学结构来命名。如维生素B_1，因分子中含有硫和氨基（$—NH_2$），称为硫胺素。有的维生素根据其化学结构并结合生理功能来命名。例如，维生素C能防治坏血病，化学结构上又是有机酸，所以称为抗坏血酸。另外，也有根据维生素的特有生理功能和治疗作用来命名的。如维生素B_1有防止神经炎的功能，所以也称为抗神经炎维生素。

二、维生素在各类食品原料中的存在

1. 动物性食品原料中的维生素

肉类特别是瘦肉中含有各种维生素，但含量低。肉是B族维生素的良好来源，其中，猪肉中维生素B_1的含量要比其他种类的肉多，而牛肉中的维生素B_{11}含量则比猪肉和羊肉要高。猪肉中的维生素含量受饲料影响，一般在0.3%~1.5%之间，牛、羊等反刍动物肉的维生素含量不受饲料影响。

蛋类物质中含有比较丰富的维生素A、维生素D、维生素B_1、维生素B_2、维生素B_5。

牛乳中含有几乎所有已知的维生素，其中包含有维生素A、维生素D、维生素E、维生素K、维生素C等。牛乳中的维生素，部分来自于饲料，有的要靠牛乳自身合成，如B族维生素。

2. 植物性食品原料中的维生素

天然食品原料中的维生素主要存在于植物性食品原料中。例如，玉米籽粒的水溶性维生素中含维生素B_1较多，维生素B_2和维生素B_3的含量较少，且以结合型存在。此外，玉米籽粒中还含有维生素B_6、维生素C。脂溶性维生素中含维生素E较多，约为20mg/kg。马铃薯中含有多种维生素，如维生素C、维生素A，维生素B_1、维生素B_2、维生素B_3、维生素B_5、维生素B_6，其中以维生素C最多。花生中（包括花生仁外面的红皮）含有多种维生素，其中维生素B_5、维生素C、维生素E的含量非常丰富。此外，花生中还含有胆碱、异黄酮等类维生素。大豆中的维生素对人体较有意义的是维生素E。值得注意的是大豆中含有的类维生素——大豆异黄酮，它是下面将要学习的生物黄酮类的一种，每100g大豆约含大豆异黄酮125mg，是人类获得异黄酮的唯一有效来源。蔬菜、水果中含有丰富的维生素尤其是维生素C（表7-1）。此外，蔬菜特别是黄色、绿色蔬菜以及水果中含有丰富的胡萝卜素类物质，它们是维生素A的重要来源。

表7-1 100g某些蔬菜、水果中维生素C含量 单位：mg

果蔬名称	维生素C	果蔬名称	维生素C
绿叶叶茎类蔬菜	20~40	猕猴桃	130
茄果类蔬菜（柿子椒、青椒、番茄）	120~160	山楂	90
瓜类	60~80	柑橘	40
鲜枣类	300		

3. 食用菌中的维生素

食用菌中含有维生素B_1、维生素B_2、维生素B_3、维生素B_5、维生素B_6、维生素B_7、维生素B_{11}、维生素B_{12}，维生素C，还有的食用菌如猴头菇含有维生素A、香菇含有维生素D_2。

三、维生素代谢的基本过程

大家在学习本节内容的时候应当注意，本节是介绍维生素代谢的基本过程，具体到某一种维生素的代谢，在下面各节相应内容中还会具体介绍。

1. 维生素的消化与吸收

水溶性维生素主要通过扩散进行吸收，由于相对分子质量比较小，所以这种吸收将进行得很完全，但是维生素B_{12}的吸收与其他水溶性维生素的情况有些不一样。因为维生素B_{12}的相对分子质量比较大（1357），是通过肠黏膜吸收的最大分子之一，因此通过扩散作用发生吸收就很不容易。现在认为，维生素B_{12}主要是通过与一种胃黏膜细胞合成的糖蛋白相结合，并以结合形式被吸收。

由于脂溶性维生素在生物体内常与脂类共存，因此它们的消化与吸收都和脂类有关。脂溶性维生素可以采取包溶入脂质微团中的形式，随同脂质消化产物一同被吸收。一般维生素A原胡萝卜素和维生素K的吸收还需要有胆汁的参与。

一部分具有辅酶作用的维生素，在动植物性食品中以结合蛋白质的形式存在。结合蛋白质在发生消化时，首先发生结合部位的分解反应，然后释放出维生素，使之成为游离态后才能被吸收。对于那些本身就以游离态存在的维生素，也即不具有辅酶作用的维生素，不存在消化过程。

2. 维生素的中间代谢

为研究和学习维生素的中间代谢过程，可以将维生素区分为两类（表7-2）。

表7-2　具有辅酶作用的维生素和不具有辅酶作用的维生素

具有辅酶作用的维生素	不具有辅酶作用的维生素
维生素B_1	维生素A
维生素B_2	维生素D
维生素B_3	维生素E
维生素B_5	维生素C
维生素B_6	
维生素B_{11}	
维生素B_{12}	
维生素H	
维生素K	

一般地，具有辅酶作用的维生素对于每一个活细胞都是必需的，它们通过形成各种辅酶，从而参与机体的基本代谢过程。例如，水溶性维生素特别是B族维生素就是在生物体内通过构成辅酶而发挥对物质代谢的影响。但是对于那些不具有辅酶作用的维生素，它们具有的往往只是维持器官体系功能的作用。

与脂溶性维生素不同，进入人体的多余的水溶性维生素及其代谢产物主要随尿排出，体内不能多储存。

第二节　水溶性维生素

水溶性维生素主要包括B族维生素和维生素C。

一、B族维生素

1. 维生素B_1

维生素B_1的化学名称为硫胺素（thiamin），又称抗脚气病维生素，是维生素中最早发现的一种。临床上使用的维生素B_1都是化学合成的硫胺素盐酸盐，呈白色针状结晶。

维生素B_1易溶于水，在水中加热至100℃缓慢分解。但是单纯的维生素B_1对热比较稳定，干热100℃不分解。维生素B_1在酸性条件下较稳定，在pH为3.5时加热到120℃仍可保持活性，在中性特别是在碱性溶液中易破坏，铜离子可加快其破坏。紫外线可使硫胺素降解而失去活性。某些鱼类含有硫胺素酶，可以使维生素B_1裂解而失去活性。

在碱性溶液中，受氧化剂如高铁氰化钾的作用，可将硫胺素氧化为硫色素。硫色素产生荧光，其荧光强弱与硫胺素氧化成硫色素的量成正比，因此可用这一性质来测定硫胺素的含量。

在体内，维生素B_1广泛分布于各种组织中，总量约30mg。在小肠组织中，维生素B_1经磷酸化后被吸收进入血液循环，与蛋白质结合运送至肝脏代谢。例如，维生素B_1在体内经硫胺素激酶催化，可与ATP作用转变为焦磷酸硫胺素（thiamine pyrophosphate，TPP），也称羧化辅酶：

$$\text{硫胺素}+\text{ATP}\xrightarrow{\text{硫胺素激酶}}\text{TPP}$$

TPP主要参与糖类代谢过程中的酮酸氧化脱羧反应，为机体提供能量。

代谢后的维生素B_1从尿中被排出，不能被肾小管重吸收。

维生素B_1每天的代谢量大约为1mg，因此它不能在组织中大量储存，所以必须不断补充。

2. 维生素B_2

维生素B_2的化学名称为核黄素（riboflavin），它是橙黄色针状晶体，味苦，240℃变暗色，280℃熔化分解。维生素B_2水溶性较低。碱性条件下不稳定，酸性条件下稳定。光照或紫外光照射下可引起分解。

膳食中，大部分维生素B_2以黄素单核苷酸（flavin mononucleotide，FMN）和黄素腺嘌呤二核苷酸（flavin adenine dinucleotide，FAD）辅酶形式和蛋白质结合存在。进入胃以后，在胃酸的作用下，二者与蛋白质分离，一般在上消化道被吸收，大肠也吸收一小部分。

维生素B_2进入血液后，一部分与白蛋白结合，大部分与其他蛋白如免疫球蛋白结合运转。

在体内大多数组织器官细胞中，一部分维生素B_2由黄素激酶催化转化为黄素单核苷酸，再与有关黄素酶结合发挥辅酶作用，大部分维生素B_2通过黄素腺嘌呤二核苷酸合成酶催化转化为黄素腺嘌呤二核苷酸。

维生素B_2过量摄入后很少在体内储存，主要随尿排出，另外还可以随其他分泌物如汗液排出。

有些物质可对维生素B_2的代谢产生影响。如酒精、咖啡因、糖精，铜、锌、铁离子影响核黄素的吸收。氢氧化铝、氢氧化镁影响维生素B_2的肠道吸收，延迟其排出。硼酸可以与维生素B_2形成复合物，从而加快维生素B_2从尿中的排泄。

3. 维生素B_3

维生素B_3即泛酸，由于具有酸性而且存在广泛固得名，又称遍多酸，与其英文名（pantothenic acid）“到处都有”的含义相似。

泛酸为黄色油状物，无臭，味苦，具有酸性。泛酸的中性水溶液加热稳定，在酸、碱性水溶液中加热容易被水解。

泛酸的商品形式是泛酸钙，它是无色结晶，易溶于水和乙醇，不溶于有机溶剂。在干燥的情况下，泛酸钙对空气和光是稳定的，但其本身具有吸水性。

大部分食物中的泛酸是以结合物的形式存在的。它们在人体肠腔降解，然后通过一系列变化转变为泛酸。在高浓度情况下，泛酸通过小肠的简单扩散吸收。

泛酸在血浆中以游离酸的形式转运。其中，泛酸被红细胞吸收后大部分又转变为辅酶A，人体中，肝、肾、脑、心脏、肾上腺、睾丸等都含有大量辅酶A。辅酶A乙酰化后成为乙酰辅酶A，起转运乙酰基的作用，在糖和脂肪代谢中起着重要作用。

泛酸在尿中以游离酸的形式排泄，有些也以磷酸泛酸盐的形式排泄，每天摄入量的大约15%在体内被完全氧化，以二氧化碳的形式从肺中呼出。

4. 维生素B_5

维生素B_5又称维生素PP，包括烟酸（Niacin）和烟酰胺（niacinamide）。

烟酸和烟酰胺化学结构简式分别如下。

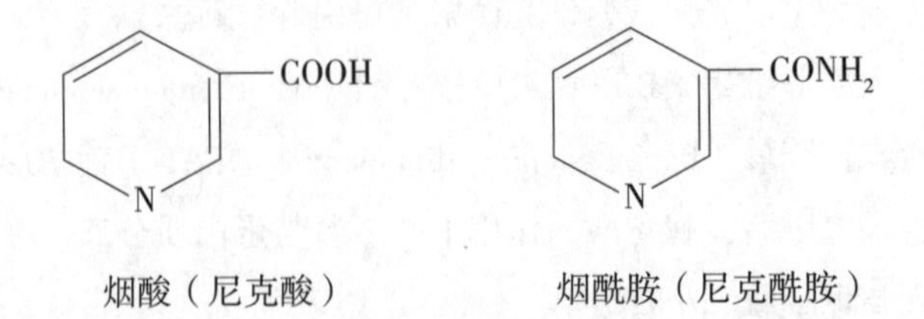

烟酸（尼克酸）　　烟酰胺（尼克酰胺）

烟酸为白色针状结晶，是维生素中结构最简单、性质最稳定的一种，不易被酸、光、热、氧所破坏，230℃升华而不分解。但烟酸和烟酰胺与碱均可成盐。

在维生素B_5的两种存在形式中，烟酸是烟酰胺的前体，两者在体内可相互转化，具有同样的生物效应（营养学中称为效价）。不过在体内主要以烟酰胺的形式存在，它可组成两种重要的辅酶：烟酰胺腺嘌呤二核苷酸（NAD），又称辅酶Ⅰ（CoⅠ）；烟酰胺腺嘌呤二核苷酸磷酸（NADP），又称辅酶Ⅱ（CoⅡ）。当体内缺乏烟酸时，辅酶Ⅰ和辅酶Ⅱ合成受阻，影响体内的某些代谢，在人和动物身上引起糙皮病、角膜炎和神经、消化系统的障碍，所以烟酸又称抗糙皮病（癞皮病）维生素、抗糙皮病因子。

人食用含有维生素B_5的食物后，通过胃肠道的酶解可产生烟酰胺，可在胃肠道被快速吸收。机体组织细胞通过简单扩散的方式摄取烟酰胺或烟酸，并合成辅酶Ⅰ和辅酶Ⅱ。另外，机体组织细胞也可以利用色氨酸自身合成烟酸，其转化过程受核黄素、维生素B_6、铁、亮氨酸营养状况的影响。

5. 维生素B_6

维生素B_6又称抗皮炎维生素，是一组含氮化合物，包括吡哆醇（PN）、吡哆醛（PL）和吡哆胺（PM）三种化合物。

CH_2OH, HO, CH_2OH, H_3C, N　　CHO, HO, CH_2OH, H_3C, N　　CH_2NH_2, HO, CH_2OH, H_3C, N

吡哆醇　　吡哆醛　　吡哆胺

【思考与讨论】
找出左侧三种化合物结构的不同之处。

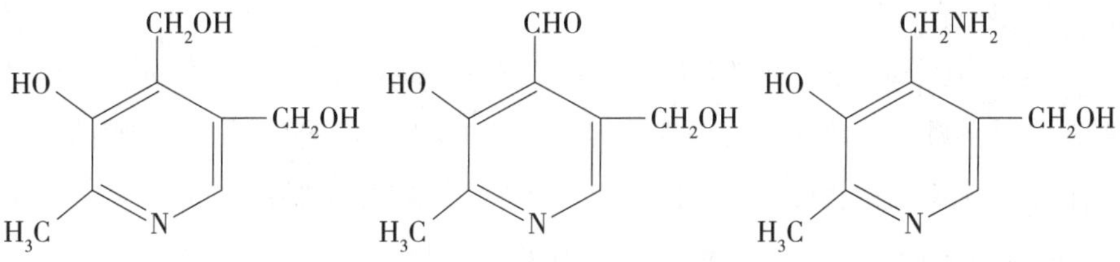

维生素B_6为无色晶体，易溶于水，在空气中和酸性条件下稳定，对光和碱敏感。吡哆醇耐热，吡哆醛和吡哆胺遇高温易被破坏。

动物组织中的存在形式主要是吡哆醛及其衍生物，植物组织中的存在形式主要是吡哆醇和吡哆胺及其衍生物。在人体内三种物质可互相转化。维生素B_6在小肠被吸收，大部分被吸收的维生素B_6被运到肝脏。维生素B_6在体内经磷酸化作用转变为相应的磷酸酯——磷酸吡哆醛、磷酸吡哆胺和磷酸吡哆醇，它们之间也可以相互转变。参加代谢作用的主要是磷酸吡哆醛和磷酸吡哆胺，二者是维生素B_6的主要活性形式。大部分被吸收的磷酸吡哆醛等与多种蛋白质结合，在蛋白质代谢中是多种酶的辅酶，起着重要作用。血浆中的磷酸吡哆醛结合蛋白属于清蛋白，它是血浆中该种维生素的主要存在形式。

人体代谢后的维生素B_6主要从尿中排出，此外还有少量从粪便中排出，其排泄成分主要是吡哆酸。

6. 维生素B_7

维生素B_7又称生物素（biotin），由于是酵母菌的生长因子而得名，又称为维生素H、辅酶R。生物素是戊酸的一类衍生物的总称，在它们的八种同分异构体中，仅有一种存在于自然界且有生物活性，通常讲的生物素就是指这一种。

生物素为无色针状结晶，其干粉形式对空气、热、光相当稳定，但在溶液、强碱、强酸中很容易降解。

在食物蛋白质的消化过程中，谷物和肉类中以蛋白质结合形式存在的生物素，通过肠道蛋白酶的水解作用产生生物素酰基赖氨酸加合物，称为生物胞素。生物胞素由肠道生物素酶作用释放出游离的生物素。游离的生物素在小肠吸收，生物素的吸收是从十二指肠到空肠再到回肠的递减过程。内源性菌群合成的生物素的吸收部位是不固定的。

生物素转运到外周组织需要生物素结合蛋白作载体。

体内生物素是多种羧化酶如丙酮酸羧化酶、乙酰CoA羧化酶等的辅酶，参与体内CO_2羧化过程。

大约有一半的生物素是经过各种代谢后从尿中排泄的，还有一部分生物素在代谢过程中被氧化。

7. 维生素B_{11}

维生素B_{11}即叶酸，化学名称为喋酰谷氨酸（pteroylglutamate　ptegle），因最初是从菠菜叶中分离提取而得名。现在，叶酸实际上已经成了一组与喋酰谷氨酸功能和化学结构相似的一类化合物的统称，其英文名称除了folic acid（FA）以外，还有folate、folates、folacin，一般可以互用。

叶酸为黄色晶体，微溶于水，不溶于乙醇、乙醚等有机溶剂。叶酸的钠盐在水中溶解度较大。叶酸对热、光、酸性溶液均不稳定，在中性及碱性溶液中对热稳定。

叶酸对于红细胞的成熟具有明显的促进作用，当叶酸缺乏时，血红细胞的发育和成熟受到影响，造成巨幼红细胞性贫血症。因此，叶酸在临床上可用于治疗巨幼红细胞贫血症，故叶酸又称抗贫血维生素。

混合膳食中的大多数叶酸是以多谷氨酸叶酸的形式存在的，多谷氨酸叶酸必须在肠道经叶酸结合酶水解为单谷氨酸叶酸的形式才能被肠黏膜吸收。维生素C、葡萄糖、锌可以促进叶酸的吸收，乙醇、抗惊厥药、口服避孕药、阿司匹林等不利于叶酸吸收。

体内叶酸大部分被转运至肝脏，在肝脏中通过合成酶作用转变成多谷氨酸衍生物储存。当储存于肝脏及其他组织中的多谷氨酸叶酸释放入血液后，又被结合酶水解为单谷氨酸叶酸形式，并与血浆蛋白结合。肝脏每日释放约0.1mg叶酸至血液，以维持血清叶酸保持一定水平。

叶酸作为辅酶的形式是其在肠道中部分被叶酸还原酶还原生成的四氢叶酸（tetrahydrofolate，THF或FH_4），它是转移一碳单位如甲基、亚甲基的酶系的辅酶，对丝氨酸、甘氨酸、嘌呤、嘧啶等的合成具有重要作用。

叶酸可以通过尿与胆汁排出，因为从胆汁排出的叶酸也可在小肠重新被吸收，因此叶酸的排出量很少。叶酸还可以从粪便排出，但由于肠道细菌可以合成叶酸，所以从粪便排出的叶酸数量难以确定。过多的叶酸还可以随上皮细胞脱落排出。

8. 维生素B_{12}

维生素B_{12}又称抗恶性贫血维生素，其化学全称为α-5，6-二甲基苯并咪唑-氰钴酰胺，简称钴胺素（codalamin），通俗名称为氰钴胺（cyanocobalamin），是唯一含有金属元素的维生素。

维生素B_{12}是深红色晶体，无臭无味，溶于水、酒精及丙酮，不溶于氯仿。在pH为4.5～5.0的溶液中长期放置不改变活性，但在pH 3.0以下及9.0以上容易分解。对热较稳定，但加热到210℃颜色加深，如快速高温消毒损失较小。强光、紫外线、氧化剂、还原剂对维生素B_{12}容易造成破坏。

食物中的维生素B_{12}一般与蛋白质相结合，进入人体消化道以后在胃酸、胃蛋白酶及胰蛋白酶的作用下被释放。体内维生素B_{12}的吸收与胃黏膜分泌的一种糖蛋白密切相关，维生素B_{12}只有与其结合后才能被肠壁吸收，并且不受肠道细菌的破坏。

吸收后的维生素B_{12}进入血液循环后，与血浆蛋白结合成为维生素B_{12}运输蛋白，运送至肝、肾、骨髓、红细胞胎盘等进行代谢。

维生素B_{12}在组织内以辅酶的形式参与体内代谢的调控，与叶酸的作用相互联系，例如，它可以通过增加四氢叶酸的利用率来影响蛋白质的合成，从而促进红细胞的发育和成熟。

代谢后的维生素B_{12}从尿及胆汁中排出。

体内维生素B_{12}的储存量很少，约2～3mg，每日丢失量大约为储存量的0.1%。

二、维生素C

维生素C又称为抗坏血酸，为无色无嗅的片状结晶。固体维生素C较稳定，有一定耐热性，加热到100℃也不分解。维生素C易溶于水，在水溶液中不稳定，易被氧化，加热易被破坏，在中性或碱性溶液中更是如此，在酸性条件下则较为稳定。光、微量金属离子（如Cu^{2+}、Fe^{2+}等）都可促进维生素C的破坏。

维生素C在胃肠道很快被吸收，吸收后的维生素C分布于体内不同组织，按照储存浓度不同依次为脑下垂体、肾上腺、肾脏、脾脏、肝脏、胰腺和胸腺。

维生素C不与蛋白质结合，多余的维生素C及其代谢产物主要由尿排出。

维生素C可在某些动物体内自行合成，但人体内不能合成，必须从食物中摄取。

第三节 脂溶性维生素

脂溶性维生素主要包括维生素A、维生素D、维生素E、维生素K。

一、维生素A

维生素A也称视黄醇，又叫抗干眼病维生素，它包括所有具有视黄醇生物活性的化合物，通常指的维生素A主要包括维生素A_1和维生素A_2。在高等动物和海水鱼中存在的维生素A_1是维生素A类物质的最基本的形式；维生素A_2又叫3-脱氢视黄醇，主要存在于淡水鱼肝中，其生理功能比维生素A_1低，约为维生素A_1的40%。

维生素A主要存在于动物体中（在鱼肝油中含量极其丰富），植物中不含维生素A，但是许多绿色植物含有胡萝卜素类物质，由于胡萝卜素类物质可以在体内转化成维生素A，所以有时将这些胡萝卜素类物质称为维生素A原。β-胡萝卜素是生物活性最高的维生素A原。理论上1分子β-胡萝卜素可以生成2分子维生素A，但由于胡萝卜素不能完全被吸收，转变有限，所以实际上6μg β-胡萝卜素才具有1μg维生素A的生物活性。

维生素A纯品为黄色片状结晶，不纯品一般是无色或淡黄色油状物（加热至60℃成澄明溶液）。不溶于水，在乙醇中微溶，易溶于油及其他有机溶剂。易被氧化（包括维生素A原），光和热可促进其氧化。在无氧条件下可耐热至120~130℃，但在有氧条件下受热或受紫外线照射时，均可使其破坏失效。

食物（主要指动物性食物）中的维生素A主要以视黄酰酯形式存在，视黄酰酯和胡萝卜素类物质都属于脂溶性物质，在小肠内和其他脂类一起经胆汁和胰脂酶的作用，通过小肠绒毛上皮细胞被吸收。

肝脏是储存维生素A的主要器官。当机体周围组织需要维生素A时，肝脏中储存的视黄酰酯在脂酶的作用下水解为视黄醇，视黄醇与视黄醇结合蛋白结合后，再和血清蛋白结合生成复合物从肝脏中释放到血液中运转。

正常情况下，维生素A由肾脏经尿排出的量很少，但当严重感染并伴有发烧现象时，维生素A经肾脏的丢失显著增加。

二、维生素D

维生素D具有抗佝偻病作用，也称作抗佝偻病维生素。维生素D有多种，其中维生素D_2（麦角固化醇）和维生素D_3（胆钙化醇）较为重要。

维生素D为无色针状结晶或白色结晶性粉末，无臭，无味，溶于脂肪和脂肪溶剂。在中性、碱性条件下能耐高温和氧化，在酸性溶液中会逐渐分解。但脂肪酸败可引起维生素D的破坏，光也可促进其异构化。

人和动物皮下含有7–脱氢胆固醇，为维生素D_3原（或维生素D_3前体），在日光或紫外线照射下它经过一系列转化可转变为维生素D_3（这是人体维生素D的主要来源之一，也是维生素D被称为阳光维生素的原因），血浆中的维生素D结合蛋白将形成的维生素D_3从皮肤输送至肝脏供机体利用。这个转化过程进展是较慢的。

鱼肝油、蛋类和动物肝中含有大量维生素D_3；植物性食物中所含的麦角固醇经紫外线照射后可转变为维生素D_2（故麦角固醇是维生素D_2原）。维生素D（主要指D_2和维生素D_3）主要在小肠与脂肪一起被人体吸收，吸收的维生素D或与乳糜微粒结合，或被维生素D结合蛋白输送到肝脏。

维生素D_2和维生素D_3本身均无活性，需要经肝脏、肾脏的转化，生成活性维生素D才能发挥其生理作用。

维生素D的代谢物进入胆汁入大肠随粪便排出。

三、维生素E

维生素E又称生育酚或抗不育维生素，是所有具有α–生育酚活性的生育酚和三烯生育酚及其衍生物的总称，可分为八种，即α–生育酚、β–生育酚、γ–生育酚、δ–生育酚和α–三烯生育酚、β–三烯生育酚、γ–三烯生育酚、δ–三烯生育酚。其中，生物活性最高、自然界分布最广的是α–生育酚。

维生素E为橙黄色或淡黄色油状物质，不溶于水，易溶于脂肪和脂肪溶剂，对热与酸稳定，对碱敏感，可缓慢地被氧化破坏。在酸败的脂肪中维生素E容易破坏。

维生素E和脂肪经同样的方式吸收入小肠，吸收后的维生素E主要转运至肝脏，肝脏中的维生素E可以适当方式进入血液循环代谢。维生素E可以在低密度脂蛋白中富集，并可经多种不同途径进入外周组织细胞膜，因此，维生素E在体内的储存主要在肝脏、脂肪、肌肉组织。

维生素E排泄的主要途径是胆汁，还有部分代谢产物经尿排出。

四、维生素K

维生素K具有促进凝血的作用，故又称凝血维生素。

天然的维生素K有维生素K_1、维生素K_2两种，维生素K_1为黄色油状物，在绿叶植物中含量丰富。维生素K_2是细菌的代谢产物，为黄色结晶。

现在临床上所用的维生素K是人工合成的，有维生素K_3、维生素K_4、维生素K_5、维生素K_7等。

维生素K大多耐高温，但易被光和碱破坏。

【思考与讨论】
体内维生素A、维生素D、维生素E、维生素K都能储存在脂肪组织中，为什么？

维生素K主要在十二指肠和回肠吸收，与其他脂溶性维生素一样，影响膳食脂肪吸收的因素也影响维生素K的吸收。吸收的维生素K主要由乳糜微粒经淋巴液转运至肝脏。人体维生素K的吸收很少，更新很快。在细胞内，维生素K主要存在于膜上，尤其是内质网和线粒体膜上。

代谢后的维生素K 30%～40%经胆汁排到粪中，15%左右的维生素K以水溶性代谢产物的形式排到尿中。

第四节　食品加工与储藏过程中维生素的损失

同种食物中维生素的含量因食物的新鲜程度、加工方式、储藏条件等情况的不同而不同，而且食品原料每经过一次加工，都会造成维生素的损失。本节主要学习维生素在食品加工与储藏过程中的损失。

一、粮食精加工过程中维生素的损失

谷类粮食中的维生素大部分分布在谷物的胚芽及皮层中，碾磨时去掉麸皮和胚芽，会造成谷物中烟酸、视黄醇、硫胺素等维生素的损失，而且碾磨越精细，维生素的损失越多。例如，大米中的硫胺素，在标准米中损失41.6%，中白米为57.6%，上白米为62.8%。再如，小麦在出粉率为70%时，各种维生素的损失量如下：硫胺素80%、核黄素67%、烟酰胺77%、吡哆素84%、叶酸70%、泛酸52%、生育酚45%、生物素77%。目前，世界上发达国家已普遍使用维生素强化米面食品，以保证其一定的维生素含量。

二、食品热加工过程中维生素的损失

热处理是各类食品普遍采用的加工工序，而许多维生素对热都很敏感，容易造成损失。实验表明，蔬菜、水果装罐前经热处理后，抗坏血酸的损失为13%～16%，硫胺素的损失为2%～30%，核黄素的损失为5%～40%。

高温下熟制食品时，维生素的损失与熟制方法、熟制时间、加热介质、加工前原料的预处理及加工后食品的物理状态等很多因素有关。高温短时热处理比低温长时间热处理时维生素的损失要少；若热处理后迅速冷却，可使维生素的损失减少，而用冷空气冷却效果更好，这样可减少维生素在冷水中溶解而造成的进一步损失。酸性条件和蛋白质的存在对维生素可起保护作用。

常用的熟制方法有湿热法、干热法、油炸法。湿热法是以水为加热介质在常压下进行煮制或蒸制。由于加热时间较长而温度较低，所以水溶性维生素损失较大，如硫胺素达30%，维生素C达50%以上。熟制时间越长，水溶性维生

素损失越多，而脂溶性维生素则破坏较少。干热法是以热空气作为加热介质烤或熏制食品，由于温度在140～200℃，所以对热敏感的抗坏血酸损失近100%，硫胺素的损失为20%～30%。油炸法是以食用油作加热介质，由于油的沸点高、传热快，所以熟制时间短，维生素的损失较前两种方法少，但在碱性条件下进行炸制，很多维生素被破坏，如生育酚损失为32%～70%，硫胺素损失为100%，烟酰胺和核黄素损失在50%以上。

三、食品脱水加工过程中维生素的损失

水果、蔬菜、肉类、鱼类、牛乳和蛋类等常采用脱水的方法进行加工，食品的脱水加工会导致维生素的大量损失。如脱水可使牛肉、鸡肉中的生育酚损失36%～45%，胡萝卜中的胡萝卜素损失35%～47%。脱水时降低脱水温度可以减少维生素的损失。

四、食品烹调加工过程中维生素的损失

烹调过程中若方法不当，也会造成食品中维生素特别是水溶性维生素的严重损失。例如，小白菜切段，旺火快炒2min，抗坏血酸可保留60%～70%，切丝则保留49%，若炒后再熬煮10min，则抗坏血酸仅保留20%左右。又如猪肝炒3min，硫胺素和核黄素的损失仅为1%，而卤猪肝的损失增加到37%。由此可见，烹调时间长，原料切得细小，维生素的损失就大。加水量多，溶于汤水中的水溶性维生素就越多，损失也越大。另外，原料先切后洗也会导致水溶性维生素的大量损失。

五、食品添加剂导致的维生素损失

食品加工中常应用食品添加剂，有的食品添加剂会引起维生素的损失。例如，面粉加工中常用的漂白剂或改良剂，易使维生素A、抗坏血酸和生育酚等氧化，造成含量降低。肉制品中加入的发色剂亚硝酸盐不但能与抗坏血酸迅速反应，而且能破坏胡萝卜素类、硫胺素及叶酸。烹调、面点制作中使用的碱性发酵粉使pH近于9，在这种碱性环境下，硫胺素、抗坏血酸、泛酸等维生素被破坏的可能性大大增加。

六、食品储藏过程中维生素的损失

食品的储藏方法很多，不论采用何种方法储藏，维生素的损失都是不可避免的。因为一些维生素如维生素B_2、维生素B_6、维生素A、维生素E、维生素K对光不稳定，另一些维生素如维生素B_1、维生素C、叶酸、泛酸则对热不稳定。在有氧存在的条件下，尤其是伴随氧化酶和微量金属存在时，易于氧化的

维生素A、维生素E、维生素C会严重破坏或完全损失。随着时间的推移，储存过程中的维生素损失也越来越多。

尽可能地在加工和储藏过程中防止或减少食品中维生素的损失是一个很重要的课题。当然，所采取的方法如果能够增加食品及其原料中维生素的含量则最佳。例如，采用先晒后烘的加工工艺干制香菇，每克香菇中维生素D_2的含量就会由几十国际单位上升到1000国际单位，这是因为香菇中的维生素D原在阳光照射下能够转化成维生素D_2。

知识拓展

国际单位（international unit，IU）

有些药物如维生素、激素、抗生素、抗毒素类生物制品等，它们的化学成分不恒定或至今还不能用理化方法检定其质量规格，往往采用生物实验方法并与标准品加以比较来检定其效价。通过这种生物检定，具有一定生物效能的最小效价单元就叫“单位”（U），经由国际协商规定出的标准单位，称为“国际单位”（IU）。标准品也有国际标准品和国家标准品之分。

不同的药物，“国际单位”与质量的换算是不相同的。1931年国际联盟卫生组织的维生素委员会，首先规定了各种维生素的国际单位。如每1个国际单位的维生素A相当于0.3μg，若是它的乙酸盐则为0.344μg，1个国际单位的维生素P相当于0.025μg，1个国际单位的维生素E相当于1mg等。虽然许多维生素现今已改为质量表示，但维生素A和维生素D仍然沿用国际单位。

第五节　类维生素

由于目前人们对类维生素的性质、生理功能特别是对它们代谢过程的认识还不是很深入，类维生素的知识积累还比较少，本节只是有代表性地介绍几种类维生素。

一、生物碱

生物碱（alkaloid）是一类存在于动植物体内具有碱性的含氮有机物。大多具有明显的生理效应，比较广泛地用作药物。但是生物碱往往不能多用和常用，否则有些会引起“嗜好”。例如，抽烟、喝茶、喝咖啡的成瘾就主要是由烟碱、茶碱、咖啡碱引起的，更为严重的如鸦片中的罂粟碱就是一种社会公害。

有些生物碱具有类似维生素的作用，所以把它们称为类维生素。

1. 动物体内的生物碱

（1）胆碱（choline） 胆碱由于最早是从猪的胆中提取而得名，它是卵磷脂和鞘磷脂的重要组成部分，广泛存在于动植物体中。它是一种强的有机碱，为无色味苦的水溶性白色浆液（也有的资料直接把胆碱归为水溶性维生素），有很强的吸湿性，暴露于空气中能很快吸水。对热稳定，正常环境下也耐储存。胆碱容易与酸反应生成更为稳定的结晶盐，如胆碱和盐酸反应生成氯化胆碱。

胆碱的生理作用通过磷脂的形式来实现，食物中的磷脂被机体吸收后释放出胆碱。正常成年人摄入的部分胆碱在被肠道吸收以前即被代谢，因为肠道细菌可分解胆碱使之成为甜菜碱并产生甲胺，未被分解的胆碱在整段小肠都能被吸收，被吸收的胆碱进入肝脏循环。

肝、肾、脑组织、乳腺、胎盘对胆碱的摄取比其他组织更重要。其中，肝脏摄取胆碱的速度很快。胆碱可以促进脂肪代谢，并可以防止脂肪在肝脏中的异常积累出现脂肪肝。肾脏也蓄积胆碱，部分胆碱以原形出现在尿中，但大部分在肾内被氧化成甜菜碱，作为肾内细胞重要的渗透压保护剂而发挥作用。大脑摄取的胆碱在被转变成乙酰胆碱之前会首先进入储备池，对于乙酰胆碱释放负担比较重而使胆碱原料需求不断增加的神经细胞，这种储备是很重要的。由胆碱转变成的乙酰胆碱是一种神经递质，可以提高神经细胞的信息传递速度，提高智力，增强记忆力。

人体可以自身合成胆碱，但是婴幼儿自身合成量不能满足要求，所以胆碱（常以磷脂的形式）可以作为营养强化剂添加到婴幼儿食品中。

（2）肉毒碱（肉碱：carnitine） 肉碱因最早在肉中发现而得名，又因其类似于B族维生素，所以有的资料把它称为维生素B_T。含肉碱丰富的食物主要是肉类，其次有梨、麦芽。

肉碱易溶于水，又能被完全吸收。在机体组织中，肾上腺、脑中肉碱含量最高，心脏、骨骼、肌肉、脂肪组织和肝脏内的肉碱次之，血液中肉碱最少。

肉碱可以促进胃胰液的分泌，增强消化与吸收，并且对脂溶性维生素以及钙和磷的吸收起促进作用。肉碱能够以酰基肉碱的形式转运酰基，为细胞质中脂肪酸的合成提供乙酰基原料，对维持糖类（转化成脂肪）的代谢起作用，而且它又是促进脂肪酸氧化的关键物质。肉碱可以清除体内某些非生理性物质、毒性物质、导致人老化的自由基，从而提高机体免疫力和抗应急能力。

正常情况下，人和其他动物能够在体内合成所需的肉碱。但是在代谢异常或者处于生长高峰期时，能出现肉碱缺乏。

某些有毒动物中所能释放或分泌出来的毒素成分，也主要是一些生物碱成分，如蛇毒和蟾蜍毒。

2. 植物中的生物碱

一般情况下，只有那些特殊的植物如茄科植物、罂粟属植物、鸡爪植物和蝴蝶花等，才会含有相对应植物种属的特殊生物碱成分。

大多数情况下，植物中的生物碱种类和含量除了与植物种属有关外，还与植物所拥有的生长环境和季节有很大的关系。同科植物大多含有一类在化学结构上近似的生物碱成分，主要存在于植物的叶、果、根、皮中。但是这些生物碱成分的含量往往很低，总计不超过1%。个别特殊情况下也有高含量生物碱成分的出现，如金鸡纳树皮中奎宁的含量约可达15%。

为了区分某种植物中所含有的生物碱特性，往往将其中含量最高的生物碱成分称为主要生物碱，其余的部分则称为次要生物碱，并且大多以主要生物碱来代表该种植物的生物碱存在。

一些具有天然性质的嗜好品如咖啡、茶叶、古柯叶、可可和烟草等，都或多或少地含有咖啡碱或可可碱或尼古丁等的生物碱成分，而这些生物碱成分据认为一般是嗜好品纯真特色的重要的或决定性的组成部分。

大多数香辛料中也含有生物碱成分，这对于形成香辛料的特别味觉感受往往具有比较重要的作用。例如，胡椒中含有的主要生物碱成分胡椒碱就具有这样的功能。

一些有毒植物如野樱桃、毒芹则含有有毒的生物碱成分。马铃薯中所含有的一种龙葵素或茄碱成分，在相对比较高的含量时也是一种必须加以除去的生物碱。

由于生物碱的特殊生理作用以及所表现的毒性或副作用，食物中的生物碱含量大多很低或要求很低。嗜好品中生物碱的含量也大多维持在1%左右，至多不超过5%（表7-3）。

表7-3　一些嗜好品中的生物碱及其含量

嗜好品	主要生物碱	含量/（g/100g）
咖啡	咖啡碱	1.0～1.5
茶叶	茶叶碱	2.5～3.0
可可	可可碱	1.5～1.8
烟草	尼古丁	0.6～0.9

除了动植物以外，某些食用菌如毒纯伞和麦角菌中也含有有毒的生物碱。

二、生物黄酮类

黄酮类（bioflaranoid；vitamin　pcompllx）化合物（黄酮和类似于黄酮——

类黄酮的化合物）其实也是一类天然水溶性色素，多呈浅黄至无色，对热、氧、干燥和中等酸度相对稳定，但遇光迅速被破坏。此外，其色泽易受pH和金属离子的影响，在碱性溶液中变为黄色，遇铁离子变为蓝紫色。

黄酮类化合物的生理功能类似于维生素C，能保持毛细血管的通透性；抑制脂肪的氧化，保护含有类黄酮的蔬菜、水果不受氧化破坏；保护细胞免受致癌物的损害，抑制癌细胞的生长；具有杀菌和抗生素的作用；具有降血脂、降胆固醇、降血压的作用；对维生素C具有增效作用。

【思考与讨论】
柑橘皮与芦笋加工的下脚料为什么可以生产降压药？

在上面学习的大豆异黄酮属于生物黄酮类中的类黄酮。

大豆异黄酮是一种弱的植物雌激素，在雌激素生理活性强的情况下，异黄酮抗雌激素作用，降低受雌激素激活的癌症如乳腺癌的风险，而当女性绝经期雌激素水平降低时，异黄酮起到替代作用，避免停经期症状发生。

异黄酮能阻止癌细胞的生长和扩散，但对正常细胞无消极影响。异黄酮还是一种有效的抗氧化剂，能阻止自由基对于低密度脂蛋白的氧化，阻止氧自由基的生成，而氧自由基是一种强致癌因素。可见，大豆异黄酮的抗癌作用有多种方式和途径。此外，大豆异黄酮还能降低低密度脂蛋白胆固醇在动脉中沉积而演变为动脉硬化的情况。

生物黄酮类广泛存在于蔬菜、水果中。

三、辅酶Q

辅酶Q（coenzymeQ，CoQ；ubiquinoneQ，UQ）又名泛醌，属于醌类有机物，脂溶性，分子中的醌结构可以加氢还原成苯酚结构，二者之间的反应是可逆的。

辅酶Q存在于绝大多数活细胞的线粒体中，是呼吸链中的一个重要的递氢体，参与营养物质释放能量的过程。此外，辅酶Q还是一种有效的免疫激活剂，从而提高机体的免疫力。

辅酶Q的生理功能与维生素E和硒密切相关。

辅酶Q在人体内能够合成，应急情况下机体需求增加，需从外界补充。食物中的辅酶Q分布很广，尤其以大豆、植物油含量最多。

四、牛磺酸

牛磺酸（α-aminoethanesulfonic acid）是由于最早从牛磺中发现而得名，它是一种含硫的非蛋白质氨基酸，又称β-氨基乙磺酸。

牛磺酸对人体和动物具有重要的生理作用，它能够促进吸收，调节神经传导，参与脂肪代谢。它还具有抗氧化功能。此外缺少牛磺酸会导致视网膜变性甚至失明，特别是胎儿、婴儿的中枢神经系统及视网膜等的发育更离不开牛磺酸。

人体合成牛磺酸的能力有限，所需牛磺酸多来自膳食，特别是海产品。

五、硫辛酸

硫辛酸（lipoic acid）是一种含硫的脂肪酸，学名6，8-二硫辛酸，以氧化型和还原型两种形式存在，氧化型是脂溶性的，而还原型则是水溶性的。

硫辛酸在代谢中作为α-酮酸氧化脱羧酶和转羟乙醛基酶的辅酶，起转运酰基和氢的作用，与糖代谢关系密切。硫辛酸是某些微生物的必需维生素，但尚未发现人类有硫辛酸缺乏症。

硫辛酸在动物的肝脏和酵母中含量丰富，在食物中，硫辛酸常与维生素B_1同时存在。

人体能自行合成硫辛酸。

思考与练习

一、名词解释

维生素类、维生素、类维生素、维生素原；神经调节、体液调节；酶的调节、维生素调节。

二、填空题（在下列各题中的括号内填上正确答案）

1. 维生素的英语单词Vitamin直译成汉语是（　　）。
2. 按照维生素的溶解性，可将维生素分为（　　）维生素和（　　）维生素，前者主要包括（　　）维生素和维生素（　　），后者主要包括维生素（　　）、（　　）、（　　）、（　　）。
3. 除维生素B_{12}以外，一般水溶性维生素是通过（　　）吸收的。
4. 维生素B_1、维生素B_2、维生素B_{12}的化学名称分别是（　　）、（　　）、（　　），维生素B_6包括（　　）、（　　）、（　　）三种化合物。
5. 维生素A俗称（　　），又称（　　）；维生素D也称（　　）；维生素E又称（　　）或（　　）；维生素K具有（　　）的作用，将其称为（　　）。
6. 人体内（　　）是储存维生素A的主要器官。
7. 人经常晒晒太阳，可以促进脂溶性维生素（　　）的合成。
8. 大豆异黄酮属于生物黄酮类中的（　　）。
9. 牛磺酸中的牛磺是指（　　），牛磺酸是一种非蛋白质含硫（　　）酸。

三、判断题（下列各种说法是否正确？如不正确，指出错误并加以改正）

1. 植物性食品原料和食用菌类食品原料比动物性食品原料中含有的维生素种类多。

2. 不具有辅酶作用的维生素，不存在消化过程。

3. 泛酸、叶酸、戊酸、烟酸分别是指维生素B_3、维生素B_5、维生素B_7、维生素B_{11}。

4. 人体内的维生素C只能从动物中摄取。

5. 维生素A既存在于动物体内也存在于植物中。

6. 维生素A、维生素D、维生素E、维生素K分别都是指一种维生素。

7. 胆碱由于最早是从猪的胆中发现而得名；肉碱因最早是从肉中发现而得名。

8. 一般而言食品加工精度越高，维生素损失越多。

9. 食品脱水加工过程中，可导致水溶性维生素的损失；原料先切后洗也会导致水溶性维生素的损失。

四、简答题

1. 维生素与辅酶有什么联系？列举一些比较重要的辅酶与维生素联系的例子。

2. 为什么晒太阳可防治佝偻病？

3. 影响维生素C降解的因素有哪些？

4. 在食品加工过程中，热处理对维生素的影响如何？

实操训练

实训十一　维生素C的性质

一、实训目的

（1）了解维生素C的主要性质。

（2）通过比较得出不同条件对维生素C稳定性的影响。

二、实训原理

维生素C易溶于水，呈酸性，有还原性及不稳定性，易被碱、高温、金属离子（如Cu^{2+}、Fe^{2+}等）、氧及L-抗坏血酸氧化酶等因素破坏。

自然界中的维生素C有还原型和氧化型两种，还原型抗坏血酸可以还原染料2，6-二氯酚靛酚。2，6-二氯酚靛酚在酸性溶液中呈粉红色，在中性或碱性溶液中呈蓝色，被还原后颜色消失。还原型抗坏血酸还原染料后，本身被氧化成脱氢抗坏血酸。在酸性环境下用氧化型2，6-二氯酚靛酚滴定还原型维生素C，以微红色作为滴定终点，根据2，6-二氯酚靛酚的消耗量，可以计算出抗坏血酸的含量。

三、实训用品

1. 原料与器材

黄瓜或南瓜、玻璃片、乳钵、石英砂、纱布、滴定管、容量瓶、50mL锥形瓶。

2. 试剂

（1）0.1%的维生素C溶液。

（2）2mol/L Na_2CO_3溶液。

（3）2%草酸溶液。

（4）5%$CuSO_4$溶液。

（5）2，6-二氯酚靛酚溶液　称取2，6-二氯酚靛酚50mg，溶于200mL含有52mg碳酸氢钠的热水中，冷却，冰箱中过夜。次日过滤于250mL棕色容量瓶中，定容，在冰箱中保存。

四、实训步骤

1.抗坏血酸氧化酶的制备

用玻璃片刮取黄瓜皮（或南瓜皮）2g于乳钵中，加石英砂少许，充分研磨至泥状，然后加2倍体积蒸馏水研磨均匀，用纱布过滤备用。

2.酸、碱、铜、加热及抗坏血酸氧化酶等条件对维生素C的影响

取10个50mL锥形瓶，逐次按下表进行操作，每一条件做平行实验2次，最后用2，6-二氯酚靛酚滴定，并按下式计算在不同条件下维生素C被破坏的百分率。

式中　V_1——酸性条件下滴定消耗2，6-二氯酚靛酚的体积，mL；

$$维生素C被破坏的百分率=\frac{V_1-V_2}{V_1}\times 100\%$$

V_2——其他条件下滴定消耗2，6-二氯酚靛酚的体积，mL。

根据计算结果得出不同条件对维生素C稳定性的影响。

项目	酸	碱	加热	Cu^{2+}、加热	抗坏血酸氧化酶
0.1%维生素C溶液的体积/mL	0.5	0.5	0.5	0.5	0.5
蒸馏水体积/mL	2.0	1.0	2.0	2.0	2.0
2%草酸溶液的体积/mL	3.5	—	—	—	—
2mol/L Na_2CO_3溶液的体积/mL	—	3	—	—	—

续表

项目		酸	碱	加热	Cu^{2+}、加热	抗坏血酸氧化酶
5% Cu_2SO_4溶液的体积/mL		—	—	—	5	—
抗坏血酸氧化酶液/滴		—	—	—	—	10
放置时间/min		10	10	10(沸水)	10(沸水)	10
2%草酸溶液的体积/mL		—	4.5	3.5	3.5	3.5
2，6-二氯酚靛酚消耗的体积/mL	第一次					
	第二次					
	平均值					
维生素C被破坏的百分率						

第八章 食品原料屠宰、成熟和采收后的组织变化

学习目标

1. 明确动物屠宰后组织僵直过程中发生的主要变化；明确肉“成熟”的特征以及肉“成熟”过程中发生的主要变化。
2. 明确果蔬成熟过程中发生的主要变化，果蔬采收后组织呼吸的变化特点。
3. 明确果蔬采收后维生素损失的原因、大米的陈化过程、马铃薯在储藏期间成分的变化。
4. 明确食用菌的一般化学组成，食用菌采摘后组织变化的特点。

本章导言

上面我们以章为单位分别学习了食品及其原料中的几类主要化学成分。这些化学成分都以一定形式存在于动植物以及食用菌等食品原料中，而且动植物以及食用菌类食品原料中的化学成分在原料的储运、加工过程中会发生一系列变化。本章主要学习动物性食品原料屠宰以后、植物和食用菌类等食品原料采收后的组织变化特点。

第一节 动物屠宰后组织的僵直与成熟

动物生存时，其代谢保持一定的协调性，但随着动物的屠宰死亡，体内原来的代谢系统被破坏，体内发生新的生化过程，直至由于酶的作用进行自身消化，进而引起细菌繁殖发生腐败为止。这里主要介绍屠宰后动物肉从热鲜肉到成熟肉

的过程。这一过程主要包括糖原的酵解、死后僵直、僵直的解除、“成熟”。

一、糖原的酵解

正常生活的动物体内，虽然并存着有氧呼吸和无氧呼吸两种方式，但主要的呼吸过程是有氧呼吸。动物宰杀后，心脏跳动停止，血液循环停止，供氧也停止，组织呼吸转变为无氧呼吸。这时，首先发生的变化是糖原在一系列酶的作用下进行无氧酵解，其最终产物为乳酸，这一阶段称为糖原的酵解。

由于乳酸的生成，导致肉的pH降低，肉呈酸性。pH的降低最终能够抑制住糖原酵解。

二、肉的僵直与僵直的解除

动物屠宰后经过一段时间，肌肉组织由弛缓变为紧张，肌肉失去弹性，硬度变大，透明度降低，关节失去活性，这种状态称为死后僵直，也叫尸僵。动物屠宰后8～10h开始出现僵直，可持续15～20h。

1. 动物屠宰后的僵直过程

动物屠宰后的僵直过程可以分为三个阶段：从屠宰后到开始出现僵直为止的肌肉弹性以很缓慢的速度降低的阶段，这一阶段称为迟滞期；迟滞期以后迅速僵硬的阶段称为急速期；最后达到延展性很小的状态而停止僵直的阶段称为僵直后期。

2. 动物屠宰后的僵直类型

（1）酸性僵直　宰前动物保持安静状态，未经激烈活动的动物肌肉的僵直，迟滞期较长，急速期较短，而且因为温度不同肌肉的收缩程度有所差异。僵直过程的最终pH多在5.7左右。

（2）碱性僵直　宰前处于疲劳状态的动物，宰后迟滞期和急速期都比较短，肌肉显著收缩，僵直结束时pH几乎不变，一般保持在7.2左右。

（3）中间型僵直　宰前经过断食的动物，屠宰后产生的僵直迟滞期短、急速期长，肌肉产生一定收缩，僵直结束时pH保持在6.3～7.0。

3. 动物屠宰后组织僵直过程中发生的变化

（1）动物组织中pH的变化　上面已经讲过，由于屠宰死亡后动物组织的呼吸途径由有氧呼吸转变为无氧酵解，组织中的乳酸逐渐积累，所以组织pH下降。温血动物宰杀后24h内肌肉组织的pH由正常生活时的7.2～7.4降至5.3～5.5，但一般也很少低于5.3。鱼类死后肌肉组织的pH大多比温血动物高，在完全尸僵时甚至可达6.2～6.6。

屠宰后pH受屠宰前动物体内糖原储藏量的影响，若屠宰前动物曾强烈挣扎或运动（消耗能量），则体内糖原含量减少，宰后pH也因此较高，在牲畜中可达6.0～6.6，在鱼类达7.0，被称为碱性尸僵。宰后动物肌肉保持较低的pH，有利于抑制腐败细菌的生长和保持肌肉色泽。

（2）ATP的显著降低　屠宰后的肌肉，由于呼吸途径由原来的有氧呼吸为主转变为无氧酵解，ATP的产生显著降低。此外，组织中的ATP随着磷酸肌酸（储能形式）的消耗及ATP的降解而加速减少。ATP消失殆尽，组织的粗丝和细丝连接得更加紧密，肌肉的伸展性完全消失，这就是最大尸僵期，此时肌肉最硬。

（3）肌肉蛋白质变性　肌动蛋白与肌球蛋白是动物肌肉中主要的两种蛋白质。在尸僵前期两者是分离的，随着ATP浓度的降低，肌动蛋白与肌球蛋白逐渐结合成没有弹性的肌球蛋白，这是尸僵发生的一个主要标志，在这时煮食，肉的口感特别粗糙。

肌肉纤维里还存在一种液态基质，肌浆中的蛋白质最不稳定，在屠宰后由于温度升高，pH降低，蛋白质就很容易变性，牢牢地贴在肌原纤维上，因而肌肉呈现一种浅淡的色泽。

4. 僵直的解除

肌肉达到最大僵直以后，继续发生着一系列生物化学变化，逐渐使僵直的肌肉变得柔软多汁，结构变得细致，滋味更加鲜美，这一过程称为僵直解除（简称解僵）也称肉的自溶。

肉类解除僵直所需要的时间因动物种类、肌肉部位以及外在条件的不同而有所不同。在2～4℃条件下，鸡肉需要3～4h达到僵直顶点，而僵直的解除需要2d，猪肉解除僵直需要3～5d，牛肉需要7～10d。

未解僵的肉持水性差，口感不好，不仅风味不佳而且保水性也差，加工肉馅时黏着性差，解僵后的肉消除了这些不足，因此，从某种意义上来说僵直的肉只有解僵后才能加工食用。

知识拓展

肉的冷收缩与解冻僵直

牛、羊、鸡肉在低温条件下也可以产生急剧收缩，称之为冷收缩。冷收缩最小的温度范围：牛肉为14～19℃，禽肉为12～18℃。因此，牛肉和禽肉冷却时应避开冷收缩区的时间和温度（温度低于10℃，时间在12h内）。

在还没有达到最大僵直期时冷冻的肌肉，随着解冻，残余糖原和ATP的消耗会再次活跃，一直到形成最大僵直。先冷冻后解冻的肌肉，比未冷冻但处于解冻温度中的肌肉达到僵直所需要的时间要少得多，收缩大，硬度也高，从而造成大量汁液流失，这种现象称为解冻僵直。刚屠宰后立即冷冻再解冻时，这种现象最为明显。因此，要在形成最大僵直后再进行冷冻，以避免解冻僵直的发生。

三、肉的“成熟”

解僵后的肌肉置于低温下储藏，使其风味增加的过程称为肉的“成熟”。肉的成熟过程中发生的主要变化在解僵过程中已经发生，因此很难严格界定解僵期与成熟期，所以有人认为成熟期是解僵期的延续。

1. 风味物质的生成与增加

刚屠宰后的肉，软而无味，僵直中的肉硬、持水力小，故汁液分离多。僵直分解后的肉再度转化，即随着ATP降解产生的肌苷酸增加以及组织蛋白酶的分解作用，而使肌肉蛋白质发生部分水解，水溶性肽及氨基酸等非蛋白氮增加，肉的食用质量达到最佳适口度（即风味提高）。此时的肉烹调时能发出肉香。

2. 肌肉蛋白质持水力的变化

肌肉蛋白质在尸僵前具有高度的持水力，随着尸僵的发生，在组织中pH降到最低点时（pH为5.3～5.5），持水力也降至最低点。解僵以后肌肉的持水力又有所回升，也容易烧烂和消化，其原因是尸僵缓解过程中，肌肉中的钠、钾、钙、镁等离子的移动造成蛋白质分子电荷增加，从而有助于水合离子的形成。

复习与回顾

肉的排酸。

第二节　植物性食品原料成熟过程中及采收后的组织变化

植物性食品原料在成熟过程中及采收后的组织变化，以果蔬类最为复杂，所以，本节重点学习果蔬类成熟过程中及采收后的组织变化，然后简单介绍粮食类代表大米采收后的组织变化特点，兼具蔬菜和粮食作用的马铃薯在储存过程中的组织变化特点。

一、果蔬成熟过程中的生物化学变化

1. 果蔬成熟过程中的呼吸作用特征

（1）呼吸跃变现象　许多水果在成熟过程中其呼吸强度会有急剧陡然上升的现象，称为呼吸跃变或呼吸高峰，它是果实完全成熟的标志，此时果实的色、香、味都达到最佳状态，呼吸高峰后，果实进入衰老阶段。

有呼吸跃变现象的水果如苹果、梨、香蕉、杏、柿子、芒果、草莓、番茄等，一般都在呼吸跃变之前收获，在受控条件下储存，到食用前再令其成熟。

无呼吸跃变现象的水果如柑橘类、葡萄、菠萝、樱桃等采摘后呼吸持续缓慢下降而不表现有暂时上升，由于没有呼吸跃变现象，这类水果应在成熟后采摘。

绿叶蔬菜也没有明显的呼吸跃变现象，因此在成熟与衰老之间没有明显的区别。

（2）呼吸方向的变化　果实在成熟过程中，呼吸方向发生明显的质的变化，由有氧呼吸转向无氧呼吸，因此在果肉中积累乙烯等二碳化合物。在果实成熟前，乙烯的生成量最大，现在已知乙烯是加速果实成熟的调节物质，是一种植物激素。乙烯的产生是水果成熟的开始。

2. 果蔬在成熟过程中的组织变化特点

（1）色素物质及鞣质的变化　这方面，最明显的是绿色的变化，由于叶绿素的降解而使绿色消失，而胡萝卜素类和花青素的生成则使蔬菜、水果呈现红色和橙色。例如，番茄由于番茄红素的形成而呈红色，苹果表皮的色素是由于花青素的存在所致。

幼嫩果实常因含多量的鞣质而具强烈涩味，在成熟过程中涩味逐渐消失，其原因可能有三种：鞣质与呼吸中间产物乙醛生成不溶性缩合产物；鞣质单体在成熟过程中聚合为不溶性大分子；鞣质氧化。

（2）芳香物质形成　蔬菜、水果的芳香是极其复杂的化学变化的结果，其机制还不清楚。芳香物质是一些醛、酮、醇、酸特别是酯类物质，其形成过程常与大量吸氧的呼吸有关，可以认为是成熟过程中呼吸作用的产物。例如，苹果的香气一般由乙酸、醋酸、丙酸、丁酸、辛酸等挥发性酸及其酯和甲醇、乙醇、乙醛等组成，成熟增加了酯的成分，故香气增加。

（3）维生素的积累　果蔬通常在成熟期间大量积累维生素C，它的形成也与成熟过程中的呼吸作用有关。番茄成熟过程中维生素C及胡萝卜素类等的动态变化如表8-1所示。

表8-1　番茄成熟过程中维生素C及胡萝卜素等的动态变化

成熟度	维生素C/(mg/100g)	胡萝卜素类/(mg/100g)	叶黄素/(mg/100g)	番茄红素/(mg/100g)
绿色	15	0.248	1.544	0
绿而发白	17	0.632	1.220	痕量
肉红色	22	1.265	0.093	1.92
成熟	20	2.703	0.040	2.82
过熟	10	0.123	0.010	2.65

番茄过熟以后，这些物质显著减少。

（4）果胶物质的变化　多汁果实的果肉在成熟过程中变软，是由于果胶酶活力增大而将果肉组织细胞间的不溶性果胶物质分解、果肉细胞失去相互联系。

（5）糖酸比的变化　糖酸比是衡量水果风味的一个重要指标。多汁果实在发育初期由叶子流入果实的糖分，在果肉组织细胞内转化为淀粉储存，因而缺乏甜味，而有机酸的含量则相对较高。随后淀粉又转变为糖，而有机酸则优先作为呼吸底物被消耗掉，因此糖分与有机酸的比例上升。

可见，由于以上生物化学变化，导致成熟后的蔬菜、水果的化学成分与成熟前相比会发生较大的变化。

3. 果蔬的催熟

乙烯对水果的催熟机制是由于它能提高果实组织原生质对氧的渗透性，促进果实的呼吸作用和有氧参与的其他生化过程。同时乙烯能改变果实酶的活动方向，使水解酶类从吸附状态转变为游离状态，从而增强了果实成熟过程的水解作用。

果蔬在临近成熟前产生足够浓度的乙烯，成为果蔬成熟的启动物质。

目前运用乙烯利人工催熟水果，已经是一项很成熟的技术。

乙烯利的化学名称是2-氯乙烯基磷酸，在中性或碱性溶液中易分解，产生乙烯，反应式如下：

$$Cl—CH_2—CH_2—H_2PO_3+OH^- \longrightarrow CH_2=CH_2+H_3PO_4+Cl^-$$

商品乙烯利为浓度40%的溶液，通常配成0.05%～0.1%的溶液使用，约3～5d即可使柿子、西瓜、杏、苹果、柑橘、梨、桃等催熟。乙烯利几乎对所有水果都有不同程度的催熟作用，因此，目前用乙烯利催熟香蕉已成为一项很普遍的技术。

二、果蔬采收后组织呼吸的变化

在生长发育中的植株中，主要的生理过程有光合作用、吸收作用（如水分及矿物质的吸收）和呼吸作用，在强度上以前两者为主。采收后的新鲜水果、蔬菜仍然具有活跃的生理活动，并且很大程度上是在母株上发生的过程的继续。但是，在采收后的水果、蔬菜中，由于切断了养料供应的来源，组织细胞只能利用内部储存的营养来进行生命活动，也就是主要表现为异化（分解）作用。

1. 采收后果蔬组织的呼吸特征

不同种类植物的呼吸强度不同，同一植物不同器官的呼吸强度也不同。各器官具有的构造特征，也在它们的呼吸特征中反映出来。

叶片组织的特征表现在其结构有很发达的细胞间隙，气孔极多，表面积巨大，因而叶片随时受到大量空气的洗刷，表现在呼吸上有两个重要的特征：呼吸强度大；叶片内部组织间隙中的气体按其组成很近似于大气。正因为叶片的呼吸强度大，所以叶菜类不易在普通条件下保存。

肉质的植物组织，由于不易透过气体，所以呼吸强度比叶片组织低，组织间隙气体组成中CO_2比大气中多，而O_2则稀少得多。组织间隙中的CO_2是呼吸作用产生的，由于气体交换不畅而滞留在组织中。

知识拓展

组织间隙气体的消极作用及其克服

组织间隙气体的存在，给水果、蔬菜的罐藏加工至少带来以下三个问题：由于组织间隙中O_2的存在，使水果、蔬菜在加工过程中发生氧化作用，常使产品变褐色；在罐头杀菌时因气体受高温而发生物理性的膨胀；影响罐头内容物的干重。生产实践中排除水果、蔬菜组织间隙气体的方法有两种：热烫法，其作用之一就是排除组织间隙的气体；真空掺入法，用真空掺入法把糖（盐）水强行渗入组织，排出气体。

2. 影响果蔬组织呼吸的因素

（1）温度的影响　水果、蔬菜组织呼吸作用的温度系数依种类、品种、生理时期、环境温度不同而异，一般来说，水果、蔬菜在10℃时的呼吸强度与产生的热量为0℃时的3倍。

环境中温度愈高，蔬菜组织呼吸愈旺盛，在室温下放置24h可损失其所含糖分的1/3～1/2之多。降温冷藏可以降低呼吸强度，减少水果、蔬菜的储藏损失。但并非呼吸强度都随温度降低而降低，例如，马铃薯的最低呼吸率在3～5℃之间而不是在0℃。各种水果、蔬菜保持正常生理状态的最低适宜温度不同，因为不同植物的代谢体系建立的温度是不同的，所以对温度降低的反映自然也不同。例如，香蕉不能储存于低于12℃的温度下，否则就会发黑腐烂；柠檬在3～5℃为宜；苹果、梨、葡萄等只要细胞不结冰，仍能维持正常的生理活动。

了解水果、蔬菜组织的冰点与结冰现象对储藏有重要的意义。细胞结冰时，由于水变成冰体积膨胀，使细胞原生质受到损害，酶与原生质的关系由结合态变为游离态。游离态的酶以分解活性为主，因此反而有刺激呼吸作用的效果。一般水果、蔬菜汁液的冰点在-4～-2.5℃，因此大多数水果、蔬菜可在0℃附近的温度下储藏。水果、蔬菜一旦受冻，细胞原生质遭到损伤，正常的呼吸系统的功能便不能维持，使一些中间产物积累而造成异味。氧化产物特别是醌类的累积可使冻害组织产生黑褐色，但某些种类的果实如柿子和一些品种的梨、苹果和海棠等，经受冰冻后在缓慢解冻的条件下仍可恢复正常。

温度的波动也影响呼吸强度。温度不同，植物组织呼吸对不同底物的利用程度也不同。对柑橘类水果的研究表明：在3℃下经5个月的储藏，含酸量降低2/3，而在6℃下仅降低1/2。在甜菜中也发现类似情况。

维持正常生理状态的最低适宜温度因果蔬种类和品种而异。

（2）湿度的影响　生长中的植株一方面不断由其表面蒸发水分，一方面由根部吸收水分，从而水分得到补充。收获后的水果、蔬菜已经离开了母株，水分蒸发后组织干枯、凋萎，破坏了细胞原生质的正常状态，游离态的酶比例增大，细胞内分解过程加强，呼吸作用大大增强，少量失水可使呼吸底物的消耗几乎增加一倍。

为了防止水果、蔬菜组织的水分蒸发，储藏水果、蔬菜的环境的相对湿度以80%～90%为宜。湿度过大以至饱和时，水蒸气及呼吸产生的水分会凝结在水果、蔬菜的表面，形成“发汗”现象，为微生物的滋生准备了条件。

（3）大气组成的影响　改变环境大气的组成可以有效地控制植物组织的呼吸强度。空气中含氧过多会刺激呼吸作用，降低大气中的含氧量可降低呼吸强度。例如，苹果在3.3℃下储存在含氧1.5%～3%的空气中，其呼吸强度仅为同温度下正常大气中的39%～63%。CO_2一般有降低呼吸强度的效应。例如，在含氧1.5%～1.6%、含CO_2 5%的空气中于3.3℃下储存的苹果的呼吸强度仅为相同含氧量但不含CO_2对照组的50%～64%。减氧与增二氧化碳对植物组织呼吸的抑制效应是可叠加的，根据这一原理制定的以控制大气中氧和二氧化碳浓度为基础的储藏方法称为气调储藏法或调变大气储藏法。

每一种水果、蔬菜都有其特有的“临界需氧量”，低于临界量，组织就会因缺氧呼吸而受到损害。温度为20℃时几种水果、蔬菜的临界需氧量如下：菠菜和菜豆约1%，豌豆和胡萝卜约4%，苹果约2.5%，柠檬约5%。

（4）机械损伤及微生物感染的影响　植物组织受到机械损伤（压、碰、刺伤）和虫咬，以及受微生物感染后都可刺激呼吸强度增高，即使一些看来并不明显的损伤都会引起很明显的呼吸增强现象。

（5）植物组织的龄期与呼吸强度的关系　水果、蔬菜的呼吸强度不仅依种类而异，而且因龄期而不同。正在旺盛生长的组织和器官具有较高的呼吸能力，趋向成熟的水果、蔬菜的呼吸强度则逐渐降低。

从本节的介绍可以知道，在果蔬的储藏加工过程中，果蔬中的化学成分会发生各种各样的变化。这些变化有些是有利的，对改善果蔬的营养成分和风味起到积极的影响，有些则是不利的，这些不利的变化带来的结果是营养成分的损失、风味的变差、质地的变劣、保质期的缩短。

知识拓展

储存期超过一定期限的果蔬中来自硝酸盐的危害

果蔬中的硝酸盐主要是由于施肥不当造成的。例如，大量、单一地施用氮肥，或者在采收之前仍然施肥等做法，超出了植物的需求量，植物来不及把它们转化为营养物质，只把氮肥转化为硝酸盐的形式留存在蔬菜水果中，其中绿叶蔬菜含量更高。硝酸盐本身无毒，但是如果果蔬储存达到一定时间，由于酶和细菌的作用，硝酸盐被还原生成亚硝酸盐，亚硝酸盐在人体内与蛋白质类物质结合，可生成致癌性的亚硝胺类物质。

三、果蔬采收后维生素的损失

采收的果蔬长时间存放会由于酶的分解作用使维生素损失严重。维生素C是最易受破坏的一种。一般来说，苹果仅经2～3个月的储存，维生素C的含量可能减少到原来的1/3。绿色蔬菜维生素C的损失则更大，若是室温储存，只要几天几乎所有维生素C都损失殆尽。因此，低温保藏对保存维生素C具有重要意义。

四、大米的陈化

大米经过长时间的储存后，由于温度、水分等因素的影响，大米中的淀粉、脂肪、蛋白质等会发生各种变化，使大米失去原有的色香味，营养成分和食用质量下降，甚至产生有毒物质如黄曲霉毒素等。

储存时间、温度、水分和氧气是影响大米陈化的主要因素，储存时间长、温度高、水分大、密封性差甚至在阳光下直接照晒，大米陈化速度就快。另外，加工精度、糠粉含量以及虫酶危害也与大米陈化有密切关系。加工精度差、糠粉多，大米陈化也快。大米品种不同，陈化速度也不同。例如，糯米陈化速度最快、粳米次之、籼米较慢。

五、马铃薯在储藏期间成分的变化

在较低温度下（10℃以下）马铃薯中的淀粉可以转化为低聚糖甚至单糖，如果糖、葡萄糖；在较高温度下（10℃以上，一般是储存后期），马铃薯中的低聚糖甚至单糖，可以转化为淀粉。前者是靠磷酸化酶的作用，后者是靠淀粉合成酶的作用。

储存初期，温度一般在2～10℃，马铃薯中的蛋白质含量减少，随着储存后期的温度升高，特别是随着马铃薯的发芽，氨基酸含量升高。

储存前期维生素C损失较大。传统储存方式比现代储存方式维生素C损失少。

如果在室温下储存马铃薯，随着储存时间的延长其脂类含量减少。

随着储存时间的延长，马铃薯中的有机酸含量升高。

在储存过程中，马铃薯中的矿物质含量基本不发生变化（图8-1）。

【思考与讨论】

目前，国家积极引导推荐把马铃薯作为主食食用，你知道马铃薯能制作成哪些主食吗？

图8-1　新鲜的马铃薯、发芽的马铃薯、表面呈青色的马铃薯

第三节　食用菌采摘后的化学组成及其变化

一、食用菌的一般化学组成

我们已经知道，食用菌（edible mushrooms）大多属于微生物中的可食用真菌。我国食用菌种类十分丰富，已经有记载的有980多种，人们日常生活中普遍食用的主要包括双孢菇、香菇、金针菇、平菇等。

复习与回顾

前面几章，我们分别学习了矿物质、脂类、糖类、蛋白质、维生素在食用菌中的存在，请大家根据所学内容以及自己的知识积累分别加以叙述。

通过前面几章的学习可以看出，除水外，食用菌类食品具有高蛋白、低脂肪、低能量（糖类）、富含维生素和矿物质的优势。此外，食用菌中还含有膳食纤维以及一些醇、酮等香味物质和氧化酶、水解酶等酶类物质。可见，食用菌中含有的成分是非常丰富的，具有“可食、可补、可药”的功能，属于功能性食品，符合FAO/WHO　提出的开发新的食品资源必须符合“天然、营养、保健”的要求，而且人类可以利用农林副产品为原料，培养获得食用菌。因此，食用菌生产行业是改善人类食品结构的一项很有前途的产业（图8-2）。

图8-2　几种常见食用菌

二、食用菌采摘后的品质劣变

食用菌具有很强的呼吸强度和超过90%的含水量，因此不耐储藏，容易发生褐变、软化、菇柄伸长、开伞、老化、细菌或者病毒感染等品质劣变。

1. 食用菌采摘后的组织褐变

组织褐变是食用菌采摘后的一种常见品质劣变现象。催化子实体褐变过程的主要酶类是多酚氧化酶和氧化酶类。多酚氧化酶主要是酪氨酸酶、双酚氧化酶、漆酶，其中酪氨酸酶对食用菌采摘后的组织褐变起主要作用，漆酶作用微小。所以，降低酪氨酸酶可以抑制褐变过程。食用菌本身可以产生抗酪氨酸酶活性化合物，减缓自身褐变过程。另外，改善食用菌采摘后的储存条件，特别是保持适当的储存温度和湿度，提高二氧化碳浓度，降低氧气浓度等，也能降低食用菌的呼吸速度和多酚氧化酶的活性，从而延长采摘后食用菌的储存时间。

除了采后食用菌的自身催化的组织褐变，细菌和病毒入侵也会促进食用菌组织的褐变。

2. 食用菌采摘后细胞壁结构的变化

食用菌的细胞壁不同于植物细胞壁，相对于植物细胞壁来说，食用菌细胞壁有很少的木质素和纤维素，但是却含有较多的多糖和几丁质。几丁质是一种乙酰葡聚糖胺均聚物，它们形成微纤维，主要起支持细胞壁的作用，类似于植物中的纤维素。

食用菌细胞壁降解主要是细胞壁多糖的分解和代谢，降解细胞壁多糖的酶主要是葡聚糖酶。

随着食用菌采摘后储存时间的增加，食用菌中的蛋白质和多糖被降解，降解的蛋白质和多糖进行细胞代谢和几丁质合成，使得食用菌发生木质化变化，硬度增加。

3. 食用菌采摘后的子实体老化

食用菌子实体老化开始于食用菌采摘之后，它是一个很复杂的过程，伴随一系列的生理生化变化。采摘后的食用菌营养缺乏，促使食用菌利用自身营养进行生理生化反应，导致可溶性蛋白质和细胞壁多糖降解，致使食用菌发生老化。老化诱导了食用菌组织的褐变，褐变反过来促进了食用菌老化，甚至导致有毒物质的积累，例如，尿素的积累是食用菌采摘后子实体老化的结果之一，它的形成降低了食用菌的品质。

老化子实体丝氨酸蛋白酶活性增加最显著。

思考与练习

一、填空题（在下列各题的括号中填上正确答案）

1. 本书学习的食品原料主要有（　　）性食品原料、（　　）性食品原料、（　　）类食品原料。

2. 当受到各种因素的影响时，乳中化学成分的含量会发生变化，其中（　　）的变动最大，（　　）次之，（　　）的含量通常很少变化。

3. 动物屠宰后至达到最佳加工食用质量的过程中，所发生的物理和生化变化可以分为三个阶段，即（　　）、（　　）、（　　）。

4. 活的动物体内虽然并存着（　　）呼吸和（　　）呼吸两种呼吸方式，但以（　　）呼吸方式为主。动物宰杀后，组织呼吸由（　　）呼吸方式转变为（　　）呼吸方式。

5. 屠宰后动物肉的pH要比其活体的pH（　　）。

6. 呼吸跃变又称（　　），是果实（　　）的标志。

7. 有呼吸跃变的水果一般都在（　　）之前收获，无呼吸跃变的水果一般都在（　　）收获。

8. 果实在成熟过程中，呼吸方向由（　　）呼吸向（　　）呼吸转变。

9. 果实在成熟过程中最明显的色素变化是（　　）的降解。

10. 目前使用最多的果蔬催熟剂是（　　）。

11. 一般地，环境温度越高，果蔬组织呼吸越旺盛。例如，10℃时果蔬组织的呼吸强度是0℃时的（　　）倍。

12. 储存果蔬的环境，其相对湿度以（　　）~（　　）为宜。

13. 一般地，趋向成熟的果蔬比幼嫩的果蔬呼吸强度（　　）。

14. 食用菌的含水量最多可以超过（　　）。

二、判断题（指出下列各种说法的对错，对于错误说法加以改正）

1. 肉的排酸就是肉在储存过程中排出组织中的酸性物质。

2. 肉的成熟期是解僵期的延续。

3. 有呼吸跃变现象的水果一般都在呼吸跃变之前收获，在受控条件下储存，到食用前再令其成熟；无呼吸跃变现象的水果应在成熟后采摘。

4. 在储存期间，0℃以下，马铃薯中的淀粉可以转化为低聚糖甚至单糖；10℃以上，马铃薯中的低聚糖甚至单糖，可以转化为淀粉。

5. 食用菌属于微生物中的真菌。

6. 食用菌细胞壁和植物细胞壁所含成分和组织结构类似。

三、简答题

1. 肉的成熟的特征有哪些？在肉的成熟过程中发生哪些变化？

2. 什么是大米的陈化？它受哪些因素的影响？

3. 马铃薯在储藏期间成分发生哪些变化？

4. 说明食用菌采摘后子实体老化和组织褐变、细胞壁结构变化的关系。

实操训练

实训十二 脂肪转化为糖类的定性实验

一、实训目的

学习和了解生物体内脂肪转化为糖类的过程和检验方法。

二、实训原理

本实验以休眠的蓖麻种子和蓖麻的黄化幼苗为材料，定性地了解蓖麻种子内储存的大量脂肪转化为黄化幼苗中糖类的现象。

三、实训用品

1. 材料与仪器

（1）蓖麻籽、蓖麻的黄化幼苗（在20℃暗室中培养8d）。

（2）试管及试管架、试管夹、研钵、白瓷板、烧杯（100mL）、小漏斗、吸量管、吸量管架、量筒、水浴锅、铁三角架、石棉网。

2. 试剂

（1）斐林试剂　试剂A（硫酸铜溶液）——将34.5g结晶硫酸铜（$CuSO_4 \cdot H_2O$）溶于500mL蒸馏水中，加0.5mL浓硫酸，混匀。

试剂B（酒石酸钾钠碱性溶液）——将125g氢氧化钠和137g酒石酸钾钠溶于500mL蒸馏水中，储于带橡皮塞的瓶内。

用时将试剂A与试剂B等量混合。

（2）碘化钾-碘溶液（碘试剂）　将碘化钾20g及碘10g溶于100mL水中。使用前需稀释10倍。

四、实训步骤

取5粒蓖麻籽，剥去外壳，放在研钵中碾碎成匀浆。取少量种糊放在白瓷板上，加1滴碘化钾-碘溶液，观察有无蓝色产生。

将剩下的种糊放在小烧杯中，加入50mL蒸馏水，直接加热煮至沸腾，过滤。取1支试管，加入1mL滤液和2mL斐林试剂，混匀，在沸水中煮2～3min，观察是否出现红色沉淀。

另取5棵黄化幼苗，按上述方法碾碎，少许用于碘化钾-碘溶液检查，余下的用蒸馏水进行热提取，滤液与斐林试剂反应（操作同上），观察有无红色沉淀生成。

五、思考与讨论

解释各步现象产生的原因。

第九章 食品添加剂

学习目标

1. 明确食品添加剂的概念、分类。
2. 明确着色剂、护色剂、漂白剂的性能，了解几种重要的天然和合成色素、几种重要的漂白剂。
3. 明确香味剂的性能、作用，了解重要的食用香料、食用香精的性能特点和作用。
4. 明确酸味剂、甜味剂、咸味剂和鲜味剂的性能和作用，了解重要的酸味剂、甜味剂、咸味剂和鲜味剂的性能特点和作用。
5. 明确膨松剂、增稠剂、乳化剂的分类、性能，了解其应用。
6. 明确营养强化剂的分类、性能，了解其使用要求。
7. 明确防腐剂、抗氧化剂的分类和性能，了解其作用与使用要求，了解几类重要的防腐剂、抗氧化剂的性能特点和作用。

本章导言

前面几章，我们学习的都是食品及其原料中本身就含有的化学成分。在实际的食品生产加工过程中，为改善食品的品质和色、香、味，以及为了防腐、保鲜和加工工艺的需要，往往还要添加一些人工合成或者天然的物质，这些物质就是食品添加剂，所以，食品添加剂也是食品成分之一。本章按照食品的色、香、味、形、营养、稳定性这一顺序，学习几类重要的食品添加剂，包括着色剂、护色剂、漂白剂；香味剂、酸味剂、甜味剂、咸味剂、鲜味剂；膨松剂、增稠剂、乳化剂；营养强化剂；防腐剂、抗氧化剂。

知识拓展

食品添加剂的分类

目前，国际上对食品添加剂的分类还没有一个统一的标准。我国的GB 2760—2014《食品安全国家标准　食品添加剂使用标准》将其分为22类：①防腐剂；②抗氧化剂；③发色剂；④漂白剂；⑤酸味剂；⑥凝固剂；⑦膨松剂；⑧增稠剂；⑨消泡剂；⑩甜味剂；⑪着色剂；⑫乳化剂；⑬品质改良剂；⑭抗结剂；⑮增味剂；⑯酶制剂；⑰被膜剂；⑱发泡剂；⑲保鲜剂；⑳香料；㉑营养强化剂；㉒其他添加剂。

第一节　着色剂、护色剂、漂白剂

一、着色剂

以食品着色为主要目的的食品添加剂称着色剂，也称色素。

1. 着色剂的性质

（1）溶解性　溶解性包括两方面的含义：第一，着色剂的溶解性，即着色剂是油溶性还是水溶性。我国准用的食用合成着色剂均溶于水，不易溶于油。当要溶于油类时，要使用乳化剂、分散剂来达到目的。水果糖、通心粉一般用水溶性着色剂，奶油、乳脂类、泡泡糖等宜选用油溶性着色剂。酒类对各种着色剂都有一定的溶解性。第二，着色剂的溶解度。溶解度大于1%者视为可溶，在0.25%～1%之间者视为稍溶，小于0.25%者视为微溶。溶解度受温度、pH、含盐量、水硬度的影响。一般的合成着色剂，温度升高溶解度增大。pH降低易使着色剂形成色素酸而使某些着色剂的溶解度降低。某些盐类对着色剂起盐析作用而降低溶解度。水的硬度高也易产生色淀。天然着色剂的情况比较复杂，它们溶解度的变化情况只有在实际中摸索。

（2）染着性　色素对上色部分的染着性质，即易不易染色，易不易脱色。

（3）坚牢度　坚牢度是指食用着色剂附着在其所染着的物质上的牢固程度。主要决定于它的化学性质、所染着的物质及在应用时的操作。与坚牢度有关的着色剂的化学性质主要包括耐热性、耐光性、耐酸性、耐碱性、耐氧化性。另外，在发酵食品加工过程中，某些微生物、金属离子及某些食品添加剂，如抗坏血酸和亚硫酸盐等都有还原作用，它们对着色剂有一定影响。

（4）变色　各种着色剂溶解于不同的溶剂中，可能会产生不同的色调和强度，以油溶性着色剂比较明显，在使用两种或两种以上着色剂调色时更为突出。例如，有时黄色与红色配成的橙色在水中色调较黄，在酒精中较红。在酒类中，酒精的含量不同，同样的着色剂会变成不同的色调，因此，在调配酒色时，一定要根据其酒精含量来确定。

在调色、拼色工艺中，各种着色剂的坚牢度不同，褪色快慢也不同，所以也可能引起变色。如水溶性靛蓝比柠檬黄褪色快，两者配成绿色用于青梅酒的着色，往往出现靛蓝先褪色而使酒的色泽变黄。

在混合着色剂中，某种着色剂的存在会加速另一种颜色的褪色，如靛蓝会促使樱桃红更快地褪色。所以，使用中要根据实际情况进行合理调配。

2. 食用天然色素（简称天然色素）

依据不同的分类方法，可以将天然色素分为不同的类别。按天然色素的来源不同可以将其分为动物色素如血红素、胭脂虫红等；植物色素如叶绿素、胡萝卜素类、花青素、叶黄素等；微生物色素如红曲色素等。按天然色素的溶解度不同可以将其分为水溶性色素和脂溶性色素，如花青素是典型的水溶性色素。按天然色素的化学结构不同可以将其分为四吡咯衍生物如叶绿素和血红素；异戊二烯衍生物如类胡萝卜素；多酚衍生物如花青素等；酮类衍生物如姜黄素、红曲色素等；醌类衍生物如胭脂红色素等。

除了在“脂类”一章中学习过的胡萝卜素以外，下面再学习几种动物色素、植物色素、微生物色素。

（1）血红素（hemachrome）　血红素是肌肉和血液的主要色素。在肌肉中主要以肌红蛋白的形式存在，在血液中主要以血红蛋白的形式存在。可见，肉的颜色是由于存在两种色素，即肌红蛋白和血红蛋白所致。

在肉品加工和储藏过程中，肌红蛋白会转化为多种衍生物，因而颜色也会发生相应的变化。其重要的衍生物有氧合肌红蛋白、高铁肌红蛋白等。动物被屠宰放血后，由于组织供氧停止，新鲜肉中的肌红蛋白呈现原来的还原状态，肌肉的颜色呈暗红色（紫红色）。当胴体被分割后，还原态的肌红蛋白向两种不同的方向转变，一部分肌红蛋白与氧气发生反应，生成氧合肌红蛋白，呈鲜红色，这是一种人们熟悉的鲜肉的颜色；一部分肌红蛋白与氧气发生氧化反应，生成高铁肌红蛋白，呈现棕褐色。

在一定pH和温度条件下，向肌肉中加入还原剂如抗坏血酸，可使氧化了的肌红蛋白重新生成肌红蛋白，这是保持肉制品色泽的重要手段。血红素与硝酸盐和亚硝酸盐分解生成的NO作用，生成鲜桃红色的亚硝基亚铁血红素，亚硝基亚铁血红素在受热后发生变性，生成亚硝基血色原，色泽仍保持鲜红。故肉类食品加工常添加一些发色剂和还原剂，如硝酸盐、亚硝酸盐、抗坏血酸等。但过量的亚硝酸盐能与食物中的胺类化合物反应，生成亚硝胺类物质，具有致癌作用。所以肉制品的发色不得使用过多的硝酸盐和亚硝酸盐。

（2）胭脂虫红（cochineal）　胭脂虫红是从寄生在仙人掌上的胭脂虫中

提取出来的红色素，主要成分是胭脂红酸。

胭脂虫红不溶于冷水、稀酸、乙醚、氯仿、苯，能溶于热水、碱、乙醇、丙二醇，溶液的颜色因pH的变化而有相当大的变化，酸性时呈橙黄色，中性时呈深红色，碱性时呈紫红色。胭脂虫红对热和光稳定，是目前用于饮料、果酱等食品的天然色素之一。

应当注意，天然色素物质并不都是无毒的，作为食品添加剂使用的天然色素也必须经过毒理学的评价，并确定出使用标准和质量标准，经过有关部门审查后方可正式生产使用。

（3）叶绿素（chlorophyll） 叶绿素是存在于植物体内的一类绿色色素，它使蔬菜和未成熟果实呈现绿色。它是由叶绿酸、叶绿醇和甲醇缩合而成的，绿色来自叶绿酸部分。高等植物中有两种叶绿素即叶绿素a和叶绿素b共存，它们的含量约为3：1，前者为青绿色，后者为黄绿色。

叶绿素不溶于水，易溶于乙醇、乙醚、丙酮、氯仿等有机溶剂，因此从植物中提取叶绿素常采用有机溶剂提取法。

在室温下，叶绿素在弱碱中比较稳定。如果加热，叶绿素被水解为叶绿素盐，所以在一些果蔬的加工中采用铜叶绿酸钠（或称叶绿素铜钠盐）作护色剂。

叶绿素在稀酸条件下，生成暗绿色或绿褐色的脱镁叶绿素，加热可使反应加速，食品加工中经常出现黄褐色就是这个原因。可以加入叶绿素铜钠盐护色，以保持蔬菜的绿色。

任何加工或储藏过程都会破坏叶绿素。例如，透明容器中的脱水食品会因光氧化而失色。热加工对叶绿素的破坏最为严重。绿色蔬菜在冷冻或冷藏时颜色会改变，其变化也受冷冻前热烫温度与时间的影响。可在蔬菜加工前使用钙、镁的氢氧化物或氧化物提高pH以防止生成脱镁叶绿素，保持其鲜绿色。但碱化剂处理会破坏食物的质地、风味和维生素C。热加工中也可以使用叶绿素铜钠盐护色。

（4）花青素（anthocyanin） 花青素是水溶性植物色素，它能够赋予植物的花、果实、茎和叶子以美丽的颜色，包括蓝色、紫色、深红色、红色及橙色等。已知的花青素有20种，但在食品中重要的有6种，即天竺葵色素、矢车菊色素、飞燕草色素、芍药色素、牵牛花色素和锦葵色素。

花青素对热、光敏感，遇光变色，高浓度的糖、氧气、pH及抗坏血酸都能加速其变色；在食品加工过程中，当其遇到Al、Mg、Fe等金属时可发生颜色的变化，形成紫色或暗灰色色素，称为色淀，有时影响食品的美观，所以在食品加工中，应尽量避免与金属离子发生配合反应；SO_2可使花色苷褪色；维生素C、酚类和糖类可与花青素缩合生成有颜色的物质；青素苷在糖苷酶或酚酶作用下分解成糖和花青素而褪色，花青素与盐酸共热生成无色物质，称为无色花青素。无色花青素也以苷的形式存在于植物组织中，在一定条件下可转化为有色花青素，是罐藏水果果肉变红变褐的原因之一。

（5）花黄素（flower genistein） 花黄素也是在植物组织细胞中分布广泛的色素类型，常表现为浅黄色或无色，有时为鲜明的橙黄色。花黄素种类很多，如黄酮醇、查耳酮、黄酮、黄烷酮等。

自然情况下，花黄素的颜色自浅黄以至无色，但在碱性溶液中呈现明显黄色。这就是在硬水中马铃薯、芦笋、荸荠等食物变成黄褐色的原因。在水果蔬菜加工中用柠檬酸调整预煮水pH的目的之一就在于控制黄酮色素的变化。

pH升高或与多价金属离子形成配合物时，花黄素的呈色效果增强。如在食品加工中，一些因素造成pH升高，使本来无色的食品呈现颜色。又如，在加工面粉、菜花、马铃薯、洋葱等时出现的由白变黄的现象就是花黄素与多价金属离子形成配合物的缘故。

（6）儿茶素（catechin acid） 儿茶素是多酚类色素，本身无色，具有较轻的涩味，在茶叶中含量非常高。儿茶素易被氧化生成褐色物质，所以当含有儿茶素的植物组织受机械损伤时，植物组织中的酶就会使儿茶素发生酶促褐变。儿茶素与金属离子结合可产生白色或有色沉淀，例如，儿茶素溶液遇到三氯化铁生成黑绿色沉淀，遇醋酸铅生成灰黄色沉淀。高温、潮湿的环境下遇到氧，儿茶素也会发生自动氧化。

（7）单宁（tannin） 单宁也称鞣质，在植物中广泛存在，其中含量较多的是五倍子和柿子。单宁的颜色为白中带黄或者轻微褐色，具有十分强烈的涩味，具有沉淀生物碱、明胶和其他蛋白质的能力，与多价金属离子结合生成有色的不溶性沉淀，所以在食品加工中，单宁会在一定条件下缩合，从而消除涩味。单宁易被氧化，可以发生酶促反应和非酶促反应，其中发生较多的是酶促反应。

所有的鞣质都具有潮解性，鞣质与金属反应可生成不溶性的盐类，尤其是与铁反应生成蓝黑色物质，所以，加工这类食物不能使用铁质器皿。鞣质在空气中能被氧化生成暗黑色的氧化物，在碱性溶液中氧化更快。

果汁中的鞣质能与明胶作用生成混浊液，并产生沉淀，因此可用明胶除去果蔬汁液中的鞣质。未成熟的果实或果实中有涩味的鞣质存在时，有多种除涩的方法，例如，涩柿子可采用温水浸泡、酒精浸泡、二氧化碳气调、乙烯催熟等。

（8）姜黄色素（curcumin） 姜黄色素是从植物的根茎中提取的黄色色素，不溶于水，溶于乙醇、丙二醇，在碱性溶液中呈红褐色，在中性或酸性溶液中呈黄色。不易被还原，易与铁离子结合而变色，遇光、热稳定性较差。姜黄色素着色性好，特别是对蛋白质的着色力强，常用于萝卜条、咖喱粉等食品的调色和增香。

（9）红曲色素（monascus red powder） 红曲色素是由红曲霉菌所分泌的色素，该霉菌在培养初期无色，以后逐渐变为鲜红色，是我国民间常用的食品着色剂。如酿造红曲黄酒、制酱、腐乳、香肠、酱油、粉蒸肉和各种糕点的着色。红曲色素不溶于水，溶于乙醇、乙醚等有机溶剂。耐热性、耐光性强，不受金属离子影响，不易被氧化剂、还原剂作用。红曲色素有6种不同的成分。

3. 人工合成的着色剂（合成色素）

合成色素色泽鲜艳，化学性质稳定，着色力强。然而合成色素多以煤焦油为原料，本身无营养价值，而且有些物质对人体有害，因此，使用时必须注意其安全性。我国允许使用的人工合成色素有四种：苋菜红、胭脂红、柠檬黄、靛蓝。

【思考与讨论】
在植物色素中，哪一类色素含有的色彩最丰富？

（1）胭脂红（coccinellin） 即食用红色1号，为红或暗红色的颗粒或粉末，溶于水和甘油，难溶于乙醇，不溶于油脂，对光和酸稳定，但抗热性、还原性弱，遇碱变褐色，易被细菌分解。

（2）苋菜红（amaranth） 苋菜红是胭脂红的异构体，即食用红色2号，又称蓝光酸性红。苋菜红为红色粉末，水溶液为红紫色。溶于甘油和丙醇，稍溶于乙醇，不溶于油脂，易为细菌分解，对光、热、盐类均较稳定，对柠檬酸、酒石酸也比较稳定，碱性溶液中成暗红色，对氧化还原剂敏感，不能用于发酵食品的着色。

（3）柠檬黄（yellow ultramarine） 柠檬黄又称肼黄或酒石黄，为橙色或橙黄色的颗粒或粉末。溶于水、甘油、丙二醇，稍溶于乙醇，不溶于油脂，对热、酸、光和盐都稳定。遇碱变红，氧化性差，还原时呈褐色。

【思考与讨论】
上面学习的色素中，哪些是指一类色素？哪些是指一种色素？

（4）靛蓝（thumb niue） 靛蓝又称酸性靛蓝或磺化靛蓝，为暗红至暗紫色的颗粒或粉末，不溶于水，溶于甘油、丙二醇，稍溶于乙醇，不溶于乙醚、油脂。对光、热、酸、碱和氧化剂都很敏感。耐热性较弱，易为细菌分解，还原后褪色，对食品的着色好。

二、护色剂

本身不具有颜色而能使食品产生颜色或使食品的色泽得到改善、加强或保护的食品添加剂叫食品护色剂，也称发色剂或呈色剂。

在食品加工中，添加适量的护色剂可以使制品具有良好的感官质量。例如，肉类储存一段时间后就会从鲜红色变成暗红色至棕褐色。当用肉类原料制作香肠、火腿、午餐肉等食品时，就要改善其色泽，在这类食品中往往加入硝酸钠、亚硝酸钠作为护色剂，使产品颜色美观。在我国，从古代开始就使用护色剂来腊制肉类，这一加工方法历史悠久，对肉制品的生产和发展起到了一定作用。

护色剂主要用于肉制品。在NY/T 392—2000“绿色食品食品添加剂使用准则”中明确规定，护色剂硝酸钠（钾）和亚硝酸钠（钾）禁止在绿色食品中使用。

三、漂白剂

漂白剂是能破坏或抑制食品的发色因素，使色素褪色或使食品免于褐变的食品添加剂。漂白剂是通过氧化、还原等化学作用同色素发生化学反应，从而达到漂白目的。漂白剂分为氧化、还原两个类型。氧化型作用比较强，会破坏食品中的营养成分，残留量也较大，这种类型的漂白剂种类不多，有过氧化氢、过氧化苯甲酰等。还原型作用比较缓和，但是被它漂白的色素物质一旦再被氧化，可能重新显色。我国一般实际使用的这类漂白剂都是亚硫酸及其盐类，如亚硫酸钠、硫代硫酸钠、二氧化硫等。

1. 过氧化苯甲酰（BPO）

在许多食品原料如小麦、玉米、豆类等的胚乳中都含有胡萝卜素等不饱和脂溶性天然色素。由这些原料加工的产品都略带颜色，用过氧化苯甲酰可以有效地对这些食品原料进行漂白。

过氧化苯甲酰漂白性能好，漂白后的物质不易再显色；漂白速度快，用于面粉类漂白只需1～2d就会见效；过氧化苯甲酰产生作用后生成苯甲酸，有杀菌防腐作用；可提高产品的外观质量、产率，用过氧化苯甲酰漂白后粉率可提高2%～3%。但是，过氧化苯甲酰发生氧化后生成的苯甲酸及苯酚具有一定的毒性，而它们需要在肝脏内解毒后通过尿液排出体外，这势必对肝脏产生一定的负担，使其生物转化机能减退，解毒能力降低，导致肝脏病变，易引发多种疾病，对肝功能损伤者尤其是对肝脏功能衰竭者，危害更大。另外，使用增白剂后，会破坏小麦粉中固有的清香气味。第三，过氧化苯甲酰的氧化作用会破坏维生素A、维生素E、维生素K及维生素B_1、维生素B_2等，降低面粉的营养价值，且随储藏时间的延长，面筋的弹性变差。

我国在GB 2760—2014《食品安全国家标准　食品添加剂使用标准》中规定，面粉中过氧化苯甲酰的最大使用量为0.06g/kg，而在绿色食品则禁止使用。

2. 亚硫酸盐类

亚硫酸盐都能产生还原性亚硫酸，亚硫酸被氧化时将有色物质还原而呈现漂白作用，其有效成分为SO_2。

亚硫酸盐类漂白剂的主要作用包括以下几个方面。

（1）漂白与防腐　我国自古以来就已利用熏硫来保存与漂白食品，现在用硫处理、漂白食品及半成品的方法得到完善与提高。在硫处理后的加工工艺中，一般用加热、搅拌、抽真空等方法脱硫，这样，制成品内SO_2残留量降到安全标准，不致影响人体健康。在漂白方面，可用于面粉、制糖、果蔬加工、蜜饯、饮料等食品中。用它们漂白水果、蔬菜时，以红色、紫色褪色效果最好，黄色次之，绿色最差。

硫处理有抗氧化作用，因为亚硫酸是强还原剂，它可以消耗食物组织中的氧，抑制氧化酶活性，这对于防止维生素的氧化、破坏很有效。所以，亚硫酸及其盐类可用于食品的漂白与储存。

亚硫酸能消耗食品组织中的氧，抑制好气性微生物的活性，并抑制微生物活动所必需的酶的活性，这些作用与防腐剂的作用一样，所以亚硫酸又有防腐作用，这个作用与pH、浓度、温度及微生物种类有关。在防腐过程中，未电离的亚硫酸分子才有效，所以，使用时要注意防腐时的酸性条件。亚硫酸的防腐作用随其浓度的提高而增强，因此，用亚硫酸处理并保存食品及半成品时要在低温条件下进行。

（2）防止褐变　某些褐变情况不受人欢迎，因为褐变产物在消化液中与氨基酸、脂肪酸和多糖类形成植酸盐和其他沉淀，影响了人体对营养素的吸收。食物褐变后，其营养价值会降低，而且褐变有时也会影响食品外观，所以要防止某些褐变发生。褐变的原因之一是酶的作用，这类褐变常发生于水果、薯类食物中。亚硫酸是一种强还原剂，对氧化酶的活性有很强的抑制作用，可以防止酶促褐变，所以制作果干、果脯时使用SO_2。褐变的另一原因是，食品中的葡萄糖与氨基酸在加工过程中会发生羰氨反应，反应产物为褐色。而亚硫酸能与葡萄糖进行加成，阻止了羰氨反应，因此，防止了这种非酶褐变。

用SO_2防止食物的褐变，要根据产品、物料的具体情况，使用不同浓度的SO_2，以达到良好的效果。例如，抑制酶的活性，一要针对酶的特点，二要考虑SO_2在原料中的渗透性。对于质地坚硬而且酶活性较高的原料，就要使用高浓度的SO_2，反之，就用浓度较低的。使用量也要通过实际工作来确定。

亚硫酸盐类漂白剂主要用于果干、菜干、动物胶、果酒、糖品、果汁的漂白。常用的漂白方法有气熏法（SO_2）、直接加入法（亚硫酸盐）、浸渍法（亚硫酸）。

知识拓展

使用亚硫酸盐类漂白剂应当注意的问题

（1）亚硫酸盐破坏硫胺素，所以不宜用于鱼类食品。

（2）亚硫酸盐易与醛、酮、蛋白质等反应。

（3）食用亚硫酸盐漂白处理的食品，若条件许可，应采用加热、通风等方法将残留的亚硫酸盐除去，因为有的人对其有过敏现象。

（4）金属离子可将亚硫酸氧化，也会显著地促使已被褪色的着色剂氧化显色，所以，在生产中要除去食物、水中原来的这些金属离子，也可以同时使用金属离子螯合剂来避免它们的影响。

（5）亚硫酸盐类的溶液不稳定，最好是现用现配。用亚硫酸漂白后的物质，由于SO_2的消失而容易显色，所以，通常在漂白物中残留SO_2，但残留量对于不同种类的食品有不同规定，必须严格执行，而且残留量高的制品有异味。SO_2对于香料等其他添加剂也有影响，使用时必须考虑这些因素。

（6）亚硫酸对果胶的凝胶特性有损害。另外，亚硫酸渗入水果组织后，若不把水果破碎，只用简单的加热方法是不能除SO_2的，所以，用亚硫酸处理过的水果，只限于制作果酱、果干、果脯、果汁饮料、果酒等，不能作为整形罐头原料，而且如用SO_2残留量大的原料做罐头，罐壁腐蚀严重，还会产生有害物H_2S，这些都应特别注意。

第二节　香味剂

香料和香精是以改善、增加食品的香气和香味为主要目的的食品添加剂，称为香味剂。

一、香味剂的物理特性和作用

1. 香味剂的物理特性

香味的产生同香味剂的物理特性有关。香味的强度在一定程度上取决于该物质的蒸气压、溶解特性、扩散性、吸附性和表面张力。因为有一定的蒸气压，才能有挥发性；有一定的扩散能力和溶解度，才能通过感觉细胞的脂膜并被感官感受。但挥发性、扩散能力与香味的强弱不是成正比的。

2. 香味剂的作用

（1）使食品产生香气　例如，某些原料本身没有香味，要靠香味剂使产品带有香味，以使人们在使用时感到一种愉快的享受，满足人们对食品香味的需要。

此外，食品加工中的某些工艺如加热、脱臭、抽真空等，会使香味成分挥发，造成食品香味减弱，添加香味剂可以恢复食品原有的香味，甚至可以根据需要将某些特征味道强化。

（2）可以消杀食品中的不良味道　某些食品有难闻的气味，如羊肉、鱼类等，或者是某些气味太浓而使人们不喜欢食用。此时，添加适当的香味剂可将这些味道去除或抑制。

（3）改变食品原有的风味　在食品制作中，有许多作为原料的物质的风味都要因所需目的而改变，如人造肉、饮料等。加入香味剂后使这些食品人为地带有了各种风味。

（4）有杀菌、防腐、治疗作用　目前人们已发现近300种天然香料有杀菌、防腐、治疗作用。如天竺葵叶中提取的精油，除了有玫瑰香气外，还有镇静作用；紫薇、茉莉的香味可以杀灭白喉菌和痢疾杆菌；菊花的香味可治感冒；八角、花椒对粮油产品有杀菌、防虫作用；肉豆蔻、胡椒等香料对肉毒梭菌、大肠杆菌、金黄色葡萄球菌等有抑制作用。

（5）显示出食品的特征风味　许多地方性、风味性食品其特征多由使用的香味剂显示出来，否则就没有风味的差异。许多香料已成为各国、各民族、各地区饮食文化的一部分。

除了以上功效以外，香味剂还可用来调制香精。

知识拓展

香味剂的使用要求

使用有香味的食品添加剂时，要考虑到使用的温度、时间和香料成分的化学稳定性，必须按符合工艺要求的方法使用，否则可能造成效果不佳或产生相反的效果。

（1）香味剂使用前要考虑到消费者的接受程度，产品的形式、档次。

（2）合成香料一般与天然香料混合使用，这样的效果更接近天然香味。但不必要的香料不要加入，以免产生不良效果。

（3）由于香味剂的配方、食品的制作条件千变万化，所以，使用香精、香料前必须做预备试验。因为香味剂加入食品后，由于受到其他原料、其他添加剂及食品加工过程和人的感觉的影响，有时其香味会改变，所以要找出香味剂的最佳使用条件后才能成批生产食品。如果在预备试验中香味剂的使用效果始终不佳，则要重换香味剂或改变工艺条件，直到得到适合的风味为止。

（4）对于含气的饮料、食品和真空包装的食品，体系内部的压力、包装过程，都会引起香味的改变，对这类食品要根据情况增减其中香味剂的某些成分。

（5）使用储存香味剂要注意香味剂的稳定性。

香味剂一般在配料的最后阶段加入，并注意温度，以防香气挥发。香味剂与其他原料混合时，一定要搅拌均匀，使香味充分均匀地渗透到食品中去。加入香味剂时，一次不能加入太多，最好是分次慢慢加入。香味剂在开放系统中的损失比在封闭系统中大，所以在加工中要尽量减少香料在环境中的暴露时间。

香味剂中的各种香料、稀释剂等，除了容易挥发外，一般都易受碱性条件、抗氧化剂及金属离子等影响，要防止这类物质与香味剂直接接触。如两者都要使用于同一食品时，要注意分别添加。

有些香精香料会因氧化、聚合、水解等作用而变质，在一定的温度、光照、酸碱性、金属离子污染等条件下会加速变质，所以香味剂多采用深褐色的中性玻璃密封包装，而且因为橡胶制品影响香味剂的品质，密封时不能使用橡皮塞。香味剂要储存于阴凉干燥处，但储存室温度不宜过低，因为水溶性香精在低温下会析出结晶和分层，而油溶性香精低温下会冻凝。储存温度一般以10～30℃为宜。香精、香料中的许多成分容易燃烧，要严禁烟火。香味剂启封后不宜继续储存，要尽快用完。

二、食用香料

食用香料是指用于食品增香的食品添加剂，按照来源可以分为天然香料、天然同一香料和人工香料三大类。

1. 天然香料

天然香料主要是指用单纯的物理方法如粉碎、压榨、萃取和蒸馏、结晶等从天然无毒的动植物原料制得的具有香味的物质。

天然香料包括植物性香料和动物性香料，食品生产中主要使用前者。应当注意，每种天然香料都含有复杂的成分，并非单一化合物。

天然香料因制取方法的不同，可得到不同形态的产品，如精油、浸膏等，而香辛料有些是加工成粉末状产品使用。

2. 天然同一香料

天然同一香料是指用化学方法制得，与供人类食用的天然香料成分相同的香味物质。可见，天然香料和天然同一香料是同一类化合物。天然同一香料包括单离天然同一香料及合成天然同一香料。单离天然同一香料是从天然香料中分离出来的各种单体化合物；合成天然同一香料是天然的香味物质被逐个鉴定其组成、结构后，再用化学方法模拟其组成、结构而合成的香料，其组成、结构与天然成分一样。

3. 人工香料

人工香料是指人工合成的，供人类食用的香味物质。它们是以石化产品、煤焦油产品等为原料，经过合成而得到的单体香味化合物。人工香料的香味与天然物相似，或者在调香过程中有特殊作用。

知识拓展

天然香料的加工

在我国，天然香料很多，如薄荷、桂花、桂皮、玫瑰、肉豆蔻、回香、八角、花椒等。这些香料中的香味成分大都以游离态或化合态的形式存在于植物的各个部位。天然香料在使用中，可用机械方法制成块状、粒状、粉状。这种产品虽然使用方便，但浪费原料，用途受到限制，使用效果也差。将香料制成精油或精制品，这种产品的利用率较高，产品香味丰富、柔和，便于储运，成本适中，是一种较好的产品。提取方法主要是水蒸气蒸馏、挥发性溶剂浸提和压榨法。例如，在天然精油中，从种子提取出的有苦杏仁油、芥菜籽油等，从果实中提取出的有杜松子油、胡椒油、辣椒油，从花中提取出的有丁香油、啤酒花油，从根、皮中提取出的有桂皮油、姜油等（图9-1）。

图9-1　各种天然植物香料

三、食用香精

以大自然中的含香食物作为模仿对象，用各种安全性高的香料及辅助剂调和而成，并用于食品的香味剂就是食用香精。食用香精大都是由合成香料兑制而成，一般以现成的商品形式出售，可按需购买，仅个别有条件的和有传统工艺的食品厂才自配自用，但要在卫生部门的管理之下进行。

香精可按其形态进行分类，一般分为水溶性香精、油溶性香精、乳化香精、粉末香精等几类。

1. 水溶性香精

水溶性香精是将香基与蒸馏水、乙醇、丙二醇、甘油等水溶性稀释剂按一定比例和适当的顺序互相混搭、搅拌、过滤、着色而成。调好的香精有的要放置一段时间，这段时间叫成熟期，使其香味更为圆熟。

水溶性香精一般为透明的液体，具有挥发性，在蒸馏水中的溶解度为0.1%～0.15%（15℃），在20%乙醇中的溶解度为0.2%～0.3%（15℃）。

食用水溶性香精适于对饮料及酒类食品的赋香。

香精的使用量要控制适当，它的作用非常灵敏，加少影响效果，加多会适得其反。

针对香味的挥发性，对工艺中需加热的食品应尽可能在加热，冷却后或在加工后期加入。对要进行脱臭、脱水处理的食品，香味剂应在处理之后加入。在饮料生产中，配料时香精一般在最后加入，先用滤纸过滤，然后倒入配料容器，搅拌均匀后灌装。在冰棒、冰淇淋的生产中，可在液料冷却时加入香精。对于前者，在液料为10℃时为宜；对于后者，在液料将凝冻时加入。但要注意，香精虽不宜在高温条件下使用，但是也不是使用温度越低越好。因为低温下香精的溶解性受到影响，不易赋香均匀，甚至可发生香精分层、析出结晶等现象。所以在低温条件下生产食品时也要正确使用。

果汁粉生产中若使用水溶性香精时，可在调粉时添加。由于产品在食用时还要稀释许多倍，所以香精用量为0.1%～0.6%。

2. 油溶性香精

在以各种香料和辅助剂调制成的香基中加入精炼植物油、甘油、丙二醇等稀释剂，配制成可溶于油类的香精，称为油溶性香精。油溶性香精也是以商品形式出售的，一般的食品厂家不用自制，它的调制与水溶性香精一样，属于专门领域。

食用油溶性香精是透明的油状液体，其色泽、香气、香味与澄清度应符合其标样。食用油溶性香精中有植物油等高沸点稀释剂，其耐热性比水溶性香精好。

油溶性香精主要用于糖果和焙烤食品，糖果中用量为0.05%～0.1%，面包中为0.04%～0.1%，饼干、糕点中为0.05%～0.15%。在焙烤食品中，必须使用耐热的油溶性香精，但它仍有一定的挥发损失。尤其是薄坯的食品，加工中香精挥发得更多。所以，饼干类食品比面包类食品中的香精使用量要稍高一些。油溶性香精同样不耐碱，在焙烤食品中使用时要防止与化学膨松剂直接接触。生产硬糖，香精、香料可在糖膏冷却到105℃左右时加入。过早加入，香精挥发太快；太晚加入，糖膏温度低，黏稠性增大，香精难以调拌均匀。生产蛋白糖，香精在糖坯搅拌适度时加入，混合后立即进行冷却。

3. 乳化香精

乳化香精是亲油性香基加入蒸馏水与乳化剂、稳定剂、色素调和而成的乳状香精，一般为O/W型。乳化的效果可以抑制香精的挥发，可使油溶性香味剂溶于水中，并可节约溶剂降低成本，但若配制不当可能造成变质与污染。香精中由于乳化剂的作用，改善了香料的溶解性，所以可以制成香味剂浓度较高的乳液，使用时按需要稀释。这种香精多用于饮料，可使饮料的外观接近天然果汁，成本低、应用广泛。作乳化剂用的物质是胶类、变性淀粉等。

4. 粉末香精

可分为粉碎型粉末香精、单体吸收型粉末香精和微胶囊型粉末香精三种。粉碎型粉末香精由固体香料磨碎混合制成；单体吸收型粉末香精由粉末状单体吸收香精制成；微胶囊型粉末香精是将赋形剂与香料通过混合、乳化、喷雾干燥等工序制成一种粉末状香精。由于赋形剂（胶质、变性淀粉等）可以形成薄膜，包裹了香精或使香精吸附在基料上，所以防止了香味成分的挥发和变质，而且储运方便。

5. 果香基香精

果香基香精是一种不含溶剂或稀择剂，只含香基的香精。使用前加入不同的辅助剂，即可配成油溶、水溶或乳化香精。因果香基香精不含稀释剂，所以它的成熟期较短，并可免除因采用稀释剂等而产生的变质问题。果香基香精是食用香精的半成品，一般不能直接使用。而对于有条件的大型食品厂，使用这种香精可以节约容器和运费，而且可以对它灵活地进行再调配，所以使用效果较好。

6. 肉味香精

所谓肉味香精就是具有肉类风味的调味料。

从历史上看，最早使用的肉味香精是中国的酱油。在外国，早期南美洲的人们将脂质牛肉进行煎煮，浓缩其烹调液而得到肉味抽提物，这种香精是肉食的副产品，现在仍在使用，但这类原始的肉类风味物质都和天然肉的风味差距很大。

随着科学技术的发展，现在人们已经可以用各种手段检测出存在于各种肉中，能在烹调时产生香气的成分，并能分析出以上香味成分的关键物质，进行人工合成或从天然物质中大量提取出来，将关键物质与其他物质以适当的比例配制香精。因此，在现代香精的研究中，已成功地生产了许多与天然肉类风味、某些菜肴风味相似的肉类香精，并大量用于制作各种各样的有肉类风味的食品与佐料。

虽然肉味的香气中能分出数百种化合物，但有肉香特征的不多，配制肉味香精的主要原料一般是脂质、糖类和氨基酸、蛋白质、含杂原子的化合物及一些香料。

7. 烟熏香味剂

烟熏能赋予食品独特的风味。烟熏香味剂是一类液态的香味剂，开发时间

【思考与讨论】
在以上各类香精中，水溶性香精和油溶性香精、乳化香精和粉末香精、肉味香精和烟熏香味剂都是以什么标准分类的？

短，品种也不多。一种是由山楂核等植物原料经干馏分离而成，另一种是玉米加工的副产品，经化学变性而制成。两种香味剂都是暗红色液体，具有典型的烟味，主要成分是酚类、羰基化合物、有机酸，与传统烟熏食品熏烟的成分相似，但风味更佳。

烟熏食品香味剂在使用中可以用水配制成所需味道的浓度，然后用掺和、浸渍、喷洒、涂抹、注射等方法将香味剂与原料混合，再放入烤箱中烤制而成。

使用烟熏香味剂生产“烟熏食品”，可以不再经过烟熏工序，工艺简单，可实现机械化，不污染环境与食品，产品质量有保证。而且烟熏香味剂有一定的发色、抑菌作用，是改造传统工艺的手段之一，现在已成功地用于香肠、火腿、午餐肉、鱼类等产品的生产中。

第三节　酸味剂、甜味剂、咸味剂、鲜味剂

一、酸味剂

酸味剂是以赋予食品酸味为主要目的的添加剂。

1. 酸味剂的主要作用

酸味剂的主要作用包括以下几个方面。

（1）控制食品的酸碱性。如在凝胶、干酪、果冻、软糖、果酱等产品中，为了取得产品的最佳性状和韧度，必须正确调整pH，果胶的凝胶、干酪的凝固尤其如此。酸味剂降低了体系的pH，可以抑制许多有害微生物的繁殖，抑制不良的发酵过程，并有助于酸型防腐剂发挥良好的防腐效果，缩短高温灭菌时间，减轻高温对食品结构与风味的不利影响。

（2）作为香味辅助剂，广泛应用于调香。许多酸味剂都得益于特定的香味，如酒石酸可以辅助葡萄的香味，磷酸可辅助可乐饮料的香味，苹果酸可辅助许多水果和果酱的香味。

（3）酸味剂能平衡风味、修饰蔗糖或其他甜味剂的甜味。

（4）酸味剂在食品加工中可作为螯合剂。某些金属离子如镍、铬、铜、锡等能加速氧化作用，对食品产生不良的影响，如变色、腐败、营养素损失等。许多酸味剂具有螯合这些金属离子的能力，酸与抗氧化剂结合使用能起到增效的作用。

（5）酸味剂遇碳酸盐可以产生CO_2气体，这是化学膨松剂产气的基础，而且酸味剂的性质决定了膨松剂的反应速度。运用适当，使酸味剂有一定的泡沫稳定作用。

（6）酸味剂具有还原特性，在水果、蔬菜制品的加工中可以作护色剂，

在肉类加工产品中可作为护色助剂。

（7）酸味剂还有缓冲剂的作用，在糖果生产中用于蔗糖的转化并抑制褐变。

2. 重要的酸味剂

请大家注意，以下学习的酸味剂中，柠檬酸、酒石酸、苹果酸、抗坏血酸既是天然酸味剂，也已经工业化合成。

（1）食醋（table vinegar）　食醋的主要成分是醋酸。醋酸学名乙酸，为无色有刺激性气味的液体。浓度在98%以上的醋酸能冻结成冰状固体，通常称无水醋酸为冰醋酸。它可与水、酒精、醚、甘油任意混合，能侵蚀皮肤，有杀菌作用。冰醋酸可用来调配成合成醋，应用于食品的防腐或调味。

食醋是我国常用的食品调味料，其成分中含有4%～5%的乙酸，除此之外，还有其他有机酸、氨基酸、糖、醇、酯等。它的酸味温和，具有调味、防腐、去腥等作用。

（2）柠檬酸（citric　acid）　化学名称3–羟基–3–羧基戊二酸，又称枸橼酸。它在水果、蔬菜中分布广泛，其中浆果类及柑橘类水果含量最多。结晶柠檬酸是无色透明结晶颗粒或粉末，含有一个结晶水，在加热时很容易失去。柠檬酸易溶于水及乙醇，微溶于乙醚。柠檬酸可以形成三种形式的盐，除了碱金属盐外，其他金属盐绝大多数不溶于水或难溶于水，其钙盐对人体无明显危害。

柠檬酸的酸味圆润柔和，后味较短，是食品工业常用的酸味剂之一，也是比较酸味强度时的标准物。

柠檬酸的酸味可以掩蔽或减少某些不希望的异味，对香味有增强效果和合香的效果。柠檬酸也可以同其他酸味剂共同使用来模拟天然水果、蔬菜的酸味。柠檬酸具有整合金属离子的能力，尤其是对铁和铜。因此，食品中添加适量柠檬酸，可以抑制金属离子的不利影响。一般有害微生物在酸性环境中不能存活或繁殖，因此，对一些不经加热杀菌的食品，加入一定量的柠檬酸，可起防腐作用而延长其储存期。对一些采用高温杀菌会影响质量的食品，如果汁、水果及蔬菜制品，也常添加柠檬酸，以降低杀菌温度和加热时间，从而达到保证质量的杀菌效果。

只使用柠檬酸，产品口感显得比较单薄，因为柠檬酸的刺激性较强，起酸快,酸味消失也快，回味性差，所以常与其他酸味剂如苹果酸、酒石酸同用，以使产品味道浑厚丰满。

（3）酒石酸（tartaric　acid）　化学名称为2，3–二羟基丁二酸，存在于多种水果中，以葡萄中含量最高。酒石酸为透明大三棱型结晶或细粉末结晶，无臭，有酸味，酸味强度比柠檬酸强。酒石酸溶于水，不溶于乙醇，水溶液有涩味。

酒石酸在食品中多与柠檬酸、苹果酸一起使用，可以应用于果酱、罐头、饮料、糖果中，也可用于冰糕、冰淇淋作酸味剂和膨胀剂。

（4）苹果酸（malic acid） 化学名称为2-羟基丁二酸，在所有的果实中都含有，苹果及其他仁果类果实中含量最多。苹果酸为白色针状晶体，无臭，有特殊酸味，其酸味强度比柠檬酸强，但比酒石酸弱，在口中有微涩感。

苹果酸可溶于乙醇，但不能溶于乙醚。

（5）维生素C（抗坏血酸） 广泛存在于果蔬中，它既是很好的酸味剂又是营养素，常用于果汁饮料、水果罐头、果酱及一些面制品中。

（6）乳酸（lactic acid） 乳酸为无色至淡黄色的透明糖浆状液体，无臭或略带异臭，具有强酸味，酸味较醋酸温和。可溶于水、酒精、醚等，可用作清凉饮料、合成酒、合成醋、辣酱油、酱菜等的酸味剂。

知识拓展

使用酸味剂的注意点

酸味剂对产品的风味和其他质量有明显的影响，因此在使用时要注意以下几点。

（1）酸味剂与其他调味剂会发生相互作用，如酸味剂与甜味剂之间有消杀现象，故食品加工中需要控制一定的糖酸比。酸味与苦味、咸味一般无消杀现象。酸味剂与涩味物质混合，会使酸味增强。

（2）酸味剂大都电离出H^+，它可以影响食品的加工条件，可与纤维素、淀粉等食品原料作用，和其他食品添加剂也互相影响。所以工艺中一定要有加入的程序和时间，否则会产生不良后果。

（3）当使用固体酸味剂时，要考虑它的吸湿性和溶解性，以便采用适当的包装和配方。

（4）阴离子除影响酸味剂的风味外，还能影响食品风味，如前所述的盐酸、磷酸具有苦涩味，会使食品风味变劣。而且酸味剂的阴离子常使食品产生另一种味，这种味称为副味。一般有机酸可具有爽快的酸味，而无机酸一般酸味不很适口。

（5）酸味剂有一定刺激性，能引起消化功能疾病。

二、甜味剂

甜味剂是以赋予食品甜味为主要目的食品添加剂。目前世界上使用的甜味剂约20种。通常所说的甜味剂是指非营养型合成甜味剂、非营养型天然甜味剂、营养型合成甜味剂三类。至于葡萄糖、果糖、蔗糖、麦芽糖、乳糖等物质虽为天然甜味剂，因长期为人们所食用，而且又是人类的主要营养物质，一般视为食品原料，不作为食品添加剂对待。

在“重要的衍生糖”一节学习了糖醇，这里学习非营养型合成甜味剂和非糖天然甜味剂。

1. 非营养型合成甜味剂

（1）糖精钠（saccharin sodium）　糖精的学名是邻苯甲酰磺亚胺。

一般商品糖精是它的钠盐，所以俗称糖精钠。糖精钠本身并无甜味，而具有苦味，但其在水中离解生成的阳离子有较强的甜味，浓度超过0.5%就会显出苦味。糖精钠溶液煮沸分解生成环—磺酸氨苯甲酸而有苦味，尤其在酸性（pH在3.8以下）条件下可促进其分解。

糖精钠不被人体消化吸收，食用后大部分以原状从尿中排出，少量从粪便排出，故无营养价值。关于糖精钠是否参与或干预人体的代谢及安全性问题，目前世界各国还有争议。

（2）甜蜜素（cylamate）　甜蜜素学名环己基氨基磺酸钠。

甜蜜素为白色结晶或白色晶体粉末，无嗅，味甜，易溶于水，难溶于乙醇。对热、光、空气稳定，加热后微有苦味，分解温度为280℃。在酸性条件下略有分解，在碱性条件下稳定。甜度为蔗糖的40～50倍，为无营养甜味剂。人摄入甜蜜素无蓄积现象，40%由尿排出，60%由粪便排出。现已证实甜蜜素无致癌作用。

（3）甜味素（aspartame）　甜味素学名天冬氨酰苯丙氨酸甲酯。

甜味素为白色晶体粉末，无嗅，有强甜味，微溶于水，溶于乙醇，在水溶液中不稳定，易分解而失去甜味。在低温和pH为3～5时较稳定，干燥状态可长期保存。温度过高时稳定性较差，结构被破坏而失去甜味。干燥条件下，用于食品加工的温度不超过200℃。其稀溶液的甜度约为蔗糖的100～200倍，甜味与砂糖十分接近，有凉爽感，无苦味和金属味。甜味素不产生热量，故适合作糖尿病、肥胖症等病人的甜味剂。

2. 非糖天然甜味剂

部分植物的叶、根、果实等常含有非糖的甜味物质，有的可供食用，而且比较安全。因此国际上特别提倡从植物体内提取非糖的甜味剂（图9–2）。

（1）甘草（liguorice）　作为甜味剂的甘草是多年生豆科植物甘草的根，产于欧亚各地。甘草中的甜味成分是由甘草酸和两分子葡萄糖结合成的甘草苷。纯甘草苷的甜度为蔗糖的250倍，其甜味缓慢而长存，蔗糖可有助于甘草苷甜味的发挥，因此使用蔗糖时加入甘草可节省蔗糖。作为商品使用的一般是甘草苷二钠盐或三钠盐，通常用做酱油、豆酱腌渍物的调味剂。甘草还有很强的增香效果，可用做食品香味的增强剂。

图9-2　甘草、甜叶菊、甘茶叶

（2）甜叶菊（sugar stevia leaf）　甜叶菊是一种多年生草本植物，其叶含有较多甜度很高的物质甜叶菊苷，其甜度为蔗糖的300倍，是一种低热值的甜味物质，可作甜味代用品应用于食品工业，而且能制成各种保健食品和保健药品，对有些疾病能起治疗和缓解作用。对忌食糖的病人是一种可口佳品。目前甜叶菊已被日本、美国、西欧一些国家普遍应用于饮料、糕点、罐头、果脯蜜饯、保健食品及儿童食品中，我国也生产甜叶菊。

（3）甘茶素（phyllode）　甘茶素也称甘茶叶素，是从虎耳草科植物甘茶叶中提取得到的一种甜味剂，甜度是蔗糖的400倍。它与蔗糖并用（用量为蔗糖的1%）可使蔗糖甜度提高3倍。它的纯品为白色针状结晶，对热、酸较稳定。它的分子结构中含有酚羟基，所以具有微弱的防腐性能。

（4）二肽和氨基酸衍生物　1966年以来，发现一些天冬氨酰二肽衍生物具有甜味，其甜度是蔗糖的100～200倍，它们既能增加甜味，又具有营养价值，是一种新型的理想甜味剂。

应当注意：在食品加工中，选用任何产品代替蔗糖时，均不能以它的甜度是蔗糖的多少来进行推断，而应以甜度倍数为基础依据，通过实验来确定。糖醇类甜味剂在使用中除了增加甜味外，要特别注意它们的营养价值、化学性质。例如，婴儿选择蔗糖和麦芽糖比较合适。另外，要从食品的风味要求、甜味剂的成本及其适用条件等各方面综合考虑，选择配制合适的甜味剂。

三、咸味剂

很多盐类都呈现咸味，尤其是中性盐，但只有氯化钠的咸味最纯正，其他盐虽然有咸味但不纯正，伴有杂味，如苦味、酸味等，所以最常用的咸味剂是食盐，主要成分是氯化钠，其中还含有少量钾、钙、镁等矿物质元素。

现代食品工业以食盐为基本原料，开发了多种保健型食用盐。

例如，由于食盐中钠含量较高，特别是对中老年人来说，若用量较多，易引起高血压等疾病。为了克服食盐的这一缺点，人们开发了低钠型盐。这类盐以钙、镁元素来调低食盐中钠的含量，保持了原来盐的咸度，色味纯正，是高钠盐的良好代换品。

再如，为了丰富营养，人们开发了强化型盐。这类盐主要成分是氯化钠，其中添加了人体不可缺少的营养成分和微量元素，如碘、铁、锌制剂、硒、核黄素等。这类咸味剂随餐进食，用量较均匀，方便、价廉，能提高人体的免疫力，降低某些疾病的发病率，很受消费者欢迎。目前市场上普遍销售的加碘盐就是典型的强化型盐。

又如，为了丰富风味，人们开发了风味型盐。这类盐的主要成分也是氯化钠，其中添加了各种调味品，使咸味剂的用途更加丰富，主要品种有五香盐、虾盐、花椒盐、胡椒盐、辣味盐等。

此外，像苹果酸钠、葡萄糖酸钠等可以作为氯化钠的替代品，用于糖尿病人的食用盐，起到咸味剂的作用。

四、鲜味剂

鲜味剂也称增味剂。

1. 鲜味剂的特点及种类

鲜味剂不同于酸、甜、苦、咸基本味的受体，味感也不同。它们不影响任何其他味觉、刺激，而只增强其各自的风味特征，从而改进食品的可口性。它们对各种蔬菜、肉、禽、乳类、水产类乃至酒类都起着良好的增味作用。目前，我国批准许可使用的鲜味剂有L–谷氨酸钠（MSG）、5′–鸟苷酸二钠（GMP）、5′–肌苷酸二钠（IMP）、5′–呈味核苷酸二钠、琥珀酸二钠和L–丙氨酸、甘氨酸以及植物水解蛋白、动物水解蛋白、酵母抽提物等。

2. 影响鲜味剂增味效果的因素

（1）高温对鲜味剂的影响　加热对鲜味剂有显著影响，但不同鲜味剂对热的敏感程度差异较大。通常情况下，氨基酸类鲜味剂性能较差，易分解。因此，在使用这类鲜味剂时应在较低温度下加入。核酸类鲜味剂、水解蛋白、酵母抽提物比较耐高温。

（2）食盐对鲜味剂的影响　所有鲜味剂都只有在含有食盐的情况下才能显示出鲜味。这是因为鲜味剂溶于水后电离出阴离子和阳离子，阴离子虽然有一定鲜味，但如果不与钠离子结合，其鲜味并不明显，只有在定量的钠离子包围阴离子的情况下，才能显示其特有的鲜味。这定量的钠离子仅靠鲜味剂中电离出来的钠离子是不够的，必须靠食盐的电离来供给。因此，食盐对鲜味剂有很大的影响，且二者之间存在定量关系，一般鲜味剂的添加量与食盐的添加量成反比。

（3）pH对鲜味剂的影响　绝大多数鲜味剂在pH为6~7时鲜味最强。当食品的$pH<4.1$或$pH>8.5$时，绝大多数鲜味剂均失去其鲜味。但酵母味素在低pH

情况下仍可保持溶解的状态，不产生混浊，使鲜味更柔和。

（4）食品种类对鲜味剂的影响　通常情况下，氨基酸类鲜味剂对大多数食品比较稳定，但核酸类鲜味剂（IMP、GMP等）对生鲜动植物食品中的磷酸酯酶极其敏感，导致其生物降解而失去鲜味。这些酶类在80℃情况下会失去活性。因此在使用这类鲜味剂时，应先将生鲜动植物食品加热至85℃，将酶钝化后再行加入。

（5）鲜味剂之间的相互影响　在家庭的食物烹饪或是食品加工中，鲜味剂起着很重要的作用，但绝大多数都使用谷氨酸钠，这样做的结果不但添加量大，成本高，且鲜味单调。如果将不同鲜味剂复合使用，使之协同增效，减少添加量，降低成本，而且鲜味更圆润。比如核苷酸类鲜味剂中，加入味精、水解动物蛋白、酵母味素，会产生各自风格的食品。

3. 重要的鲜味剂

（1）谷氨酸（glutamic acid）及其钠盐　谷氨酸具有酸味和鲜味，生成钠盐后酸味消失，鲜味突出。谷氨酸存在于植物蛋白质中，尤其是麦谷的谷蛋白、谷麦蛋白中含量最高。所以面筋在过去一直是制取谷氨酸的主要原料，现在基本用发酵法制造。

日常生活中使用的味精即谷氨酸一钠盐（谷氨酸钠）。它的鲜味受到酸碱度的影响，当pH为3.2时，鲜味最低；当pH为6.0时，鲜味最强。味精的味感还受温度的影响，当长时间受热或加热到120℃时，会发生分子内脱水而生成焦谷氨酸，不仅没有鲜味，而且对人体有毒。

味精与食盐共存时，鲜味显著增强，因此食盐是味精的助味剂。

（2）鲜味核苷酸（nucleotide flavor）　在供食用的动物肉中，鲜味核苷酸主要是由肌肉中的ATP降解产生的，植物体内含量较少，所以肉类味道一般比植物类食物鲜美。

核苷酸单独存在时鲜味并不太强，当在味精中掺入少量核苷酸（如10%）时，鲜味倍增，效能胜过单独使用任何一种，因此，核苷酸还是一种很好的助鲜剂，可与味精以不同比例混合制成具有特殊风味的强力味精、特鲜味精。

次黄嘌呤核苷酸钠的鲜味是味精的40倍。它与酸共热煮沸时，水解生成磷酸和黄嘌呤核苷酸，不呈鲜味，与食盐、味精共存时鲜味增强。

鸟嘌呤核苷酸钠的鲜味是味精的160倍。

（3）琥珀酸（丁二酸）（amber acid）及其钠盐　琥珀酸及其钠盐是无色至白色结晶或结晶性粉末，易溶于水，不溶于酒精。水溶液呈中性至微碱性，pH为7～9，120℃失去结晶水，味觉值0.03%。主要存在于鸟、兽、鱼类的肉中，尤其在贝壳、水产类中含量甚多，为贝壳肉质鲜美之所在。琥珀酸在过去是由蒸馏琥珀而得，现在都采用合成法制备。商品名称为干贝素、海鲜精。

在使用中，琥珀酸耐热性好，而琥珀酸及其钠盐溶液的pH不同。琥珀酸的呈味能力较其钠盐强——琥珀酸钠的呈味能力只有琥珀酸的1/4，二钠盐只有1/8。琥珀酸与味精一起使用有协同效应，但使用量不能超过味精的1/10，否则两者将产生消杀作用。因为琥珀酸酸性较强，它可使味精变成谷氨酸而减低其呈味能力，同时自身变成钠盐亦减少了自身的鲜味。琥珀酸与前两类鲜味剂也有协同效应，但效果不太明显。

（4）其他鲜味剂　近几年来，随着科技的发展，鲜味剂行业开发了一些鲜味强、风味醇、营养好的第二代产品，它们都是配制的混合物。例如，强力味精和特色味精，是由呈味核苷酸、味精、天然食物抽提物、食用香料、增香剂等按不同比例配制而成的，鲜度可提高几倍或几十倍，并有增强食品后味、协调各种风味、消杀不良味道的功能，风格多样，还可以方便地调制各种汤料。

将维生素、氨基酸等营养强化剂均匀地加入味精中，制成既能烹调又有营养保健作用的味精——多功能味精与营养强化味精，食用后能促进生长发育和人体代谢，增加抗病能力。此外，还可做成低钠味精、盐味精、中草药味精等。

新型鲜味剂包括酵母提取物、水解动植物蛋白和其他复合的牛肉、鸡肉、猪肉浸膏和粉剂。水解蛋白、酵母抽提物含有大量的氨基酸、核糖核酸，它们属于复合鲜味剂。这些新型鲜味剂不仅风味多样，而且富含蛋白质、肽类、氨基酸、矿物质等营养功能成分，因此具有较大的市场前景。

第四节　膨松剂、增稠剂、乳化剂

一、膨松剂

使食品在加工中形成膨松多孔的结构，制成柔软、酥脆的产品的食品添加剂叫膨松剂，也称为膨胀剂或疏松剂、发粉，一般是指碳酸盐、磷酸盐、铵盐和矾类及其复合物。它们主要用于面包、蛋糕、饼干、发面制品。

1. 膨松剂的分类

膨松剂可分为单一膨松剂（也称碱性膨松剂）和复合膨松剂等。

复合膨松剂一般由三部分组成：第一，碳酸盐，用量占20%～40%，作用是产生气体；第二，酸性盐或有机酸，用量为35%～50%，作用是与碳酸盐反应，控制反应速度和膨松剂的作用，调整食品酸碱度。酸性盐解离出氢离子后，才能与膨松剂作用产生气体。而氢离子的分解速度与酸式盐的溶解特性、体系含水量、温度都有关，所以可以利用酸式盐的分解特性来控制膨松剂的产气过程，以便适应工艺过程；第三，助剂，有淀粉、脂肪酸等，作用是改善膨松剂的保存性，防止吸潮、失效，调节气体产生速度或使气泡均匀产生。助剂含量一般为10%～40%。

实际生产中目前所采用的复合膨松剂多为市售发酵粉和泡打粉等。

2. 膨松剂的性质

膨松剂都能在一定形式的化学反应中产生气体。例如，只要在食品加工中有水，膨松剂即产生作用，一般是温度越高反应越快，如小苏打，一遇水就分解。膨松剂在水溶液中有一定的酸碱性，单一膨松剂水溶液显碱性。

膨松剂在使用中会分解、中和或发酵。例如，酵母产气的原理主要是发酵过程，所产生的大量气体使食品体积起发增大，并使食品内部形成多孔组织。这一功能使膨松剂在焙烤食品、发酵食品、含气饮料、调味品中起十分重要的作用。

一般来说，单一的化学膨松剂有价格低、保存性好、使用方便等优点，在生产中广泛使用，但也有以下缺点：反应速度较快，不能控制，产生气体的过程只能靠面团的温度来调整，有时无法适应食品工艺要求；生成物不是中性，如碳酸钠为碱性，它可能与食品中的油脂皂化，产生不良味道，破坏食品中的营养素，并与黄酮酵素反应产生黄斑，所以应注意使用复合膨松剂。

复合膨松剂具有持续性释放气体的性能，从而使产品产生理想的酥脆质构，而且复合膨松剂的安全性更高，是生产油炸类方便小食品必不可少的原料之一。

3. 膨松剂的功效

（1）增加食品体积　例如，面包的组织特性是具有海绵状多孔组织，所以在制作时要求面团中有大量气体产生。除油脂和面团中水分蒸发产生一部分气体之外，绝大部分气体由膨松剂产生，它使面包比面团增大2～3倍。

（2）产生多孔结构　无多孔组织的食品，味觉反应较慢，味道平淡。膨松剂使食品具有松软酥脆的质感，使消费者感到可口，易嚼。食品入口后唾液可很快渗入食品组织中，带出食品中的可溶性物质，所以可很快尝出食品风味。

（3）容易消化　膨松食品进入胃中，就像海绵吸水一样，使各种消化液快速、畅通地进入食品组织，消化容易，吸收率高，避免营养素的损失，使食品的营养价值更充分地体现出来。此外，膨松剂本身也具有一定的营养价值。

4. 膨松剂的二次膨发特性

面团一般要经过调制、醒发和焙烤，才能做成焙烤食品。在调制阶段必须先有少量的气体，在面团中形成一些发泡点，这些点的数目和位置决定了以后成品中气孔的数目和位置。因为以后的工艺过程中一般不再形成这样的点位，所以要求膨松剂在这一阶段发生一定程度的反应以产生所需的发泡点。在醒发阶段，面团很软，没有足够的强度包含气体，也没有足够的强度使结构稳固，又加之面团醒发的时间也变化不一，不好适应，所以在醒发阶段膨松剂不能发生剧烈的膨松反应。在焙烤阶段，生面团要经过烘烤成为产品。在这一过程中膨松剂必须再次膨发，以增加产品体积，这种现象称为“二次膨发”。在这一过程中，如果膨松剂反应太快，产生的气体就会在面团的气孔没有足够强度定型时跑掉，而使气孔消失；如果反应太慢，在面团已被烘烤固化后才产生大量气体，则可能使产品出现龟裂。膨松剂的产气速度与面团的物理变化相适应才能使原来的发气点扩大成气泡，产生海绵状蜂窝组织，使产品质地蓬松。在一些蒸、炸食品的制作工艺中，也需要加入膨松剂，同样有上述类似的特性。

每种碳酸盐都可与酸性盐作用而产生气体，但不同的物质和人工的控制使两者的作用时间各有不同，如果用适当种类的酸性盐，在与碳酸盐的反应中能与食品加工过程一致，使食品产生良好的膨松效果，这就是复合膨松剂的特性之一。许多发粉都具有这种特性。

二、增稠剂

食品增稠剂是一种能增加食品的黏稠度，赋予食品黏润、适宜的口感，具有提高食品的乳化和悬浊性能，增强食品的稳定性，从而改善食品物理特性的食品添加剂。

1. 增稠剂的种类

在食品加工中，一般所使用的增稠剂种类很多，目前主要是从海藻和含多糖类以及含蛋白质的动植物中提取，或者由生物工程技术制取，包括海藻酸、淀粉、阿拉伯树胶、果胶、卡拉胶、明胶、酪蛋白酸钠、黄原胶等。另外，还可以由化学合成法来获得，如羧甲基纤维素钠（CMC-Na）、羧甲基纤维素钙、羧甲基淀粉钠、藻酸丙二酯等。

2. 增稠剂的性质

增稠剂溶液的黏度与其溶液的浓度、溶液所受切变力、温度、pH及溶液体系中的其他成分等因素有关。例如，多数增稠剂在较低浓度时，随浓度增加，溶液的黏度增加，在高浓度时呈现假塑性。有的增稠剂具有凝胶作用，当体系中溶有特定分子结构的增稠剂且浓度达到一定值，而体系的组成也达到一定要求时，体系可形成凝胶。另外，不同增稠剂之间具有协同效应，可以是增效的，也可能是减效的。单独使用一种增稠剂，往往得不到理想效果，必须同其他几种乳化剂复配使用，发挥协同效应。增稠剂有较好增效作用的配合是：羧甲基纤维素（CMC）与明胶，卡拉胶、瓜尔豆胶与CMC，琼脂与刺槐豆胶，黄原胶与刺槐豆胶等。

掌握了增稠剂的以上性质，再根据食品工艺中其他方面的要求，例如，适合产品的形态、味道和感觉、乳化性和稳定性以及保存性，食品中基本组分的亲和性及相溶性等，就可以选择合适的增稠剂了。

还应指出：增稠剂在体系中的表现与作用，也取决于增稠剂的来源、结构、相对分子质量、储存时间和在储存中光、酶、酸、碱、盐对增稠剂的作用。

3. 增稠剂的功能及应用

（1）持水作用　一般食品增稠剂都有很强的亲水能力，在肉制品、面粉制品中能起到改良产品组织状态，从而改良产品品质的作用。如在调制面团的过程中，添加增稠剂有利于缩短调粉的过程，改善面团的吸水性，增加产品的质量。

（2）提供食品所需的稠度　在许多食品中，如果酱、颗粒状食品、罐头食品、软饮料、人造奶油及其他涂抹食品，需要具有很好的稠度。当增稠剂加入后，就能使产品达到非常好的效果。

（3）提供食品所需的流变特性　增稠剂对流态食品和胶质食品的色、香、味、质构和稳定性等的改善起着极其重要的作用，能保持液体食品和浆状食品具有特定的形态，使其产品更加稳定、均匀，且具有爽滑适口的感觉，如冰淇淋和冰点心的口感很大程度上取决于其内部冰晶形成的状态。一般冰晶粒越大，其组织越粗糙，产品的口感将越差。当在体系中添加增稠剂后，就可以有效地防止冰晶的长大，并包入大量微小的气泡，从而使产品的组织更细腻、均匀，口感更光滑、外观更整洁。

在果冻和软糖等食品中，添加增稠剂后能使产品具有很好的风味。

（4）改善糖果的凝胶性和防止起霜　在糖果的加工中，使用增稠剂能使糖果的柔软性和光滑性得到大大的改善。在巧克力的生产中，增稠剂的添加能增加表面的光滑性和光泽，防止巧克力表面起霜。

（5）提高气泡性及其稳定性　在食品加工中添加增稠剂，可以提高产品的发泡性，在食品的内部形成许多网状结构。在溶液搅打时能形成许多较稳定的小气泡，这对蛋糕、面包、啤酒、冰淇淋等生产起着极其重要的作用。

（6）成膜作用　在食品中添加明胶、琼脂、海藻酸、醇溶性蛋白等增稠剂，能在食品的表面形成一层非常光滑均匀的薄膜，从而有效地防止冷冻食品、固体粉末状食品表面吸湿等影响食品质量的现象发生，对水果、蔬菜类食品具有保鲜作用，且使水果、蔬菜类产品表面更有光泽。

（7）掩蔽食品中的异味　在有些食品中，可利用添加增稠剂来掩蔽食品中一些令人不愉快的异味，如添加环状糊精有较好的功效。

（8）用于保健、低热量食品的生产　增稠剂通常为大分子化合物，其中许多来自天然的胶质，这些胶质一般在人体内不易被消化，直接排出体外。故利用这些增稠剂来代替一部分含热值大的糖浆和蛋白质溶液等，以降低食品的热值。该方法在诸如果冻、果酱、点心、饼干、布丁等中得到很好的应用。

三、乳化剂

凡是添加少量即可显著降低油水两相界面张力，从而产生乳化效果的食品添加剂叫乳化剂。乳化剂分子内具有亲水和亲油两种基团，易在水和油的界面形成吸附层，将两者联结起来，达到乳化的目的。

1. 乳化剂的分类

乳化剂是表面活性剂的一种。一般分为两类，即水包油型（O/W）和油包水型（W/O），在食品加工中应用较多的是水包油型乳浊液。

在食品中常用的乳化剂有蔗糖酯、大豆磷脂、单甘酯等系列。其中山梨醇酐单油酸酯、山梨醇酐单棕榈酸酯、山梨醇酐单月桂酸酯、聚氧乙烯山梨醇酐单油酸酯、聚氧乙烯山梨醇酐单月桂酸酯、聚氧乙烯（20）山梨醇酐单棕榈酸酯这6种乳化剂被明确规定不准用于绿色食品中。

2. 乳化剂在食品中的主要作用

（1）由于乳化剂本身的两亲特性，能增加食品组分间的亲和性，降低界面张力，提高食品质量，改善食品原料的加工工艺性能。

（2）乳化剂能与淀粉形成配合物，使产品得到较好的组织结构，增大食品体积，防止老化。

（3）乳化剂可作为油脂结晶调整剂，控制食品中油脂的结晶结构，防止结晶还原，改善食品的口感质量。

（4）乳化剂能与原料中的蛋白质及油脂形成配合物，增强面团的强度。

（5）充气、稳定、改善气泡的组织结构，提高食品内部的结构质量，使食品更快地释放出香味。

（6）提高食品的持水性，使产品更加柔软，可以使食品增重。

（7）用乳化剂代替昂贵的配料，可降低成本。

（8）乳化后的营养成分更易被人体吸收，某些乳化剂有杀菌防腐效果。

在食品工业中，乳化剂的主要用途是制备乳化液。乳化剂在其他方面的应用也一般先制成乳化液，再进行使用。

第五节　营养强化剂

为增强和补充某些缺少的和特需的营养成分，加入食品中的天然或人工合成的食品添加剂称营养强化剂，也称食品强化剂、营养补给剂。

一、营养强化剂的分类

食品营养强化剂通常分为氨基酸及含氮化合物、维生素和矿物质三类。作为食品营养强化剂的氨基酸多限于必需氨基酸，如常用于增补谷物食品的赖氨酸。此外，与氨基酸有关的牛磺酸（氨基乙磺酸）正越来越多地应用于婴幼儿食品中。脂溶性维生素中用于营养强化的多为维生素A和维生素D；水溶性维生素品种很多，但常用于食品营养强化的主要是维生素B_1、维生素B_2、烟酸和维生素C。矿物质作为食品营养强化剂，我国已批准钙、铁、锌、碘、硒、氟六种必需矿物元素（图9-3）。

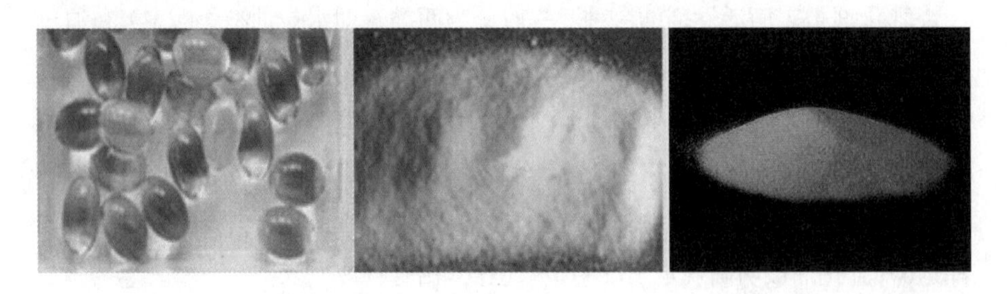

图9-3　叶酸、乳酸菌、维生素A

二、营养强化剂的有效性

简单来讲，营养强化剂的有效性就是营养强化剂被生物体利用的实际可能性。强化剂的有效性主要受到五个基本因素的影响：食品成分；强化剂的性质及添加方法；食品加工的工艺条件；食品消费前的储运条件；食品的食用方法。

要保证强化剂的有效性，在使用强化剂时必须对上述因素加以合理有效地控制。除在加工条件和包装、储藏条件等方面采取措施外，还可以在不影响其营养功效的前提下改变强化剂的分子结构，以提高营养强化剂的稳定性；或者通过添加螯合剂、抗氧化剂等稳定剂作为保护手段来减少营养强化剂的损失。这些稳定剂有单一的化合物如EDTA、卵磷脂等，也有天然物质如食用油、绿豆粉等。稳定剂的效果和有效量由试验方法来获得。另外，正确的食用方法也很重要，如添加了水溶性营养强化剂的挂面，食用时以吃汤面为宜。强化剂的使用效果，不像前几章所述的添加剂一样，可立竿见影或一看便知。它们对人体的效果，往往需要较长一段时间，由医学部门的大量检测结果中才能确认。

三、使用营养强化剂应注意的问题

食品的强化是很复杂的工作，强化剂使用一定要注意以下几点。

（1）严格执行《营养强化剂使用卫生标准》和《营养强化剂卫生管理办法》。

（2）强化剂确实对人们具有生理作用，并力求达到最佳效果。例如，镁强化剂加入牛乳中不仅可以补镁，还可以对牛乳中的钙产生协同效应，使对其吸收更佳。

（3）强化剂的添加不会破坏必要营养素之间的平衡关系。

（4）添加的强化剂在正常的加工过程中和正常的储存条件下是性质稳定的。

（5）强化对象最好是大众化的、日常食用的食品；使用中应有适当的措施防止强化剂过量摄入，以防止引起副作用甚至中毒；产品应有使用指导，防止消费者由于时尚或偏见而误食。

（6）食品加工中，没有必要将食物中原来所缺乏的和在加工过程中损失的某些营养素都进行强化补充，要在全面评定的基础上来确定食品是否需要强化营养素，如事先调查当地居民的饮食情况和营养状况。

（7）食品中的强化剂是食品加工部门针对某一个问题来强化的，它并非表明真正的合理营养，所以，在使用这种产品时，应有的放矢，要非常谨慎。

（8）强化剂不能影响食品的色、香、味、形，降低食品品质。

（9）大量的临床实验结果表明，以“缺啥补啥”的方式使用强化剂，不如以“平衡补充”的方式使用强化剂效果好。

第六节　防腐剂、抗氧化剂

加入食品中能够杀死或抑制微生物，防止或延缓食品腐败的食品添加剂叫防腐剂。能够阻止或延缓食品氧化，以提高食品的稳定性和延长储存期的食品添加剂叫抗氧化剂。

一、防腐剂

1. 防腐剂的分类

目前所用的防腐剂大多数为化学物质，也有少量的生物产品。

人们通常将化学物质类的防腐剂分为两大类：一类为有机化学防腐剂，如苯甲酸及其盐类、山梨酸及其盐类、丙酸及其盐类等；另一类为无机化学防腐剂，如二氧化硫、硝酸盐及其亚硝酸盐类等。

防腐剂除具有防腐作用外，有些防腐剂还有其他的功能，如硝酸盐及亚硝酸盐可作为肉类的发色剂，亚硫酸及其盐类还可作为漂白剂。

还有一类食品防腐剂是利用生物工程技术获取的新颖防腐剂，如乳酸链球菌素、纳他霉素等产品。

2. 食品工业对防腐剂的性能要求

在食品工业中，防腐剂除了要具备符合食品添加剂的一般条件外，更应具备显著的杀菌或抑菌的功能作用，即能有效地破坏食品中的有害微生物。另外，要求防腐剂性质稳定，在一定时期内有效，使用中和分解后无毒，不能影响人体正常的生理功能。一般说来，在正常规定的使用范围内使用食品防腐剂应对人体没有毒害或毒性作用极小；在低浓度下仍有抑菌作用；本身无刺激性和异味；价格合理，使用方便。

3. 影响防腐剂作用的因素

防腐剂的作用受食品原料和食品中各种成分的影响。食品中的某些组分如香料、调味剂、乳化剂等具有抗菌作用，某些组分能选择性地与防腐剂发生物理化学作用，这样会不同程度地影响防腐剂的使用效果。

食品成分中对防腐剂具有普遍影响的就是食盐、糖和酒精，它们都可以降低水分活度，有助于防腐。食盐可以去水，可以干扰微生物中酶的活性，以上两点也有助于防腐。然而食盐也可以改变防腐剂的分配系数，使其分布不匀，因而可能对防腐作用产生不利影响。糖本身是一种微生物的营养源，在浓度合适时可以促进微生物生长。但糖类对分配系数的影响一般比食盐低。酒精在较高浓度是杀菌剂，在低浓度时有抑菌效果，一般酒精能增强防腐剂的作用。

有机酸类如异丁酸、葡萄糖酸、抗坏血酸对防腐剂有增效效应。金属盐类中重金属盐往往具有增效作用，而轻金属盐中有些对防腐剂有拮抗作用，如$CaCl_2$能轻微地减弱山梨酸的抗菌效果。将具有长效作用的防腐剂如山梨酸等，和具有作用迅速而耐久性较差的防腐剂如过氧化氢等混合使用，也能增强防腐剂的作用。这样的防腐剂能确保迅速杀灭食品中的微生物，并能防止其再度大量繁殖。

要特别注意食品中的成分与防腐剂起化学反应，这可能使防腐剂部分或全部失效或产生副作用。例如，SO_2和亚硫酸盐与食品中的醛、酮、糖类反应，亚硝酸盐可能生成毒性较大的亚硝胺。所以使用防腐剂时要首先查阅有关的资料。

防腐剂还会被食品中的微生物分解，尤其是有机防腐剂，它甚至可能成为微生物的碳源，如山梨酸能被乳酸菌还原成山梨糖醇，所以，防腐剂使用不当不但无效，还可能被微生物所利用。

4. 常用的食品防腐剂

（1）有机酸及其盐类　食品工业中常用乙酸、丙酸、富马酸、乳酸、酒石酸及它们的盐类作为酸型防腐剂，一般限于在pH小于5.5的食品中使用。这类防腐剂的抗菌作用主要是因其能降低pH的能力。未解离的有机酸由于其脂溶性和易聚集在细胞膜周围的性质，会改变细胞膜的特性，并迅速渗透至细胞内部，使细胞酸化，使蛋白质变性，与辅酶金属离子配合，从而杀灭微生物。它们大部分是食用酸，一般认为是安全的。

乳酸、乙酸可用于饮料的防腐，丙酸可用于酵母发酵食品，如面包、面制品等，富马酸可用于酒类，其酯类可用于糕点、蜜饯、干肉、蔬菜的防腐。

山梨酸及其盐类是防腐剂中对人体毒害最小的防腐剂，目前世界上所有国家都允许使用。山梨酸是酸型防腐剂，在pH小于5时才有效果。山梨酸能为微生物所吸收利用，只有食品处于严格的卫生环境中才有效。山梨酸对嫌气性细菌和嗜酸乳杆菌几乎无效，会使人体皮肤过敏。山梨酸在糕点、饼皮、果馅、蜜饯的防霉中使用量为0.1%；在鱼制品、肉制品、奶酪的防霉中，使用量为0.2%；在果酱、果干的防霉中使用量为0.1%；在饮料、酒类中使用量为0.1%。

（2）微生物菌素类　这是一类新型的防腐剂，由生物工程方法制得，现在主要应用的是乳链球菌肽。乳链球菌肽是由乳酸链球菌产生的多肽类抗菌剂，在酸性条性下溶解，抗菌性也较好，10^{-5}就可以杀菌。在中性时效果差，但可以缩短灭菌时间。它对革兰阳性菌有效，对霉菌、酵母和革兰阴性菌无效。主要使用范围是乳品和罐头。乳链球菌肽不会与其他抗生素产生抗性，可以配合使用。在肠胃中，乳链球菌肽可被酶分解，因而被认为是比较安全的防腐剂。其他的微生物抗生素如链霉菌产生的海松素、乳酸杆菌产生的抗生素、非乳酸菌类产生的双球菌素、糖蛋白等，它们在食品中都有一定的防腐作用。如海松素有抑制酵母菌和霉菌的作用，可用于干酪的表面防霉。但是微生物抗生素类的抑菌谱较窄，生产成本和条件还不尽如人意，所以未能大规模地用于食品。

（3）其他类　许多无机盐类都有防腐效果。食盐在高浓度时就具有抗菌特性，是腌制食品中使用历史悠久、物美价廉的防腐剂。磷酸盐对革兰阴性菌、面包中的芽孢杆菌有抑菌效果，可用于冷藏的禽肉保鲜和防止面包在货架期内发霉。磷酸盐还有助于在巴氏灭菌中杀灭沙门杆菌。硝酸盐可以抑制鱼、肉制品中肉毒梭状芽孢杆菌及毒素的生成。亚硫酸盐在酸性条件下，对酵母菌、大肠杆菌、黑霉菌都有很强的抑制效果。

糖渍也是古老的食品防腐方法之一，蜜饯的防腐就是使用了高浓度的糖液。当糖液浓度达到60%以上时，能够形成高渗透压，从而抑制某些微生物如霉菌、叶芽杆菌的繁殖，但对黄曲霉毒素和乳酸菌都无作用。

多元醇的脂肪酸酶对霉菌、酵母都具有一定抗菌性，防腐效果不受pH影响，但对固态食品效果不如液态食品。

过氧化氢是强氧化剂，对任何微生物都有很强的抑制作用。常用于牛乳、干酪、蛋制品、鱼制品的防腐。还作为食品用水、无菌包装的消毒剂。

CO_2对霉菌和革兰阴性菌有很好的作用，用于肉类及食品的气调保藏。

维生素B_1对鱼制品有防腐效果。

带有羟基的氨基酸都有抑菌作用，而且几种氨基酸并用时有协同作用。例如，甘氨酸对大肠杆菌和枯草杆菌的抑制效果很好，能用于鱼制品、面点的防腐。

知识拓展

防腐剂的使用

（1）根据食品的pH和A_w选择合适的防腐剂　有一类酸型防腐剂，除解离出的氢离子有防腐效果外，主要靠未解离的酸对微生物起作用。所以，这类防腐剂在pH低时使用效果好。再如，水分活度高，有利于细菌和霉菌的生长，水分活度低，有利于防腐剂效果的发挥。因此，要根据食品的pH和A_w选择合适的防腐剂。

（2）分散与溶解　有些情况，腐败开始时只发生在食品外部，如水果、薯类、冷藏食品等，那么将防腐剂均匀地分散于食品表面即可，甚至不需要完全溶解。对于饮料、罐头、焙烤食品等就要求防腐剂均匀地分散在其中，所以，这时要注意防腐剂的分散溶解特性。对于易溶于水的防腐剂，将其配成水溶液加入食品中。对于溶于乙酸等食用溶剂的，也可将其配成溶液加入。如果防腐剂不溶或难溶，就要用化学方法改性，使它的溶解性增加或使用分散剂将其分散。

（3）防腐剂的配合使用　各种防腐剂都有一定的作用范围，没有任何一种防腐剂能够在食品中抵抗可能出现的所有腐败性微生物，而且许多微生物都会产生耐药性。为了弥补这种缺陷，可将不同作用范围的防腐剂进行混合使用。混合防腐剂的使用扩大了作用范围，增强了抗微生物的作用。防腐剂配合使用时要配成最有效的比例。

（4）防腐剂与其他方法的结合使用　例如，防腐剂与加热方法相结合，再如，防腐剂与冷冻处理相结合。

（5）绿色食品对防腐剂的使用要求　防腐剂在绿色食品中的使用要求十分严格，苯甲酸、苯甲酸钠、乙氧基喹、仲丁胺、桂醛、噻苯咪唑、过氧化氢（或过碳酸钠）、乙萘酚、联苯醚、2-苯基苯酚钠盐、4-苯基苯酚、五碳双缩醛（戊二醛）、十二烷基二甲基溴化胺（新洁而灭）、2，4-二氯苯氧乙酸等防腐剂禁止在绿色食品中添加。

二、抗氧化剂

1. 抗氧化剂的分类

抗氧化剂一般可分为油溶性和水溶性两类。油溶性包括天然的维生素E和人工合成的没食子酸丙酯（CPG）、抗坏血酸酯类、丁羟基茴香醚（CBHA）、二丁基羟基甲苯（CBHT）等；水溶性包括维生素C及其盐类、植酸、茶多酚、氨基酸及肽类等。

目前食品工业中使用的抗氧化剂大多数是合成的，其中4-己基间苯二酚不能用于绿色食品生产。

2. 抗氧化剂的作用

抗氧化剂是一种重要的食品添加剂，它主要用于阻止或延缓油脂的自动氧化，还可以防止食品在储藏中因氧化而使营养损坏、褐变、褪色等。

抗氧化剂的作用原理比较复杂：一是抗氧化剂与食品发生某种化学反应，降低食品体系的氧含量；二是阻止、减弱氧化酶的活性；三是使氧化过程中的链式反应中断，破坏氧化过程；四是将能催化、引起氧化反应的物质封闭。

3. 脱氧剂

为防止食品氧化变质可以加入脱氧剂。在食品包装密封过程中，同时封入能除去氧气的物质，可除去密封体系中的游离氧和溶存氧，防止食品由于氧化而变质、发霉等，这类物质叫脱氧剂。可见，严格来讲，脱氧剂也是抗氧化剂的一个类型（或者叫间接抗氧化剂）。按照脱氧速度，可将脱氧剂分为速效型和缓放型，还可以按原材料将其分为有机类和无机类。其中有机脱氧剂主要有葡萄糖氧化酶型脱氧剂、抗坏血酸型脱氧剂和儿茶酚型脱氧剂。目前使用较广泛的是无机类脱氧剂，无机脱氧剂使用较广的主要有三种：铁系脱氧剂、亚硫酸盐系脱氧剂、加氢催化剂型脱氧剂。

脱氧剂具有能同时防止氧化和抑制微生物生长的特点，把它适当地应用于食品工业中，可以保持食品的品质。

脱氧剂中有一个与氧气反应的主剂，还有一个控制、辅助主剂反应的辅剂。如果需要在除氧的同时放出CO_2来保鲜，就要选择一个能与主剂反应产生气体置换反应的辅剂。如以硫代亚硫酸盐作主剂，可以加入碳酸氢钠作辅剂。

知识拓展

抗氧化剂的使用

（1）要完全混合均匀　因抗氧化剂在食品中用量很少，为使其充分发挥作用，必须将其十分均匀地分散在食品中。可以先将抗氧化剂与少量的物料调拌均匀，再在不断搅拌下分多次添加物料，直至完全混合均匀为止。

（2）要掌握使用时机　抗氧化剂只能阻碍或延缓食品的氧化，所以一般应当在食品保持新鲜状态和未发生氧化变质之前使用。在食品已经发生氧化变质后再使用，则不能改变已经变坏的后果。

思考与练习

一、填空题（请把下列各题的正确答案填在题中括号内）

1. 着色剂也称（　　）。

2. 着色剂的溶解性指着色剂是（　　）性还是（　　）性，着色剂的溶解度是指着色剂（　　）的大小。

3. 按照天然色素来源不同可以将其分为（　　）色素、（　　）色素、（　　）色素。

4. 典型的天然动物色素是（　　），色彩最丰富的天然植物色素是（　　）。

5. 目前我国允许使用的四种人工合成色素是（　　）、（　　）、（　　）、（　　）。

6. 食用红色1号和食用红色2号分别是指（　　）和（　　）。

7. 食用香料分为（　　）、（　　）、（　　）。

8. 果香基香精是一种不含溶剂或稀释剂，只含（　　）的香精。

9. 甜味剂包括（　　）、（　　）、（　　）三大类。

10. 甜蜜素在人体内无蓄积现象，（　　）由尿排出，（　　）由粪便排出。

11. 最典型的咸味剂是（　　），最典型的鲜味剂是（　　），它们的化学名称分别是（　　）、（　　）。

12. 食品营养强化剂目前分为（　　）、（　　）、（　　）三大类。

13. 防腐剂主要是利用（　　）方法杀死有害微生物或抑制有害微生物的生长。

二、判断题（判断下列各题正误，错误说法请加以纠正）

1. 食品添加剂既可以人工合成也可以采用天然物质。

2. 食品添加剂添加于食品后无法分离鉴定出来。

3. 食品中的天然色素是指食品中原来就含有的有色物质，而且天然色素都是无毒的。

4. 着色剂的染着性是指着色剂是否容易染色。

5. 红曲色素属于植物色素。

6. 护色剂本身不具有颜色，只能保护其他色素的颜色。

7. 漂白剂既能使食品中的色素褪色，也能使食品免于褐变。

8. 香味是指食品产生的味觉。

9. 食醋既是天然酸味剂也可以人工合成。

10. 具有甜味的糖类物质不作为食品添加剂管理。

11. 单一膨松剂之所以称为碱性膨松剂，是因为其水溶液显碱性。

12. 食用胶在食品加工中一般作增稠剂。

三、简答题

1. 食品行业对食品添加剂有哪些基本要求?

2. 着色剂的坚牢度与哪些因素有关?

3. 食品加工工艺对鲜味剂有什么影响?

4. 乳化剂是如何达到乳化目的的?

5. 为什么脱氧剂也属于抗氧化剂?

实操训练

实训十三　植物叶绿体中色素的提取、分离及理化性质实验

一、实训目的

（1）学习叶绿体色素提取、分离的原理和方法。

（2）学习叶绿体色素理化性质的测定方法。

（3）了解叶绿体色素的理化性质。

二、实训原理

叶绿体色素是植物吸收太阳能进行光合作用的主要物质，主要有叶绿素a、叶绿素b、胡萝卜素和叶黄素四种。这四种物质都能溶于有机溶剂，如乙醇、乙醚、丙酮等，因此可利用这一特性用有机溶剂来提取叶绿体色素。

叶绿体色素的分离方法有多种，其中纸层析法是最简便的一种。进行纸层析时，将叶绿体色素提取液滴于层析滤纸上，然后应用适当的推动剂来推动其在滤纸上移动，当推动剂不断地从层析滤纸上流过时，由于提取液中混合物的各成分在滤纸和推动剂间具有不同的分配系数，所以它们的移动速度不同，因而可以使提取液中的混合物得到分离。

叶绿素是一种二羧酸酯，因此可以与碱起皂化作用，产生的盐能溶于水，用此法可将叶绿素与类胡萝卜素分开。

叶绿素吸收光量子后转变为高能的激发态，而这种状态的叶绿素分子很不稳定，很快就会回到稳定的基态，当它由激发态回到基态时多余的能量会以红光量子的形式发射出来，因而会产生荧光现象。

叶绿素的化学性质很不稳定，容易受强光的破坏而由绿色变为褐色。

叶绿素中的镁离子可被H^+所取代而形成褐色去镁叶绿素，去镁叶绿素遇到铜则会形成绿色的铜化叶绿素。铜化叶绿素很稳定，在光下不易受到破坏，因此常用此法制作绿色多汁植物的浸渍标本。

三、实训用品

1. 仪器及试剂

研钵、漏斗、过滤用滤纸、层析滤纸、小烧杯、试管、量筒、培养皿、玻璃棒、剪刀、药勺、小铝盒、毛细管、试管架、酒精灯、火柴。

99.5％无水乙醇、蒸馏水、25％盐酸、30％ KOH溶液、醋酸铜、甲醇、$CaCO_3$（无水）粉末、推动剂（汽油：苯：蒸馏水=2：2：1的体积比配制）。

2. 材料

菠菜叶片。

四、实训步骤

1. 叶绿素的提取

称取新鲜菠菜叶子2g，洗净擦干放入研钵中，加少量碳酸钙粉（加$CaCO_3$为除去提取液中的水分）和5mL无水乙醇（用量筒量取5mL乙醇，先往研钵中加入少量，过滤时再加入剩余的部分）。研磨成匀浆，过滤。再用10mL乙醇分次清洗研钵和滤纸。滤液即为色素提取液。

2. 叶绿素的分离

（1）取两个口径相同的培养皿，再取一个口径小于培养皿的小铝盒放于其中一个培养皿中，进行层析时盛放推动剂。

（2）剪一长约4cm，宽为小铝盒底部到培养皿上沿高度的滤纸条，用毛细管吸取叶绿素提取液沿滤纸条长度方向一侧点样。

点样时注意：一次所点溶液量不可过多。如果色素过淡，可风干后再点几次。点完样后将滤纸条风干，卷成纸捻。再取一张圆形层析滤纸在其中心打一小孔，直径小于纸捻的直径，将纸捻沿没有点样的一端插入小孔，继续向下插，使点样的一端与层析滤纸面相平，放好待用。

（3）迅速在小铝盒中加入适量汽油、苯、蒸馏水，将小铝盒放回到培养皿中，将纸捻向下把层析滤纸放在培养皿上，注意使纸捻浸入汽油推动剂中，然后将另一培养皿盖在层析滤纸上进行层析。

（4）过一段时间后，当汽油快到达滤纸边缘时，取出滤纸，停止层析将滤纸风干，即得到分离后的叶绿体色素。这是一组同心圆，其中最外侧的为橙黄色的胡萝卜素，向内依次为黄色的叶黄素、蓝绿色的叶绿素a、黄绿色的叶绿素b。

要求将所得结果附于实验报告中，并注明各种颜色的名称。

3. 叶绿体色素的性质测定

（1）叶绿素的荧光现象　用移液管吸取1mL色素提取液于试管中，在反射光和透射光下观察提取液的颜色有何不同。在反射光下观察到的溶液的颜色即为叶绿素的荧光现象（血红色）。

（2）光对叶绿素的破坏作用　取色素提取液2mL分别于2支试管中，其中1支试管放在强太阳光下，另1支放在暗处，过一段时间后观察两支试管中溶液的颜色有何不同（被光破坏的变为褐色）。

（3）酸对叶绿体的破坏作用　取色素提取液1mL于试管中，然后逐滴加入浓盐酸，直至溶液变为褐色，此时叶绿素分子被破坏，形成去镁叶绿素。接着向试管中加入醋酸铜晶体少许，观察并记录颜色变化。

（4）皂化反应　在试管中加入2mL提取液，放入一滴30％甲醇溶液，摇匀，再放入2mL苯，再放入少量蒸馏水，即出现层状：上层为苯溶液，其中溶有胡萝卜素和叶黄素，所以呈黄色；下层是稀的乙醇溶液，其中溶有皂化的叶绿素a和叶绿素b。

实训十四　抗氧化剂在富含脂肪的食品的加工和储藏过程中对脂肪的影响（选做）

根据实训目的和实训内容提示，设计并做该实验。

一、目的要求

通过实训，进一步认识到含有脂肪的食品在加工和储藏过程中，最主要的品质缺陷是脂肪氧化。要求大家在巩固脂肪氧化机理与途径的基础上，初步掌握常用抗氧化剂的抗氧化效果。

二、实训内容提示

（1）用某些含脂肪丰富的食品原料如肥猪肉，选择适宜的加工方法制备食品。

（2）选择一些天然的或者人工合成的抗氧化剂，在食品加工适宜的工序中添加进去，与没有添加抗氧化剂的同类食品进行对比实验。

第十章 食品的色、香、味

学习目标

1. 明确动植物食品原料中存在的色素。
2. 明确食品在加工和储藏过程中发生的褐变。
3. 明确动植物性食品、发酵食品、焙烤食品中香气的形成和特点。
4. 了解食品香气调节的方式。
5. 明确味感的主要类型、各类型味感的主要特点。
6. 明确决定和影响味感的主要因素、食品中呈味物质的相互作用和调味原理。
7. 了解几类呈味物质。

本章导言

到本章为止，我们基本学习了食品与食品原料中含有的化学成分（食品中的嫌忌成分在“食品营养与安全”课程学习）。各类食品除了化学成分不同，色、香、味等也互有差异。在食品科学技术中，食品的色、香、味是衡量食品风味的重要指标，作为食品专业的学生，必须学习有关食品色、香、味的基础知识。

有些食品原料中本来就含有某些能使食品呈现出色、香、味的物质；此外，有些食品在加工过程中要添加某些具有某种色、香、味的物质；第三，食品的色、香、味很大程度上是在食品加工过程中通过化学反应形成的，而且随着食品在加工和储运过程中发生的化学变化而变化。因此，从学科特点来讲，食品的色、香、味也属于食品应用化学的内容。本章主要学习有关食品色香味的基础知识，包括：食品的颜色；食品的香气与食品香气的调节；味感的分类及决定和影响因素、几种重要的味感、食品中味感的相互作用以及调味原理等。

复习与回顾

食品的风味。

第一节 食品的颜色

食品具有各种色彩，这是因为：（1）食品中本来就存在各种色素成分（天然色素）；（2）在食品加工过程中为了某些需要加入了某种色素（食品添加剂）；（3）食品中的某些成分在加工或储运过程中发生变化形成了某种色素物质。

在“食品添加剂”一章已经学习了天然色素和合成色素，这里主要介绍动植物食品原料中存在的色素和食品中的某些成分在加工或储运过程中发生变化而形成的某些色素物质。

一、动植物食品原料中存在的色素

1. 动物性食品原料中的色素

肉中的色素主要是肌红蛋白和血红蛋白，其中肌红蛋白起主要作用。血红蛋白也称血色素，并不是肌肉本身的色素，而是血液中的色素，含量的多少直接关系着肉色的浓淡。血色素在体内反复氧化还原，对各组织供给氧气，使得组织能够进行呼吸作用。氧化后的血红蛋白呈现鲜红色，还原后的血红蛋白呈现紫红色。把猪肉长时间放置于空气中，则表面的血红蛋白与空气中的氧气牢固地结合，生成不可逆的高铁血红蛋白，此时肉的表面呈现灰褐色。

蛋黄的色素主要为黄色素，其来源是饲料中的叶黄素等。玉米黄质等的叶黄素类物质随饲料而变化。

鱼类中的色素为水溶性色素蛋白和脂溶性胡萝卜素。有些所谓红身鱼肉的色素是由色素蛋白引起的，白身鱼肉与其不同的是90%以上为肌红蛋白。鱼类的胡萝卜素中最重要的物质为虾青素。虾青素在甲壳类中也普遍存在，在生物体中已与蛋白质结合为青色的色素蛋白。

2. 植物性食品原料中的色素

蔬菜、水果中含有的色素包括叶绿素、胡萝卜素、花青素、花黄素等。

海藻中的色素成分为脂溶性的叶绿素和胡萝卜素及水溶性色素蛋白两大类，其在各种藻类中的组成远比陆上植物复杂。在叶绿素中以叶绿素a为主要成分，其含量比陆地植物少。在光合作用时，胡萝卜素和色素蛋白承担辅助作用。胡萝卜素在各种藻类中以β-胡萝卜素最多，特别是紫菜中的含量更是如此。胡萝卜素是重要的维生素A原。在红藻和蓝藻中，色素蛋白分布特殊，有红色的藻红蛋白和蓝色的藻青苷，是不含金属的胆汁色素。

二、食品加工和储藏中的褐变现象

食品在加工、储藏过程中或受到机械损伤时，颜色变褐，有的出现红、蓝、绿、黄等色泽，这种颜色的变化统称为褐变，它是食品比较普遍的一种变色现象。例如，去皮的苹果、桃子、香蕉、马铃薯片等暴露在空气中就会变成褐色。对一般食品来说，褐变是不受人们欢迎的，但有些褐变也是人们希望看到的，如酿造酱油的棕褐色，红茶、啤酒的红褐色，熏制食品的棕褐色，焙烤制品的金黄色等。

褐变作用按其发生机制可以分为酶促褐变和非酶促褐变两大类。

1. 酶促褐变

酶促褐变一般发生在水果、蔬菜等新鲜的植物性食物中。如上面提到的去皮的苹果、桃子、香蕉、马铃薯片等。另外，有些食物受到机械损伤或处于异常环境如受冻、受热等，在有氧的情况下，经酶的催化，氧化成褐色，这种褐变也称为酶促褐变。酶促褐变是酚酶催化酚类物质形成醌及其聚合物的反应过程。褐变的产物称为褐色色素或称为类黑精。

在切片的马铃薯的褐变反应中，酚酶作用的底物是马铃薯中含量最丰富的酪氨酸；在水果中含量丰富的酚类是儿茶酚，在儿茶酚酶的作用下，儿茶酚与氧反应生成醌，香蕉褐变的主要底物是一种含酚环的含氮衍生物；红茶加工过程中，茶叶中的儿茶酚经酚酶的催化氧化，再经过缩合生成茶黄素和茶红素等有色物质，它们是构成红茶色泽的主要成分。

酶促褐变的发生，需要具备三个条件，即酚类底物、酚酶和氧气，这三者缺一不可。但是在控制酶促褐变的实践中，除去底物的可能性极小，而且迄今为止未曾有人取得实用上的成功，所以实践中主要从控制酚酶的活性和氧气两个方面人手。

知识拓展

常用的控制酶促褐变的方法

（1）热处理法。在水果、蔬菜的加工过程中，这种控制酶促褐变的方法是最广泛使用的方法。此类方法是在适当的温度和时间条件下加热新鲜的果蔬，使酚酶及其他相关的酶都失活，从而控制酶促褐变发生。如水果、蔬菜在加工前，采用漂洗，也是实践中常用的方法。

（2）酸处理法。这也是广泛使用的控制酶促褐变的方法。一般来说，酚酶的最适pH在6～7之间，pH在3以下时，酚酶几乎完全失去活性。常用的酸有柠檬酸、苹果酸、抗坏血酸等。其中，柠檬酸是使用最广泛的食用酸，但单独使用效果不大，通常采用与抗坏血酸或亚硝酸联用。实践证明，0.5%的柠檬酸与0.3%的抗坏血酸合用的效果较好，切开后的水果常浸在这类酸的稀溶液中，对于碱法去皮的水果，还有中和残酸的作用。抗坏血酸是更加有效的酚酶抑制剂，本身作为一种维生素，具有一定的营养价值。

（3）加抑制剂处理。在食品工业中常用的酚酶抑制剂有二氧化硫、亚硫酸钠（Na_2SO_3）、亚硫酸氢钠（$NaHSO_3$）、焦亚硫酸钠（$Na_2S_2O_3$）等。可以采用二氧化硫气体直接熏蒸的方法，使其渗入到组织中去。也可以采用溶液处理的方法，如加工苹果、桃时，可以用稀的亚硫酸盐的水溶液作保护剂，它们抑制酶促褐变的机理，一是能够抑制酶的活性，二是亚硫酸盐是较强的还原剂，能将已氧化的醌还原成相应的酚，减少醌的积累和聚合，从而抑制酶促褐变。

（4）驱除氧气法。将去皮切开的果蔬浸泡在清水、糖水或盐水中；把切开的果蔬先用浓度较高的抗坏血酸浸泡，使其表面形成一层阻氧扩散层，以防止组织中的氧引起酶促褐变；采用真空渗入法使糖或盐水渗入组织内部，驱除细胞间隙的氧。

2. 非酶促褐变

食品在加工和储存过程中，常发生与酶无关的褐变作用，这种褐变称非酶促褐变，即前面已经学过的美拉德反应，又称羰氨反应和焦糖化反应。

非酶促褐变的控制措施如下。

（1）降温　美拉德反应受温度影响较大，温度相差10℃，褐变速度可相差3～5倍。如美拉德反应一般在30℃以上发生比较快，而在10℃以下则能防止褐变。

（2）亚硫酸盐处理　二氧化硫和亚硫酸盐能与羰基化合物起加成反应，故可用于抑制褐变。

（3）改变pH　在pH>3.0时，美拉德反应速度随pH增大而加快。例如，抗坏血酸在pH<3.0的环境中稳定，在pH为3~5时也较为稳定，接近碱性时则不稳定，易褐变。所以降低体系的pH可控制这类褐变。

（4）降低成品浓度　一般情况下，褐变速度与基质浓度成正比，适当降低产品浓度可降低褐变速率。如柠檬汁比橘子汁易褐变，故柠檬汁的浓缩比通常为4∶1，而橘子汁可高达6∶1。

（5）使用不易褐变的糖　蔗糖或果糖相对来讲较难与氨基化合物结合，从而可降低褐变速度。

（6）生化方法　在含糖很少的食品中，加酵母，令其发酵除去糖分可防止羰氨褐变。如在蛋粉和脱水肉类生产中采用此法，或加葡萄糖氧化酶使葡萄糖氧化为葡萄糖酸，使其不能与氨基化合物发生羰氨褐变。

（7）加入钙盐　钙可同氨基酸结合成为不溶性化合物，因此钙盐有协同二氧化硫控制褐变的作用。

三、肉在煮制过程中颜色的变化

肉在煮制过程中，主要由于肌红蛋白和血红蛋白受热后发生氧化、变性引起颜色变化。如果没有经过发色，肉被加热至60℃以下仍能保持原有的红色。若加热到60～70℃时，肉即变为较浅的淡红色。当温度上升至70℃以上时，随着温度的提高，肉由淡红色逐渐变为灰褐色，最后肌红蛋白和血红蛋白完全变性、氧化，形成不溶于水的物质。

肉若经过腌制发色，在煮制时仍会保持鲜红的颜色，因为发色时产生的一氧化氮肌红蛋白和一氧化氮血红蛋白对热稳定，从而使肉色稳定，色泽鲜艳。但它们对可见光不稳定，要注意避光。

第二节　食品的香气

知识基础

人的嗅感与食品中嗅感物质的形成

嗅感是挥发性物质的气流刺激鼻腔内嗅觉神经所发生的刺激感。令人喜爱的香气和令人生厌的臭气都是典型的嗅感。

食品中嗅感物质的种类繁多，其形成途径非常复杂，许多反应的机制及其途径尚不清楚，不过就其形成的基本途径来说，大体上可分为两大类：一类是在酶的直接或间接催化作用下进行生物合成，所谓酶促化学反应。许多食物在生长、成熟和储存过程中产生的嗅感物质，大多是通过这条途径形成的。例如，苹果、梨、香蕉等水果中香气物质的形成；某些蔬菜如葱、蒜、卷心菜中嗅感物质的产生；香瓜、西红柿等瓜菜中的香气形成，都是通过这种途径。另一条基本途径是非酶促化学反应。食品在加工如烹煮、焙烤、油炸过程中嗅感物质的形成是经过各种物理、化学因素的作用生成的。例如，花生、芝麻、咖啡、面包等在烘炒、焙烤时产生的香气成分；鱼、肉在红烧、烹调时形成的嗅感物质等。

一、不同类别原料食品的香气

1. 动物性食品的香气

（1）畜禽肉类食品的香气　生肉呈现出一种血腥的气味，不受人们的欢迎，只有通过加热煮熟或烤熟后才能具有本身特有的香气。

畜禽肉类的香气成分是由肉中含有的蛋白质、糖类、脂类等相互反应和降解形成的。肉的组成不同，肉香的前体物质也有差别，生成的肉香成分也有差别。例如，加热的牛肉，它的挥发性成分中含有脂肪酸、醛类、酯类、醚类、吡咯类、醇类、脂肪烃类、芳香族化合物、呋喃类、硫化物、含氮化合物等240种以上的化合物。此外，在牛肉的肉香中还含有吡嗪类和吡啶类化合物，其中以吡嗪类化合物为主。由此可见，肉香成分是多种化合物综合作用的结果。

猪肉和牛肉的香气成分有许多相似之处，但在猪肉成分中，以4（或5）-羟基脂肪酸为前体生成的酯较多，尤其是不饱和脂肪酸的羰化物和呋喃类化合物在猪肉香气中较多。

羊肉受热时的香气成分很大程度上取决于羊脂肪，它形成羊肉的特征风味。羊肉的膻腥味来源于一些中长链并带有甲基侧链的脂肪酸，如4-甲基辛酸等。

鸡肉的香气成分主要是硫化物和羰化物。

（2）水产品的香气　水产品的种类很多，这里讲的主要包括鱼类、贝类、甲壳类等不同品种。动物性水产品的风味主要是由它们的嗅感香气和鲜味共同组成的。其鲜味成分主要有5′-肌苷酸（5′-IMP）、氨基酰胺及肽类、谷氨酸钠（MSG）及琥珀酸钠等。氨基酰胺和肽、谷氨酸钠由蛋白质水解产生；5′-肌苷酸由肌肉中的三磷酸腺苷降解得到。

和生鱼相比，熟鱼的嗅感成分中挥发性酸、含氮化合物和羰化物的含量都增加，产生了诱人的香气。这种香气成分主要是通过美拉德反应、氨基酸的降解、脂肪的热降解以及硫胺素的热降解等反应生成的。

（3）乳和乳制品的香气　新鲜优质的牛乳具有鲜美可口的香味，其主要成分是己酮-2、戊酮-2、丁酮、丙酮、乙醛以及低级脂肪酸等。其中甲硫醚是构成牛乳风味的主体成分。

乳制品的香气大概有以下几种：酸类化合物、羰基化合物、酯类化合物、硫化物等。例如，新鲜奶酪的香气是正丁酸、异丁酸、正戊酸、异戊酸、正辛酸等化合物，此外还含有微量的丁二酮、异戊醛等，具有发酵乳制品的特殊香气。

牛乳中的脂肪酸吸收外界异味的能力较强，特别是在温度35℃时吸收能力最强，而刚挤出的牛乳恰好为此温度，所以挤奶房要求干净清洁，无异味。牛乳中存在的脂酶水解乳脂生成低级脂肪酸，其中丁酸具有强烈的酸败臭味，所以挤出后的牛乳应立即降温，抑制酶的活力。牛乳及其制品长时间暴露于空气中，脂肪自动氧化产生辛二烯醛和壬二烯醛，含量在1mg/kg以下就使人嗅到一股氧化臭气；蛋白质降解产生的蛋氨酸在日光下分解，产生的β-甲硫基丙醛含量在0.5mg/kg以下，也使人闻到一股奶臭气。牛乳在微生物作用下，可分解产生许多带臭气的物质，所以牛乳及其制品一定要妥善放置储存。

2. 植物性食品的香气

（1）蔬菜的香气成分　蔬菜的香气成分主要是一些含硫化合物。例如，细香葱的特征香气成分有二甲基二硫化合物、二丙基二硫化合物、丙基丙烯基二硫化合物等；韭菜的特征香气为5-甲基-2-已基-3-二氢呋喃酮和丙硫醇；大蒜的特征香气成分为蒜素、二烯丙基二硫化合物、丙基烯丙基二硫化合物等。

这些物质在多数情况下按下列机制产生挥发性香气：

$$\text{香味前体}\xrightarrow{\text{风味酶}}\text{挥发性香气物质}$$

式中的风味酶是酶复合体，不是单一酶。风味酶可用来再生和强化食品加工中损失的香气。从某种原料中提取的风味酶就可以产生该原料特有的香气。例如，用洋葱中的风味酶处理干制的甘蓝，得到的是洋葱的气味而不是甘蓝气味。

（2）水果的香气成分　水果的香气成分来源于两部分，一部分来自于果肉，一部分来源于果皮。水果的香味以有机酸酯和萜类物质为主，其次是醛类、醇类、酮类和挥发酸，它们是植物代谢过程中产生的。

表10-1列出了常见水果的香味物质。

表10-1　水果的香味物质

水果品种	主体成分	其他
苹果	乙酸异戊酯、甲酸异戊酯	挥发性酸、醇……
香蕉	乙酸戊酯、异戊酸异戊酯	己醇、己烯醛……
桃	醋酸乙酯、沉香醇酯内酯	挥发酸、乙醛、高级醛……
葡萄	邻氨基苯甲酸甲酯	C_2~C_{12}脂肪酸酯、挥发酸……

一般水果的香气随果实成熟而增强。人工催熟的果实，因为果实采摘后离开母体，代谢能力下降等因素的影响，其香气成分含量显著减少，因此人工催熟的果实不及树上成熟的果实香。

（3）茶叶的香气成分　茶叶的香气成分与茶叶的品种、生长条件、成熟度以及加工方法均有很大关系。目前报道的茶香成分在300种以上，其中烃类有26种、醇和酚类有49种、醛类有50种、酮类41种、酸类31种、酯和内酯类54种。在茶香中起着重要作用的是芳香油，它是醇、酚、醛、酮、酸、酯、萜类化合物的统称。苦味来源于咖啡碱，涩味来源于单宁。

二、不同加工技术食品的香气

1. 发酵食品的香气

发酵食品的香气来源主要有三个途径：一是原料本身含有的风味成分。二是原料中的某些物质经微生物发酵代谢生成的风味成分，这是发酵食品香气来源的主渠道。由于微生物种类繁多，各种成分比例各异，从而使发酵食品的风味各有特色。三是在后来的储存加工过程中新生成的风味成分。

（1）酒类的香气　酒类的香气成分经测定有上百种化合物。一般将酿造酒中香气物质的来源分为：原料中原来含有的香气物质在发酵过程中转入酒中；原料中的挥发性化合物经发酵作用变成另一些挥发性化合物；原料中的物质经发酵作用生成香气物质；酒在储藏过程中形成香气物质。由此可见酒类的芳香成分与酿酒的原料种类和生产工艺有密切的关系。如白酒可分为酱香型、浓香型、清香型和米香型等。

酯类是酒中最重要的一类香气物质，它在酒的香气成分中起着极为重要的作用。白酒中以醋酸乙酯、醋酸戊酯、己酸乙酯、乳酸乙酯为主；果酒中以2个C、6～8个C脂肪酸乙酯的含量较高。

醇类是酒的主要芳香性物质，除乙醇外，其中含量较多的是正丙醇、异丁醇、异戊醇、活性戊醇等，统称为杂醇油或高级醇。在酒类中杂醇油的含量不允许超标。

此外，还有醛、酸等化合物，它们都是微生物发酵过程中产生的。主要的酸有丙酸、异丁酸、丁酸等。醛有乙醛等，它们对酒的香气也有一定的影响。

（2）酱及酱油的香气　酱及酱油多是以大豆、小麦等为原料经霉菌、酵母等的综合作用所形成的调味料。酱及酱油的香气物质是制醪后期发酵产生的，其主要成分是醇类、醛类、酯类、酚类和有机酸等。醇类以发酵原料中的糖类在酵母菌作用下产生的乙醇为主，其次是戊醇和异戊醇，它们是经氨基酸分解而成的；醛类物质有乙醛、丙醛、异戊醛等，它们是由发酵过程中相应的醇氧化而得；酯类物质有丁酯、乙酯和戊酯等，它们是由相应的酸、醇在微生物酯酶作用下形成的；酚类物质主要由麸皮中的木质素降解而得，如甲氨基苯酚。

2. 焙烤食品的香气

许多食物在烧烤时都发出美好的香气，香气成分形成于加热过程中发生的羰氨反应，还有油脂分解的产物，含硫化合物（维生素B_1、含硫氨基酸）分解的产物，综合而成各种食品特有的焙烤香气。

氨基酸与葡萄糖共热可产生各种香气和臭气，并且依温度和两者的比例而异。缬氨酸与葡萄糖共热可产生多达10种左右的羰基化合物；亮氨酸、缬氨酸、赖氨酸、脯氨酸与葡萄糖一起加热，适度时都可产生美好的气味；而胱氨酸及色氨酸则发生臭气，并且缬氨酸在热至200℃以上则产生异臭的异丁叉异丁胺。

面包烘烤的香气主要来自发酵时产生的醇类和烘烤时氨基酸与糖发生羰氨反应生成的许多羰基化合物。若把亮氨酸、缬氨酸、赖氨酸等加入到面粉中，做成的面包香气增强；二羟丙酮和脯氨酸在一起加热可产生饼干香气。

大多数糕点烘烤产生的香气，主要是氨基酸与糖反应产生的吡嗪类化合物。因此，实际生产中，可在原料里适当加入缬氨酸、苯丙氨酸、酪氨酸、精氨酸等来增强香味。

花生和芝麻经焙烤后都有很强的香气。在花生的加热香气中，除了羰基化合物以外，作为特殊的香气成分有五种吡嗪化合物和*N*-甲基吡咯。芝麻香气的特征成分是含硫化合物。

3. 煮制食品的香气

以肉在煮制过程中脂肪组织的变化对肉的香气的影响为例。肉在煮制过程中，由于脂肪细胞周围的结缔组织纤维受热收缩和细胞内的脂肪受热膨胀，脂肪细胞膜受到了外部的收缩压力和内部膨胀力的作用，就会引起部分脂肪细胞破裂，脂肪溢出。不饱和脂肪酸越多，脂肪熔点越低，脂肪越容易流出。随着脂肪的流出和与脂肪相关的挥发性物质的溢出，给肉汤增补了香气。

加热煮制时，如果肉量过多或剧烈沸腾则脂肪容易氧化，易使肉汤呈现混浊状态，生成二羟基酸类，使肉汤带有不良气味。

三、食品香气的调节

食品的营养与食品的香气可能存在着一定的矛盾。为了解决这一矛盾，许多科研工作者十分重视对食品香气的控制、稳定或增强等方面的研究。

1. 利用酶控制香气

酶对于植物性食品香气物质的形成起着非常重要的作用。抑制酶的活性主要有加压、高温、强酸、强碱等。

利用酶的活性来产生香气主要有两种方式：

（1）在食品中加入特定的香酶　在脱水蔬菜中，脱水后产生香味的酶破坏掉了，这时加入能产生香味的酶液，同样能够得到与新鲜蔬菜相同的香味。如卷心菜脱水后，加入黑芥子硫苷酸酶，就能得到和新鲜洋白菜大致相同的香气风味。

（2）加入特定的脱臭酶　有些食品中含有少量的具有不良气味的成分，从而影响风味。例如，大豆制品中含有一些中长链的醛类化合物而产生豆腥气味，如果在其中加入醇脱氢酶和醇氧化酶来将这些醛类化合物氧化，就可除去豆腥味。

2. 稳定和隐蔽香气

香气的稳定性是由食物本身的结构和性质决定的。目前对食品香气的稳定作用大致有两种方式。

（1）形成包含物 在食品微粒表面形成一种水分子能通过而香气成分不能通过的半渗透性薄膜。组成这种薄膜的物质有纤维素、淀粉、糊精、果胶、琼脂、羧甲基纤维素等。

（2）物理吸附作用 香气成分通过物理吸附作用而与食品成分结合。例如，糖可以吸附醇类、醛类、酮类化合物，蛋白质可以吸附醇类化合物。一般来说，液态食品吸附能力较强。

3. 增强香气

增香途径基本上有两种。一种是直接加入食品香味料，这类香料广泛应用在食品中，例如，辣椒、姜、葱、月桂、丁香、姜黄等。另一种是加入香味增效剂，它的特点是本身不一定有香味，用量少，增效效果显著并能直接加入到食品中去。目前应用较多的是麦芽酚和乙基麦芽酚以及谷氨酸一钠（MSG）、肌苷酸（IMP）、鸟苷酸（GMP）等。

第三节 食品的味感

食品的味感俗称食品的滋味，它是食品在人的口腔内对味觉器官的刺激而产生的一种感觉。口腔内的味觉感受体主要是味蕾，其次是自由神经末梢。它产生的基本途径是：呈味物质溶解刺激口腔的味觉感受体，然后通过一个收集和传递信息的神经感觉系统传导到大脑的味觉中枢，最后通过大脑的综合神经中枢系统的分析，从而产生味感。本节主要学习：味感的分类；味感的决定和影响因素；各种味感的相互作用及调味作用；几类呈味物质。

一、味感的分类

世界各国对味感的分类并不一致。我国习惯上把味感分为酸、甜、苦、咸、鲜、辣、涩7种，但从生理角度上来说，酸、甜、苦、咸这4种是基本的味感。

1. 酸味

酸味是由于酸味物质中的氢离子刺激舌黏膜产生的，因此在溶液中能解离出H^+的化合物都具有酸味。

有机酸与无机酸相比，相同pH下其味感要大些。无机酸一般伴有苦味、涩味。有机酸因阴离子部分的基团结构不同，而有不同的风味，如柠檬酸、L-抗坏血酸具有令人愉快的酸味；苹果酸伴有苦味；乳酸有涩味等。

酸的味感与酸的特性如酸度（可从其pH大小看出）、缓冲效应及其他化合物尤其糖的存在与否也有关。例如，相同pH条件下，几种常见酸味剂的酸味强度顺序是醋酸>甲酸>乳酸>草酸>盐酸；再如酸中加些白糖，酸味感觉就柔和，这是因为甜味使酸味减弱；酸中加少量食盐，则酸味增加。

2. 甜味

甜味是人们最喜爱的基本味感，它能够改善食品的可口性。

食品中的甜味物质可分为天然和合成两大类，前一种物质是从植物中提取或以天然物质为原料加工而成的，后一种物质是以化学方法合成制得的。

3. 苦味

苦味本身并不是令人愉快的味感，单纯的苦味不可口，但当与甜、酸或其他调味品恰当组合时却形成了一些食物的特殊风味。如苦瓜、苦菜、莲子、白果等都有一定的苦味，但均被视为美味食品（图10–1）。

图10–1　苦菜、苦瓜、芹菜叶

苦味物质广泛存在于生物界，植物来源主要有各种生物碱和糖苷，动物来源主要是胆汁。

4. 咸味

咸味是中性盐（盐在水中水解后显示中性）表现出来的味感，它是人类的基本味感之一，在食品调味中常占首位。

咸味对苦味有消杀作用，少量的咸味对酸味和甜味有增效作用，但多量的咸味可使甜味、酸味减弱。

5. 鲜味

鲜味是一种复杂的综合味感，呈味成分有核苷酸、氨基酸、酰胺、三甲基胺、有机酸等物质，它能增强风味，增加人的食欲，普遍应用于肉类、鱼类、海带及各种蔬菜中。

6. 辣味

辛香料中的一些成分所引起的辣味，是一种尖利的刺痛感和特殊的灼烧感的总和。它不但刺激舌和口腔的味觉神经，而且也会机械地刺激鼻腔，甚至对皮肤产生灼烧感。在饮食习惯上将辣味称为味感。适当的辣味有刺激食欲、促进消化分泌的功能，在食品调味中起着重要的作用。

辣味主要包括热（火）辣味、芳香辣味、刺激辣味几种类型。其中，热辣味是一类无芳香的辣味，在口中能引起灼烧感觉；芳香辣味是一类除了辣味外还伴随有较强烈的挥发性芳香味的辣味；刺激辣味实质上是一类除了能刺激舌和口腔黏膜外，还能刺激鼻腔黏膜和眼睛，具有味感、嗅感和催泪性的辣味。

7. 涩味

涩味是口腔组织引起的粗糙感觉和干燥感觉之和。通常是由于涩味物质与黏膜上或唾液中的蛋白质结合生成沉淀或聚合物而引起的。引起涩味的分子主要是单宁等多酚类化合物，其次是铁盐、明矾、醛类物质，一些水果和蔬菜中由于存在草酸香豆素和奎宁酸等也会引起涩味。

8. 清凉味

清凉味是指食品中清口、凉爽的味感。清凉味的典型代表物是薄荷醇。

9. 碱味

碱味是羟离子的呈味属性，溶液中只要有0.01%即可感知。

10. 金属味

金属味的感知阈值在20～30mg/kg离子浓度范围内。容器、工具、机器等与食物接触的金属部分与食物之间可能存在着离子交换型的关系。存放时间稍长的罐头食品常有这种令人不快的金属味。金属味的阈值因食物中某些成分的存在而有所升降，食盐、糖、柠檬酸的存在能使铜的呈味阈值提高；鞣质则降低阈值使铜味显著。

二、决定和影响味感的因素

1. 味感的决定因素

呈味物质的结构决定其味感。一般来说，糖多呈现甜味，如葡萄糖、果糖、蔗糖等；酸多呈现酸味，如酒石酸、柠檬酸、醋酸等；盐多呈现咸味，如氯化钠、氯化钾等；生物碱以及重金属盐则多呈现苦味。但也有例外，如草酸呈涩味，碘化钾呈苦味。

即使分子结构发生微小的变化，都可能引起味感的极大变化。

2. 影响味感的主要因素

物质的味感除了决定于其结构以外，还与以下因素有关。

（1）呈味物质的溶解度　味感的产生是以呈味物质能溶解为前提的，即呈味物质只有在溶解后才能刺激味蕾。因此，呈味物质溶解度的大小，溶解的快慢都直接关系到其维持时间的长短。例如，蔗糖在水中溶解的较快，消失的也快；糖精溶解的较慢，维持的时间较长。

（2）温度　味觉一般在30℃左右比较敏感，在低于10℃或者高于50℃

【思考与讨论】

下面三种物质的味感相差很大，结构之间只有微小的变化，不知道您是否能够看出来？

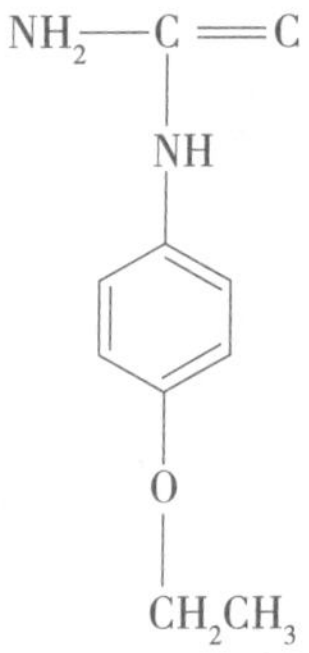

$NH_2—C═O$ (NH–C₆H₄–O–CH_2CH_3)

甜味

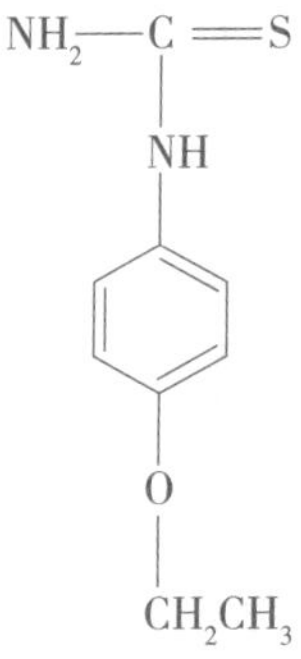

$NH_2—C═S$ (NH–C₆H₄–O–CH_2CH_3)

苦味

(邻位 CH_2CH_3–O–C₆H₄–NH–C(=O)–NH_2)

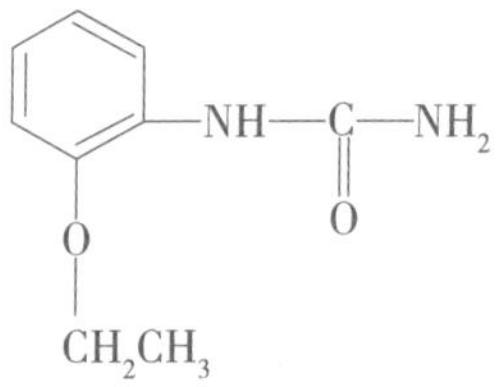

无味

时，大多数味感都变得迟钝。经过比较氯化钠、盐酸、糖精三者受温度影响的程度时发现，三者受温度的影响程度存在差异，糖精受温度的影响最大，盐酸最小。

三、各种味感的相互作用及调味原理

1. 各种味感的相互作用

某物质的味感会因另一种味感物的存在而显著加强，这种现象称作味的相乘作用。例如，谷氨酸钠与5′-肌苷酸共同作用能相互增强鲜味；在西瓜上撒上少量的食盐会感到甜度提高；粗砂糖因为杂质的存在会觉得比纯砂糖更甜。

一种物质往往能减弱或抑制另一物质味感的现象，称为味的消杀作用。例如，在砂糖、柠檬酸、食盐和奎宁之间，若将任何两种以适当比例混合时，都会使其中任何一种的味感比单独存在时减弱。

有时吃了有酸味的柿子，口内也有甜的感觉，这种现象称为变调作用或阻碍作用。

当较长时间受到某味感物的刺激后，再吃相同的味感物质时，往往会感觉到味感强度下降，这种现象称为味的疲劳作用。味的疲劳现象涉及心理因素，如吃第二块糖感觉不如吃第一块糖甜。

总之，各种味感物质之间相互影响的作用以及它们所引起的心理作用，都是非常微妙的，机理也十分复杂，许多至今尚不清楚，还需深入研究。

2. 调味原理

调味是将各种呈味物质在一定条件下进行组合，产生新味，其过程遵循以下原理。

（1）味强化原理　一种味的加入会使另一种味得到一定程度的增强，这两种味可以是相同的，也可以是不同的。例如，0.1%GMP水溶液并无明显鲜味，但加入等量的1%MSC水溶液后，则鲜味明显突出，而且大幅度地超过1%MSC水溶液原有的鲜度。若再加入少量的琥珀酸或柠檬酸，效果更明显。又如在100mL水中加入15g的糖，再加入15mg的盐，会感到甜味比不加盐时要甜。

（2）味的掩蔽原理　一种味的加入而使另一种味的强度减弱乃至消失。如鲜味、甜味可以掩盖苦味，姜味、葱味可以掩盖腥味等。味掩盖有时是无害有益的，如香辛料的应用。掩盖不是相抵，在品味上虽然有相抵作用，但被抵物质仍然存在。

（3）味干涉原理　一种味的加入使另一种味失真。如菠萝或草莓味能使红茶变得苦涩。

（4）味派生原理　两种味的混合会产生出第三种味。如豆腥味与焦腥味、焦苦味结合，能产生肉鲜味。

（5）味反应原理　食品的一些物理或是化学状态还会使人们的味感发生变化，如食品黏稠度、醇厚度能增强味感，细腻的食品可以美化口感，pH小于3的食品鲜度会下降。这种反应有的是感受现象，原味的成分并没有改变。

四、呈味物质

1. 苦味物质

（1）生物碱类苦味物质　咖啡碱、茶碱是食品中主要的生物碱类苦味物质，具有兴奋中枢神经的作用，所以茶叶、咖啡是人类重要的提神饮料。咖啡碱存在于咖啡和茶叶中，在茶叶中的含量约为0.5%～1%，易溶于水、乙醇、乙醚和氯仿。它能够与多酚类化合物形成配合物。可可碱存在于可可和茶叶中，颜色为白色细小粉末结晶。溶于热水，难溶于冷水、乙醇，不溶于乙醚。

（2）啤酒中的苦味物质　啤酒中的苦味物质主要来自啤酒酒花中的一些异戊二烯衍生物，它们构成啤酒独特的苦味，并具有防腐能力。新鲜酒花约含5%～11%的α-酸，它具有苦味和防腐能力。啤酒中的苦味物质有85%来自α-酸。α-酸是多种结构类似的化合物的混合体，在热、碱、光的作用下异构化变成异α-酸，异α-酸的苦味比α-酸强。新鲜酒花约含11%的β-酸，β-酸的苦味不如α-酸强，它难溶于水，防腐能力较α-酸弱，但易氧化成苦味较大的软树脂。啤酒中的苦味物质中，β-酸约占15%。

（3）糖苷类苦味物质　存在于柑橘、桃、杏仁、李子、樱桃等水果中的苦味物质是黄酮类、鼠李糖、葡萄糖等构成的糖苷类苦味物质，如新橙皮和柚苷这类物质可在酶的作用下分解，则苦味消失。但杏仁苷被酶水解时，产生极毒的氢氰酸，所以杏仁不能生食，必须煮沸漂洗之后，方可食用。

（4）胆汁　胆汁是由动物肝脏分泌并储存于胆囊中的一种液体，味极苦，其主要成分是胆酸、鹅胆酸及脱氧胆酸。

2. 天然辣味物质

（1）主要的热（火）辣味物质　辣椒的主要辣味成分为辣椒素。常见的胡椒有黑胡椒和白胡椒两种，它们的辣味物质除了少量的类辣椒素外主要是辣椒碱。花椒的主要辣味成分为花椒素，是酰胺类化合物。

$$C_{11}H_{15}\underset{\underset{O}{\|}}{C}NHCH_2CH(CH_3)_2$$

花椒素

（2）芳香辣味物质　新鲜姜的辣味成分中最具有活性的为姜醇。鲜姜在干燥后，姜醇会脱水生成姜酚类化合物，辣味提高。当姜受热时，姜醇分子断裂生成姜酮，辛味较缓和。

肉豆蔻和丁香的辛辣成分主要是丁香酚和异丁香酚。

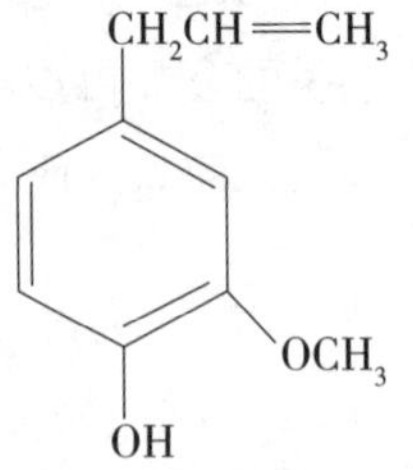

$CH_2CH{=}CH_3$ OCH_3 OH

丁香酚

$CH{=}CHCH_3$ OCH_3 OH

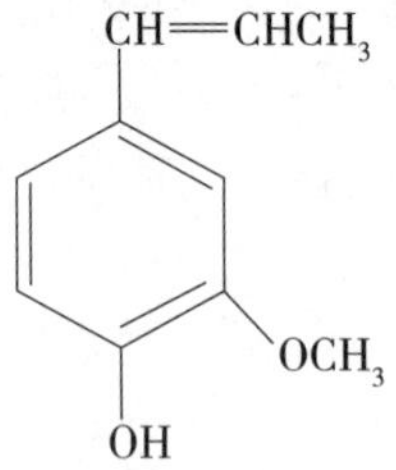

异丁香酚

（3）刺激辣味物质（辛辣味） 蒜的主要辣味成分为蒜素、二烯丙基二硫化合物、丙基烯丙基二硫化合物三种。大葱、洋葱的主要辣味成分是二丙基二硫化合物、甲基丙基二硫化合物等。韭菜也含有少量的上述辣味成分。这些二硫化合物在受热时都会发生分解，生成相应的硫醇，所以在煮熟后辣味减弱。

芥末、萝卜主要的辣味成分为异硫氰酸酯类化合物。其中异硫氰酸酯也称为芥末油，刺激性辣味较为强烈。

$CH_2{=}CHCH_2{-}NCS$

异硫氰酸烯丙酯

$CH_3CH{=}CH{=}NCS$

异硫氰酸丙烯酯

$CH_3(CH_2)_3{-}NCS$

异硫氰酸丁酯

$C_6H_5CH_2{-}NCS$

异硫氰酸卞酯

3. 肉在煮制时形成的风味

煮肉时溶出的成分从广义上说就是浸出物，除了矿物质、蛋白质、脂类、维生素外，浸出物成分中含有的主要有机物为核苷酸类物质（ATP、ADP等）、肽、氨基酸、有机酸、嘌呤碱、糖原等。组织中浸出物成分的总量是2%～5%，由于动物的种类、性别、机能及运动量等的不同，浸出物的成分和含量有所不同。

浸出物的成分与肉的气味、滋味等风味有密切关系。生肉基本上没什么风味，但在加热之后，各类不同的动物肉会产生很强烈的特有风味，主要是由于加热导致肉中的水溶性成分——浸出物和脂肪的变化形成的。

在煮制过程中，肉的风味变化在一定程度上因加热的温度和时间不同而异。一般情况下常压煮制，在三小时之内随加热时间延长风味增加。但加热时间长，温度高，会使硫化氢生成增多，脂肪氧化产物增加，这些产物可使肉制品产生不良风味。

4. 鱼贝类呈味成分

具有独特风味的鱼贝类含有的呈味成分甚多。

在鱼贝类的食用风味中起主要作用的物质是谷氨酸，核苷酸是氨基酸以外特别重要的呈味成分，其他重要的呈味物质是琥珀酸。

甲壳类动物和软体动物的风味在很大程度上取决于非挥发性成分。当然，挥发物也对风味有影响。

5. 蔬菜、水果中的风味物质

蔬菜、水果中含有的风味物质包括香味物质、甜味物质、酸味物质、苦味物质、辛辣味物质、鲜味物质、涩味物质等。水果中还含有影响水果质地的果胶。

6. 米饭的食味

米饭的食味与羰基化合物的组成和含量有关。米中的羰基化合物有乙醛、丙醛或丙酮、丁酮、戊醛、己醛。陈米与新米相比，正戊醛与正己醛的含量增加。陈米产生异味的主要物质是二甲基硫醚，添加氨基酸可适当消除陈米的异味。

米饭的食味除与上述因素有关外，还与糙米本身的pH和煮饭用水的pH有关。

知识拓展

大豆中的异味

生大豆具有特殊的豆腥味和苦涩味，如果处理不好，会带进大豆产品中，从而影响大豆产品的质量。

大豆中的气味成分是十分复杂的，至今对大豆豆腥味和苦涩味的化学成分和形成机制还没有完全搞清楚。已经抽提出的大豆的气味成分包括乙醛、丙酮、正己酸酐（有特殊的生臭味）等脂肪族醛、羰基化合物；苯甲醛和儿茶醛等芳香族醛、羰基化合物；醋酸、丙酸、正戊酸、异戊酸、正己酸、正辛酸、壬酸、正壬酸等挥发性脂肪酸；氨和甲胺、二甲胺等挥发性胺；甲醇、乙醇、异戊醇、正己醇等挥发性脂肪醇，其中异戊醇和正己醇可能与产生臭味有关；丁香酸、香草酸、龙胆酸、水杨酸、香豆酸、羟基苯酸、绿原酸等酚酸。

思考与练习

一、填空题（在下列各题中的括号内填上正确答案）

1. 食品色、香、味的来源主要有（　　）、（　　）、（　　）几种途径。

2. 肉中的色素物质包括（　　）、（　　）两种，其中（　　）起主要作用。

3. 食品及其原料的褐变现象包括（　　）和（　　）。

4. 畜禽肉类的香气成分是由肉中含有的（　　）、（　　）、（　　）等相互反应和降解后形成的。

5. 动物性水产品的风味主要由它们的（　　）和（　　）共同组成。

6. 蔬菜的香气成分主要是（　　），这些物质在多数情况下通过下列过程产生挥发性香气：（　　）。

7. 在茶香中起重要作用的是（　　）。

8.（　　）是酒中最主要的香气物质。

9. 我国习惯上把味分为（　　）、（　　）、（　　）、（　　）、（　　）、（　　）、（　　），其中（　　）、（　　）、（　　）、（　　）属于基本味。

10. 清凉味的典型代表物是（　　）。

11. 从理论上讲，在溶液中能解离出（　　）的化合物都具有酸味。

二、判断题（指出下列说法的对错，对于错误说法请指出原因并改正）

1. 肉的香气只有通过熟制后才能表现出来。

2. 决定味感种类的因素是呈味物质的结构。

3. 碱味是金属离子的呈味属性。

三、简答题

1. 食品加工和储藏过程中发生的褐变主要有哪几种类型？

2. 发酵食品的香气来源于哪些途径？

3. 举例说出下列概念的含义：味的相乘、味的消杀、变调作用、疲劳作用。

4. 调味原理包括哪几种？

实操训练

实训十五　甲醛滴定法测定味精中的谷氨酸钠

一、实训目的

掌握味精中谷氨酸钠的测定原理，学会用甲醛滴定法测定味精中谷氨酸钠的含量。

二、实训原理

氨基酸是两性化合物，不能直接用氢氧化钠滴定，可以采用先加入甲醛使氨基的碱性被掩蔽，呈现羧基酸性后再以氢氧化钠溶液滴定的方法。

三、实训用品

1. 仪器

常量天平、200mL烧杯、滴定用锥形瓶、碱式滴定管，其他碱式滴定常用仪器。

2. 试剂

0.1mol/L NaOH标准滴定液、1%酚酞指示剂溶液、36%甲醛溶液。

四、实训步骤

（1）称取0.50g的味精，置于200mL烧杯中，加水至80mL，摇匀。

（2）用NaOH标准滴定液滴定上述味精溶液至微红，记下消耗NaOH标准滴定液的体积。

（3）向上述2中加入甲醛溶液10mL，搅匀，再用NaOH标准滴定液滴定至微红，记下消耗NaOH标准滴定液的体积。

（4）同时取水做空白试验。

五、结果处理

$$X=(V_1-V_2)\times c\times 0.187/m\times 100$$

式中　X——试样中谷氨酸钠（$C_5H_8NO_4Na\cdot H_2O$）的含量，g/100g；

V_1——测定试样稀释液加入甲醛后消耗NaOH标准滴定液的体积，mL；

V_2——空白试验加入甲醛后消耗NaOH标准滴定液的体积，mL；

c——NaOH标准滴定液的浓度，mol/L；

m——试样质量，g；

0.187——与1.0mol/L、1.0mL NaOH标准滴定液相当的$C_5H_8NO_4Na\cdot H_2O$的质量，g。

六、思考题

在老师指导下，推导出0.187的计算过程。

1. Owen R.Fennema（美国）. 食品化学. 北京：中国轻工业出版社，2003.

2. 李宏高、江建军. 生物化学. 北京：科学出版社，2006.

3. 杜克生. 食品生物化学. 北京：中国劳动社会保障出版社，2012.

4. 易琳琳，应铁进. 食用菌采后品质劣变相关的生理生化变化. 食品工业科技，2012（24）.